Verwandlung der Minuten in Dezimalteile des Grades*

Min.	0	1	2	3	4	5	6	7	8	9
0	0,0000	0167	0333	0500	0667	0833	1000	1167	1333	1500
1	1667	1833	2000	2167	2333	2500	2667	2833	3000	3167
2	3333	3500	3667	3833	4000	4167	4333	4500	4667	4833
3	5000	5167	5333	5500	5667	5833	6000	6167	6333	6500
4	6667	6833	7000	7167	7333	7500	7667	7833	8000	8167
5	8333	8500	8667	8833	9000	9167	9333	9500	9667	9833

Sekunden in Dezimalteile des Grades

Sek.	0	1	2	3	4	5	6	7	8	9
0	0,0000	0003	0006	0008	0011	0014	0017	0019	0022	0025
1	0028	0031	0033	0036	0039	0042	0044	0047	0050	0053
2	0056	0058	0061	0064	0067	0069	0072	0075	0078	0081
3	0083	0086	0089	0092	0094	0097	0100	0103	0106	0108
4	0111	0114	0117	0119	0122	0125	0128	0131	0133	0136
5	0139	0142	0144	0147	0150	0153	0156	0158	0161	0164

Dezimalteile des Grades in Minuten und Sekunden

Grad	1	2	3	4	5	6	7	8	9
0,	6′	12′	18′	24′	30′	36′	42′	48′	54′
0,0	36″	1′12″	1′48″	2′24″	3′	3′36″	4′12″	4′48″	5′24″
0,00	3,6″	7,2″	10,8″	14,4″	18″	21,6″	25,2″	28,8″	32,4″
0,000	0,4″	0,7″	1,1″	1,4″	1,8″	2,2″	2,5″	2,9″	3,2″

*) Siehe auch Seite 140 (mit Beispielen).

SCHLÖMILCH

VIERSTELLIGE

LOGARITHMENTAFEL

mit trigonometrischen Tafeln
nebst ergänzendem Zahlenwerk
zum natürlichen Rechnen

nach
Dr. Oskar Schlömilch
bearbeitet von
Dr. phil. Georg Wolff
Oberstudiendirektor i. R., Düsseldorf

 FRIEDR. VIEWEG & SOHN, BRAUNSCHWEIG
1959

Bestell-Nr. 341

ISBN 978-3-322-98004-5   ISBN 978-3-322-98627-6 (eBook)
DOI 10.1007/978-3-322-98627-6

Alle Rechte vorbehalten
von Friedr. Vieweg & Sohn, Verlag, Braunschweig

Vorwort

Die Verwendung der vierstelligen Logarithmen im Unterricht hat sich in den letzten 30 Jahren stark eingebürgert. Manche Schulen verwenden die fünfstellige Tafel und lassen, um das zeitraubende Interpolieren zu Gunsten einer Leistungssteigerung zu vermeiden, auf vier Stellen abkürzen. Mehr und mehr wurde aber von den zahlreichen Anhängern der bewährten fünfstelligen Tafel von Professor Dr. *Oskar Schlömilch* auch der Wunsch nach einer vierstelligen Ausgabe laut. Diese liegt jetzt vor.

Neben der grundsätzlichen Bevorzugung der vierstelligen Logarithmen im Unterricht tritt heute der nicht unwesentliche Wunsch nach schulmathematischer Ökonomie, nach der Notwendigkeit, auch das logarithmische Rechnen zu rationalisieren und von unnötigem Ballast zu befreien.

Es ist eine alte Erfahrung, daß neben dem Gebrauch der Logarithmentafel das natürliche Rechnen gepflegt werden muß, es läßt keinen Schematismus aufkommen und zwingt zum Nachdenken und zur Wertung jeder Zahl. Infolgedessen sind in die mathematischen Tafeln vollständige Quadrat- und Kubikzahlen und ihre entsprechenden Wurzeln aufgenommen worden.

Da die sexagesimale und die dezimale Schreibweise der Winkel oft nebeneinander benutzt werden, haben wir die Logarithmen der goniometrischen Funktionen so eingerichtet, daß beim Grad die rationalen Werte von Grad-Minuten dezimal angegeben worden sind. Für weitere Umrechnungen dient eine Tabelle, die aus praktischen Gründen mehrfach eingesetzt worden ist. Außerdem wurde die heute wichtige Umrechnung Altgrad $\rightleftarrows$ Neugrad abgedruckt.

Die Hilfstabellen aus der Wirtschaftsmathematik einschließlich Statistik und aus den mathematischen Naturwissenschaften werden für Anwendungsbeispiele von besonderem Nutzen sein können.

Dem Verlag gebührt für die drucktechnische Ausstattung herzlicher Dank.

Düsseldorf, im März 1959.

G. Wolff

Inhaltsübersicht

Seite

Namen- und Sachregister VI

Zur Einführung VIII

I. Zehner- und natürliche Logarithmen

1. Mantissen der Zehnerlogarithmen 1—11209:

   Vierstellige Mantissen für die Zahlen 1—100 1

   Vierstellige Mantissen für die Zahlen 1000—10009 2

   Sechsstellige Mantissen für die Zahlen 10000—11209 32

2. Natürliche Logarithmen von 1—399 36

II. Goniometrische Tafeln ohne und mit Logarithmen

3. Zur Winkelteilung 37
4. Gradmaß und Bogenmaß 38
5. Winkelmaße - 90° Teilung (Altgrad) - 100° Teilung (Neugrad) 40
6. Natürliche Werte der goniometrischen Funktionen 41
7. Die Logarithmen goniometrischer Funktionen 50

   Tabelle für die Umrechnung in Dezimalteile und umgekehrt 140

III. Zinseszins, Statistik

8. Aufzinsungsfaktoren 141
9. Abzinsungsfaktoren 142
10. Vorschüssige Rentenendwertfaktoren S_n 143
11. Nachschüssige Rentenbarwertfaktoren a_n 144
12. Allgemeine Sterbetafel 145
13. Die Exponentfunktion 148

IV. Mathematische Tafeln

Seite

14. Potenzen, Fakultäten 149
15. Primzahlen, Kehrwerte 150
16. Pythagoreische Zahlen 151
17. Quader mit ganzzahligen Kanten und Raumdiagonalen 152
18. Quadratzahlen 153
19. Kubikzahlen 161
20. Quadrat- und Kubikwurzeln 171

V. Geographie und Astronomie

21. Die Erde 181
22. Geographische Koordinaten 182
23. Die Sonne 184
24. Der Mond 184
25. Die Zeit und das Licht 185

VI. Physik

26. Zusammenhang zwischen Steigung und Neigung 186
27. Geschwindigkeiten 187
28. Spezifische Gewichte 188
29. Besondere Maße 189

VII. Anhang

30. Zur Geschichte der Logarithmentafel 190
31. Ebene und sphärische Dreiecksaufgaben 191

Örtliche Konstanten (Einlage nach Seite 192)

Namen- und Sachregister

Abplattung (der Erde) 181
Abzinsungsfaktoren 142
Altgrad 37
Anfangskapital 141
Äquator 181
Arkus (arc) 37
Astronomische Einheit 184
Aufzinsungsfaktoren 141

Barwert *141, 147
Barwertrechnung 142
Basis VIII
Beaufort 187
Besondere Maße 189
Bogenmaß 37
—, Tafel 38
Briggs, Henry VIII, 190
Briggs-Logarithmen
  siehe Zehnerlogarithmen
Bürgi, Jost 190, 191

Dekadische Logarithmen
  siehe Zehnerlogarithmen
Dezimalteile, Umrechnungstabelle 140
  siehe auch Innenseite der Buchdeckel
Diamant 189
Diskontierungsfaktoren 142
Dreiecke, Aufgabentafel für ebene und sphärische 191/192

Eintrittsalter 147
Ekliptik, Schiefe der 181, 185
Endkapital 141
Erde 181
Erlebensfall 147
Exponentfunktion, Tafel 148

Fakultäten 149

Gaußkurve
  siehe Häufigkeitskurve
Gemeine Logarithmen
  siehe Zehnerlogarithmen

Geographische Meile 181
— Koordinaten 182
Geschwindigkeiten 187
Goniometrische Funktionen, Tafeln
  der natürlichen Werte 41
  der Logarithmen 50
Grad, Teilung 37
Gradmaß (und Bogenmaß), Tafel 38
Greenwich-Zeit 185
Grundzahl VIII

Häufigkeitskurve 148
Horsepower 189

Kanten, ganzzahlige (Quader) 152
Kehrwerte 150
Kennzahl VIII
Kepler, Johann 190
Klein, Felix 190
Kubikwurzeln 171
Kubikzahlen 161

Lebenswahrscheinlichkeit 147
Leibrente 147
Licht 185
— -geschwindigkeit 185
— -jahr 185
— -zeit Sonne/Erde 185
Logarithmand VIII
Logarithmen, Tafeln
  siehe Zehnerlogarithmen
  siehe goniometrische Funktionen
  siehe natürliche Logarithmen
Logarithmus (Begriffliches) VIII

Mantisse VIII
Maße, besondere 189
Meile, geographische 181, 189
—, See- 181, 189
—, deutsche 189
Meridian 181
Mitteleuropäische Zeit 185
Mond 184

* bedeutet, der Text befindet sich auf der Kartoneinlage vor Seite 141

Nachschüssig *141
Natürliche Logarithmen 36
Natürliches Logarithmensystem VIII
Natürliche Werte der
  goniometrischen Funktionen,
  Tafel 41
Neigung, Tafel 186
Neper, John VIII, 190, 191
Neper-Logarithmensystem VIII
Neugrad 37
Numerus VIII

Ortszeit, mittlere 185
Osteuropäische Zeit 185
Oughtred, William 190

Polarhalbmesser 181
Postnumerando *141
Potenzen 149
Pränumerando *141
Primzahlen 150
Phythagoreische Zahlen 151

Quader 152
Quadrant 37
Quadratwurzeln 171
Quadratzahlen 153

Radiant 37
Raumdiagonalen (Quader) 152
Rechenstab 190
Rente *141
Rentenbarwertfaktoren *141
—, Tafel der nachschüssigen 144
Rentenendwert *141
Rentenendwertfaktoren *141
—, Tafel der vorschüssigen 143
Risiko-Prämie 147
Rotationsdauer (Sonne) 184
Rothmann 190

Seemeile 181, 189
Sexagesimalteilung 37
Siderische Umlaufzeit 184
Silber 189
Sonne 184
Sonnenzeit 185
Spezifische Gewichte 188
Steigung (Tafel) 186
Sterbetafel, allgemeine 145
Sterbewahrscheinlichkeit 147
Sterntag 185
Sternzeit 185
Stifel, Michael 190
Synodische Umlaufzeit 184

Todesfall 147

Umrechnungstabellen
—, Altgrad/Neugrad 40
—, Dezimalteile 140
—, Gradmaß/Bogenmaß 38

Vlacq, *Adrian* 190
Vorschüssig *141

Westeuropäische Zeit 185
Windstärken 187
Winkelmaße, Tafel
  (Altgrad/Neugrad) 40
Winkelteilung
  (Begriffliches) 37

Zehnerlogarithmen
—, Begriffliches VIII, 190
—, Tafeln
  1—100, vierstellig 1
  1000—10009, vierstellig 2
  10000—11209, sechsstellig 32
Zeit 185
Zinseszinsformel 141
Zinsfaktor 141
Zinsfuß 141

Zur Einführung

1. *Begriffliches*:   Ist $a = b^n$,
   so folgt $n = {}^b\!\log a$
   (*sprich*: n gleich Logarithmus a zur Basis b).

   Bezeichnungen: a **Numerus**, Logarithmand;
       b **Basis** oder Grundzahl des Logarithmensystems;
       n ausgerechneter Logarithmus, kurz **Logarithmus**.

   Der Engländer *Henry Briggs* (1561/1630) (S. 190) wählte als Basis der von ihm berechneten Logarithmen die Zahl 10. Sie werden deshalb *dekadische, gemeine, Briggs- oder Zehnerlogarithmen* genannt.

   Die Abkürzung für den Zehnerlogarithmus ist **lg**.

   Es ist z. B.   lg 20 = 1,3010
   die Vorzahl 1 heißt **Kennzahl**,
   die Ziffernfolge nach dem Komma
   bezeichnet man als **Mantisse**.

   Aus historischen Gründen ist noch das *Neper- oder das natürliche Logarithmensystem* zu nennen. Seine Basis ist die transzendent-irrationale Zahl

   $$e = 2{,}718281828459\ldots.$$

   Der Schotte *John Neper* (1550/1617) hat es berechnet (S. 190).

2. Diese *vierstellige Schlömilch-Tafel* will nicht nur dem reinen logarithmischen Rechnen dienen, sondern sie soll auch bei dem altbewährten natürlichen Rechnen verwendet werden können. Die Tafeln in III (Zinseszins, Statistik S. 141 f.) und IV (Mathematische Tafeln, S. 149 f.) sind unter diesem Gesichtspunkt aufgenommen worden.

3. Für die *dezimale Schreibweise* des Winkels findet man auf den Innenseiten der Buchdeckel und S. 140 eine Tabelle, die die schnelle Umrechnung zwischen sexagesimaler und dezimaler Auffassung ermöglicht. Außerdem sind bei den Logarithmen goniometrischer Funktionen (S. 50 f.) die nichtperiodischen Dezimalwerte des Grades eingesetzt worden.

4. Die *Umwandlung von Altgrad und Neugrad* kann mit den Tafeln S. 40 durchgeführt werden.

I. Zehner- und natürliche Logarithmen

1. Mantissen der Zehnerlogarithmen 1—11 209:

Vierstellige Mantissen für die Zahlen 1—100 1

Vierstellige Mantissen für die Zahlen 1000—10 009 2

Sechsstellige Mantissen für die Zahlen 10 000—11 209 32

2. Natürliche Logarithmen von 1—399 36

1. Mantissen der Zehnerlogarithmen 1 — 11 209

4-stellig $\lg 1 \to \lg 100$

N	lg	N	lg	N	lg	N	lg
1	0,0000	26	1,4150	51	1,7076	76	1,8808
2	0,3010	27	1,4314	52	1,7160	77	1,8865
3	0,4771	28	1,4472	53	1,7243	78	1,8921
4	0,6021	29	1,4624	54	1,7324	79	1,8976
5	0,6990	30	1,4771	55	1,7404	80	1,9031
6	0,7782	31	1,4914	56	1,7482	81	1,9085
7	0,8451	32	1,5051	57	1,7559	82	1,9138
8	0,9031	33	1,5185	58	1,7634	83	1,9191
9	0,9542	34	1,5315	59	1,7709	84	1,9243
10	1,0000	35	1,5441	60	1,7782	85	1,9294
11	1,0414	36	1,5563	61	1,7853	86	1,9345
12	1,0792	37	1,5682	62	1,7924	87	1,9395
13	1,1139	38	1,5798	63	1,7993	88	1,9445
14	1,1461	39	1,5911	64	1,8062	89	1,9494
15	1,1761	40	1,6021	65	1,8129	90	1,9542
16	1,2041	41	1,6128	66	1,8195	91	1,9590
17	1,2304	42	1,6232	67	1,8261	92	1,9638
18	1,2553	43	1,6335	68	1,8325	93	1,9685
19	1,2788	44	1,6435	69	1,8388	94	1,9731
20	1,3010	45	1,6532	70	1,8451	95	1,9777
21	1,3222	46	1,6628	71	1,8513	96	1,9823
22	1,3424	47	1,6721	72	1,8573	97	1,9868
23	1,3617	48	1,6812	73	1,8633	98	1,9912
24	1,3802	49	1,6902	74	1,8692	99	1,9956
25	1,3979	50	1,6990	75	1,8751	100	2,0000

1 Schlömilch-Wolff, Nr. 341

lg 1000 → lg 1299

N	0	1	2	3	4	5	6	7	8	9
100	0000	0004	0009	0013	0017	0022	0026	0030	0035	0039
101	0043	0048	0052	0056	0060	0065	0069	0073	0077	0082
102	0086	0090	0095	0099	0103	0107	0111	0116	0120	0124
103	0128	0133	0137	0141	0145	0149	0154	0158	0162	0166
104	0170	0175	0179	0183	0187	0191	0195	0199	0204	0208
105	0212	0216	0220	0224	0228	0233	0237	0241	0245	0249
106	0253	0257	0261	0265	0269	0273	0278	0282	0286	0290
107	0294	0298	0302	0306	0310	0314	0318	0322	0326	0330
108	0334	0338	0342	0346	0350	0354	0358	0362	0366	0370
109	0374	0378	0382	0386	0390	0394	0398	0402	0406	0410
110	0414	0418	0422	0426	0430	0434	0438	0441	0445	0449
111	0453	0457	0461	0465	0469	0473	0477	0481	0484	0488
112	0492	0496	0500	0504	0508	0512	0515	0519	0523	0527
113	0531	0535	0538	0542	0546	0550	0554	0558	0561	0565
114	0569	0573	0577	0580	0584	0588	0592	0596	0599	0603
115	0607	0611	0615	0618	0622	0626	0630	0633	0637	0641
116	0645	0648	0652	0656	0660	0663	0667	0671	0674	0678
117	0682	0686	0689	0693	0697	0700	0704	0708	0711	0715
118	0719	0722	0726	0730	0734	0737	0741	0745	0748	0752
119	0755	0759	0763	0766	0770	0774	0777	0781	0785	0788
120	0792	0795	0799	0803	0806	0810	0813	0817	0821	0824
121	0828	0831	0835	0839	0842	0846	0849	0853	0856	0860
122	0864	0867	0871	0874	0878	0881	0885	0888	0892	0896
123	0899	0903	0906	0910	0913	0917	0920	0924	0927	0931
124	0934	0938	0941	0945	0948	0952	0955	0959	0962	0966
125	0969	0973	0976	0980	0983	0986	0990	0993	0997	1000
126	1004	1007	1011	1014	1017	1021	1024	1028	1031	1035
127	1038	1041	1045	1048	1052	1055	1059	1062	1065	1069
128	1072	1075	1079	1082	1086	1089	1092	1096	1099	1103
129	1106	1109	1113	1116	1119	1123	1126	1129	1133	1136

Beispiele: a) lg 7 = 0,8451; b) lg 0,29 = 0,4624 — 1; c) lg 5179 = 3,7142;

lg 1300 → lg 1599

N	0	1	2	3	4	5	6	7	8	9
130	1139	1143	1146	1149	1153	1156	1159	1163	1166	1169
131	1173	1176	1179	1183	1186	1189	1193	1196	1199	1202
132	1206	1209	1212	1216	1219	1222	1225	1229	1232	1235
133	1239	1242	1245	1248	1252	1255	1258	1261	1265	1268
134	1271	1274	1278	1281	1284	1287	1290	1294	1297	1300
135	1303	1307	1310	1313	1316	1319	1323	1326	1329	1332
136	1335	1339	1342	1345	1348	1351	1355	1358	1361	1364
137	1367	1370	1374	1377	1380	1383	1386	1389	1392	1396
138	1399	1402	1405	1408	1411	1414	1418	1421	1424	1427
139	1430	1433	1436	1440	1443	1446	1449	1452	1455	1458
140	1461	1464	1467	1471	1474	1477	1480	1483	1486	1489
141	1492	1495	1498	1501	1504	1508	1511	1514	1517	1520
142	1523	1526	1529	1532	1535	1538	1541	1544	1547	1550
143	1553	1556	1559	1562	1565	1569	1572	1575	1578	1581
144	1584	1587	1590	1593	1596	1599	1602	1605	1608	1611
145	1614	1617	1620	1623	1626	1629	1632	1635	1638	1641
146	1644	1647	1649	1652	1655	1658	1661	1664	1667	1670
147	1673	1676	1679	1682	1685	1688	1691	1694	1697	1700
148	1703	1706	1708	1711	1714	1717	1720	1723	1726	1729
149	1732	1735	1738	1741	1744	1746	1749	1752	1755	1758
150	1761	1764	1767	1770	1772	1775	1778	1781	1784	1787
151	1790	1793	1796	1798	1801	1804	1807	1810	1813	1816
152	1818	1821	1824	1827	1830	1833	1836	1838	1841	1844
153	1847	1850	1853	1855	1858	1861	1864	1867	1870	1872
154	1875	1878	1881	1884	1886	1889	1892	1895	1898	1901
155	1903	1906	1909	1912	1915	1917	1920	1923	1926	1928
156	1931	1934	1937	1940	1942	1945	1948	1951	1953	1956
157	1959	1962	1965	1967	1970	1973	1976	1978	1981	1984
158	1987	1989	1992	1995	1998	2000	2003	2006	2009	2011
159	2014	2017	2019	2022	2025	2028	2030	2033	2036	2038

d) lg x = 1,5129, x = 32,58; e) lg x = 0,0985, x = 1,255

lg 1600 → lg 1899

N	0	1	2	3	4	5	6	7	8	9
160	2041	2044	2047	2049	2052	2055	2057	2060	2063	2066
161	2068	2071	2074	2076	2079	2082	2084	2087	2090	2092
162	2095	2098	2101	2103	2106	2109	2111	2114	2117	2119
163	2122	2125	2127	2130	2133	2135	2138	2140	2143	2146
164	2148	2151	2154	2156	2159	2162	2164	2167	2170	2172
165	2175	2177	2180	2183	2185	2188	2191	2193	2196	2198
166	2201	2204	2206	2209	2212	2214	2217	2219	2222	2225
167	2227	2230	2232	2235	2238	2240	2243	2245	2248	2251
168	2253	2256	2258	2261	2263	2266	2269	2271	2274	2276
169	2279	2281	2284	2287	2289	2292	2294	2297	2299	2302
170	2304	2307	2310	2312	2315	2317	2320	2322	2325	2327
171	2330	2333	2335	2338	2340	2343	2345	2348	2350	2353
172	2355	2358	2360	2363	2365	2368	2370	2373	2375	2378
173	2380	2383	2385	2388	2390	2393	2395	2398	2400	2403
174	2405	2408	2410	2413	2415	2418	2420	2423	2425	2428
175	2430	2433	2435	2438	2440	2443	2445	2448	2450	2453
176	2455	2458	2460	2463	2465	2467	2470	2472	2475	2477
177	2480	2482	2485	2487	2490	2492	2494	2497	2499	2502
178	2504	2507	2509	2512	2514	2516	2519	2521	2524	2526
179	2529	2531	2533	2536	2538	2541	2543	2545	2548	2550
180	2553	2555	2558	2560	2562	2565	2567	2570	2572	2574
181	2577	2579	2582	2584	2586	2589	2591	2594	2596	2598
182	2601	2603	2605	2608	2610	2613	2615	2617	2620	2622
183	2625	2627	2629	2632	2634	2636	2639	2641	2643	2646
184	2648	2651	2653	2655	2658	2660	2662	2665	2667	2669
185	2672	2674	2676	2679	2681	2683	2686	2688	2690	2693
186	2695	2697	2700	2702	2704	2707	2709	2711	2714	2716
187	2718	2721	2723	2725	2728	2730	2732	2735	2737	2739
188	2742	2744	2746	2749	2751	2753	2755	2758	2760	2762
189	2765	2767	2769	2772	2774	2776	2778	2781	2783	2785

lg 1900 → lg 2199

N	0	1	2	3	4	5	6	7	8	9
190	2788	2790	2792	2794	2797	2799	2801	2804	2806	2808
191	2810	2813	2815	2817	2819	2822	2824	2826	2828	2831
192	2833	2835	2838	2840	2842	2844	2847	2849	2851	2853
193	2856	2858	2860	2862	2865	2867	2869	2871	2874	2876
194	2878	2880	2882	2885	2887	2889	2891	2894	2896	2898
195	2900	2903	2905	2907	2909	2911	2914	2916	2918	2920
196	2923	2925	2927	2929	2931	2934	2936	2938	2940	2942
197	2945	2947	2949	2951	2953	2956	2958	2960	2962	2964
198	2967	2969	2971	2973	2975	2978	2980	2982	2984	2986
199	2989	2991	2993	2995	2997	2999	3002	3004	3006	3008
200	3010	3012	3015	3017	3019	3021	3023	3025	3028	3030
201	3032	3034	3036	3038	3041	3043	3045	3047	3049	3051
202	3054	3056	3058	3060	3062	3064	3066	3069	3071	3073
203	3075	3077	3079	3081	3084	3086	3088	3090	3092	3094
204	3096	3098	3101	3103	3105	3107	3109	3111	3113	3115
205	3118	3120	3122	3124	3126	3128	3130	3132	3134	3137
206	3139	3141	3143	3145	3147	3149	3151	3153	3156	3158
207	3160	3162	3164	3166	3168	3170	3172	3174	3176	3179
208	3181	3183	3185	3187	3189	3191	3193	3195	3197	3199
209	3201	3204	3206	3208	3210	3212	3214	3216	3218	3220
210	3222	3224	3226	3228	3230	3233	3235	3237	3239	3241
211	3243	3245	3247	3249	3251	3253	3255	3257	3259	3261
212	3263	3265	3267	3269	3272	3274	3276	3278	3280	3282
213	3284	3286	3288	3290	3292	3294	3296	3298	3300	3302
214	3304	3306	3308	3310	3312	3314	3316	3318	3320	3322
215	3324	3326	3328	3330	3332	3334	3336	3339	3341	3343
216	3345	3347	3349	3351	3353	3355	3357	3359	3361	3363
217	3365	3367	3369	3371	3373	3375	3377	3379	3381	3383
218	3385	3387	3389	3391	3393	3395	3397	3398	3400	3402
219	3404	3406	3408	3410	3412	3414	3416	3418	3420	3422

lg 2200 → lg 2499

N	0	1	2	3	4	5	6	7	8	9
220	3424	3426	3428	3430	3432	3434	3436	3438	3440	3442
221	3444	3446	3448	3450	3452	3454	3456	3458	3460	3462
222	3464	3465	3467	3469	3471	3473	3475	3477	3479	3481
223	3483	3485	3487	3489	3491	3493	3495	3497	3499	3501
224	3502	3504	3506	3508	3510	3512	3514	3516	3518	3520
225	3522	3524	3526	3528	3530	3531	3533	3535	3537	3539
226	3541	3543	3545	3547	3549	3551	3553	3555	3556	3558
227	3560	3562	3564	3566	3568	3570	3572	3574	3576	3577
228	3579	3581	3583	3585	3587	3589	3591	3593	3595	3596
229	3598	3600	3602	3604	3606	3608	3610	3612	3614	3615
230	3617	3619	3621	3623	3625	3627	3629	3630	3632	3634
231	3636	3638	3640	3642	3644	3646	3647	3649	3651	3653
232	3655	3657	3659	3660	3662	3664	3666	3668	3670	3672
233	3674	3675	3677	3679	3681	3683	3685	3687	3688	3690
234	3692	3694	3696	3698	3700	3701	3703	3705	3707	3709
235	3711	3713	3714	3716	3718	3720	3722	3724	3725	3727
236	3729	3731	3733	3735	3736	3738	3740	3742	3744	3746
237	3747	3749	3751	3753	3755	3757	3758	3760	3762	3764
238	3766	3768	3769	3771	3773	3775	3777	3779	3780	3782
239	3784	3786	3788	3789	3791	3793	3795	3797	3798	3800
240	3802	3804	3806	3808	3809	3811	3813	3815	3817	3818
241	3820	3822	3824	3826	3827	3829	3831	3833	3835	3836
242	3838	3840	3842	3844	3845	3847	3849	3851	3852	3854
243	3856	3858	3860	3861	3863	3865	3867	3869	3870	3872
244	3874	3876	3877	3879	3881	3883	3885	3886	3888	3890
245	3892	3893	3895	3897	3899	3901	3902	3904	3906	3908
246	3909	3911	3913	3915	3916	3918	3920	3922	3923	3925
247	3927	3929	3930	3932	3934	3936	3938	3939	3941	3943
248	3945	3946	3948	3950	3952	3953	3955	3957	3959	3960
249	3962	3964	3965	3967	3969	3971	3972	3974	3976	3978

lg 2500 → lg 2799

N	0	1	2	3	4	5	6	7	8	9
250	3979	3981	3983	3985	3986	3988	3990	3992	3993	3995
251	3997	3998	4000	4002	4004	4005	4007	4009	4011	4012
252	4014	4016	4017	4019	4021	4023	4024	4026	4028	4029
253	4031	4033	4035	4036	4038	4040	4041	4043	4045	4047
254	4048	4050	4052	4053	4055	4057	4059	4060	4062	4064
255	4065	4067	4069	4071	4072	4074	4076	4077	4079	4081
256	4082	4084	4086	4087	4089	4091	4093	4094	4096	4098
257	4099	4101	4103	4104	4106	4108	4109	4111	4113	4115
258	4116	4118	4120	4121	4123	4125	4126	4128	4130	4131
259	4133	4135	4136	4138	4140	4141	4143	4145	4146	4148
260	4150	4151	4153	4155	4156	4158	4160	4161	4163	4165
261	4166	4168	4170	4171	4173	4175	4176	4178	4180	4181
262	4183	4185	4186	4188	4190	4191	4193	4195	4196	4198
263	4200	4201	4203	4205	4206	4208	4209	4211	4213	4214
264	4216	4218	4219	4221	4223	4224	4226	4228	4229	4231
265	4232	4234	4236	4237	4239	4241	4242	4244	4246	4247
266	4249	4250	4252	4254	4255	4257	4259	4260	4262	4263
267	4265	4267	4268	4270	4272	4273	4275	4276	4278	4280
268	4281	4283	4285	4286	4288	4289	4291	4293	4294	4296
269	4298	4299	4301	4302	4304	4306	4307	4309	4310	4312
270	4314	4315	4317	4318	4320	4322	4323	4325	4326	4328
271	4330	4331	4333	4334	4336	4338	4339	4341	4342	4344
272	4346	4347	4349	4350	4352	4354	4355	4357	4358	4360
273	4362	4363	4365	4366	4368	4370	4371	4373	4374	4376
274	4378	4379	4381	4382	4384	4385	4387	4389	4390	4392
275	4393	4395	4396	4398	4400	4401	4403	4404	4406	4408
276	4409	4411	4412	4414	4415	4417	4419	4420	4422	4423
277	4425	4426	4428	4429	4431	4433	4434	4436	4437	4439
278	4440	4442	4444	4445	4447	4448	4450	4451	4453	4454
279	4456	4458	4459	4461	4462	4464	4465	4467	4468	4470

Beachte: $e = 2,7182881285\ldots$ $\lg e = 0,4342945\ldots$
Man rechnet also mit $\lg e = 0,4343$

lg 2800 → lg 3099

N	0	1	2	3	4	5	6	7	8	9
280	4472	4473	4475	4476	4478	4479	4481	4482	4484	4486
281	4487	4489	4490	4492	4493	4495	4496	4498	4499	4501
282	4502	4504	4506	4507	4509	4510	4512	4513	4515	4516
283	4518	4519	4521	4522	4524	4526	4527	4529	4530	4532
284	4533	4535	4536	4538	4539	4541	4542	4544	4545	4547
285	4548	4550	4551	4553	4555	4556	4558	4559	4561	4562
286	4564	4565	4567	4568	4570	4571	4573	4574	4576	4577
287	4579	4580	4582	4583	4585	4586	4588	4589	4591	4592
288	4594	4595	4597	4598	4600	4601	4603	4604	4606	4607
289	4609	4610	4612	4613	4615	4616	4618	4619	4621	4622
290	4624	4625	4627	4628	4630	4631	4633	4634	4636	4637
291	4639	4640	4642	4643	4645	4646	4648	4649	4651	4652
292	4654	4655	4657	4658	4660	4661	4663	4664	4666	4667
293	4669	4670	4672	4673	4675	4676	4678	4679	4681	4682
294	4683	4685	4686	4688	4689	4691	4692	4694	4695	4697
295	4698	4700	4701	4703	4704	4706	4707	4709	4710	4711
296	4713	4714	4716	4717	4719	4720	4722	4723	4725	4726
297	4728	4729	4730	4732	4733	4735	4736	4738	4739	4741
298	4742	4744	4745	4747	4748	4749	4751	4752	4754	4755
299	4757	4758	4760	4761	4763	4764	4765	4767	4768	4770
300	4771	4773	4774	4776	4777	4778	4780	4781	4783	4784
301	4786	4787	4789	4790	4791	4793	4794	4796	4797	4799
302	4800	4802	4803	4804	4806	4807	4809	4810	4812	4813
303	4814	4816	4817	4819	4820	4822	4823	4824	4826	4827
304	4829	4830	4832	4833	4834	4836	4837	4839	4840	4842
305	4843	4844	4846	4847	4849	4850	4852	4853	4854	4856
306	4857	4859	4860	4861	4863	4864	4866	4867	4869	4870
307	4871	4873	4874	4876	4877	4878	4880	4881	4883	4884
308	4886	4887	4888	4890	4891	4893	4894	4895	4897	4898
309	4900	4901	4902	4904	4905	4907	4908	4909	4911	4912

lg 3100 → lg 3399

N	0	1	2	3	4	5	6	7	8	9
310	4914	4915	4916	4918	4919	4921	4922	4923	4925	4926
311	4928	4929	4930	4932	4933	4935	4936	4937	4939	4940
312	4942	4943	4944	4946	4947	4949	4950	4951	4953	4954
313	4955	4957	4958	4960	4961	4962	4964	4965	4967	4968
314	4969	4971	4972	4973	4975	4976	4978	4979	4980	4982
315	4983	4984	4986	4987	4989	4990	4991	4993	4994	4995
316	4997	4998	5000	5001	5002	5004	5005	5006	5008	5009
317	5011	5012	5013	5015	5016	5017	5019	5020	5022	5023
318	5024	5026	5027	5028	5030	5031	5032	5034	5035	5037
319	5038	5039	5041	5042	5043	5045	5046	5047	5049	5050
320	5051	5053	5054	5056	5057	5058	5060	5061	5062	5064
321	5065	5066	5068	5069	5070	5072	5073	5075	5076	5077
322	5079	5080	5081	5083	5084	5085	5087	5088	5089	5091
323	5092	5093	5095	5096	5097	5099	5100	5101	5103	5104
324	5105	5107	5108	5109	5111	5112	5113	5115	5116	5117
325	5119	5120	5122	5123	5124	5126	5127	5128	5130	5131
326	5132	5134	5135	5136	5138	5139	5140	5141	5143	5144
327	5145	5147	5148	5149	5151	5152	5153	5155	5156	5157
328	5159	5160	5161	5163	5164	5165	5167	5168	5169	5171
329	5172	5173	5175	5176	5177	5179	5180	5181	5183	5184
330	5185	5186	5188	5189	5190	5192	5193	5194	5196	5197
331	5198	5200	5201	5202	5204	5205	5206	5207	5209	5210
332	5211	5213	5214	5215	5217	5218	5219	5221	5222	5223
333	5224	5226	5227	5228	5230	5231	5232	5234	5235	5236
334	5237	5239	5240	5241	5243	5244	5245	5247	5248	5249
335	5250	5252	5253	5254	5256	5257	5258	5260	5261	5262
336	5263	5265	5266	5267	5269	5270	5271	5272	5274	5275
337	5276	5278	5279	5280	5281	5283	5284	5285	5287	5288
338	5289	5290	5292	5293	5294	5296	5297	5298	5299	5301
339	5302	5303	5305	5306	5307	5308	5310	5311	5312	5314

Beachte: $\pi = 3{,}14159265\ldots$ $\lg \pi = 0{,}4971499\ldots$
Man rechnet daher mit $\lg \pi = 0{,}4971$

lg 3400 → lg 3699

N	0	1	2	3	4	5	6	7	8	9
340	5315	5316	5317	5319	5320	5321	5322	5324	5325	5326
341	5328	5329	5330	5331	5333	5334	5335	5336	5338	5339
342	5340	5342	5343	5344	5345	5347	5348	5349	5350	5352
343	5353	5354	5355	5357	5358	5359	5361	5362	5363	5364
344	5366	5367	5368	5369	5371	5372	5373	5374	5376	5377
345	5378	5379	5381	5382	5383	5384	5386	5387	5388	5390
346	5391	5392	5393	5395	5396	5397	5398	5400	5401	5402
347	5403	5405	5406	5407	5408	5410	5411	5412	5413	5415
348	5416	5417	5418	5420	5421	5422	5423	5425	5426	5427
349	5428	5429	5431	5432	5433	5434	5436	5437	5438	5439
350	5441	5442	5443	5444	5446	5447	5448	5449	5451	5452
351	5453	5454	5456	5457	5458	5459	5460	5462	5463	5464
352	5465	5467	5468	5469	5470	5472	5473	5474	5475	5477
353	5478	5479	5480	5481	5483	5484	5485	5486	5488	5489
354	5490	5491	5492	5494	5495	5496	5497	5499	5500	5501
355	5502	5504	5505	5506	5507	5508	5510	5511	5512	5513
356	5514	5516	5517	5518	5519	5521	5522	5523	5524	5525
357	5527	5528	5529	5530	5532	5533	5534	5535	5536	5538
358	5539	5540	5541	5542	5544	5545	5546	5547	5549	5550
359	5551	5552	5553	5555	5556	5557	5558	5559	5561	5562
360	5563	5564	5565	5567	5568	5569	5570	5571	5573	5574
361	5575	5576	5577	5579	5580	5581	5582	5583	5585	5586
362	5587	5588	5589	5591	5592	5593	5594	5595	5597	5598
363	5599	5600	5601	5603	5604	5605	5606	5607	5609	5610
364	5611	5612	5613	5615	5616	5617	5618	5619	5621	5622
365	5623	5624	5625	5626	5628	5629	5630	5631	5632	5634
366	5635	5636	5637	5638	5640	5641	5642	5643	5644	5645
367	5647	5648	5649	5650	5651	5653	5654	5655	5656	5657
368	5658	5660	5661	5662	5663	5664	5666	5667	5668	5669
369	5670	5671	5673	5674	5675	5676	5677	5678	5680	5681

lg 3700 → lg 3999

N	0	1	2	3	4	5	6	7	8	9
370	5682	5683	5684	5686	5687	5688	5689	5690	5691	5693
371	5694	5695	5696	5697	5698	5700	5701	5702	5703	5704
372	5705	5707	5708	5709	5710	5711	5712	5714	5715	5716
373	5717	5718	5719	5721	5722	5723	5724	5725	5726	5728
374	5729	5730	5731	5732	5733	5735	5736	5737	5738	5739
375	5740	5741	5743	5744	5745	5746	5747	5748	5750	5751
376	5752	5753	5754	5755	5756	5758	5759	5760	5761	5762
377	5763	5765	5766	5767	5768	5769	5770	5771	5773	5774
378	5775	5776	5777	5778	5780	5781	5782	5783	5784	5785
379	5786	5788	5789	5790	5791	5792	5793	5794	5796	5797
380	5798	5799	5800	5801	5802	5804	5805	5806	5807	5808
381	5809	5810	5812	5813	5814	5815	5816	5817	5818	5819
382	5821	5822	5823	5824	5825	5826	5827	5829	5830	5831
383	5832	5833	5834	5835	5837	5838	5839	5840	5841	5842
384	5843	5844	5846	5847	5848	5849	5850	5851	5852	5853
385	5855	5856	5857	5858	5859	5860	5861	5862	5864	5865
386	5866	5867	5868	5869	5870	5871	5873	5874	5875	5876
387	5877	5878	5879	5880	5882	5883	5884	5885	5886	5887
388	5888	5889	5891	5892	5893	5894	5895	5896	5897	5898
389	5899	5901	5902	5903	5904	5905	5906	5907	5908	5910
390	5911	5912	5913	5914	5915	5916	5917	5918	5920	5921
391	5922	5923	5924	5925	5926	5927	5928	5930	5931	5932
392	5933	5934	5935	5936	5937	5938	5940	5941	5942	5943
393	5944	5945	5946	5947	5948	5949	5951	5952	5953	5954
394	5955	5956	5957	5958	5959	5960	5962	5963	5964	5965
395	5966	5967	5968	5969	5970	5971	5973	5974	5975	5976
396	5977	5978	5979	5980	5981	5982	5984	5985	5986	5987
397	5988	5989	5990	5991	5992	5993	5994	5996	5997	5998
398	5999	6000	6001	6002	6003	6004	6005	6006	6008	6009
399	6010	6011	6012	6013	6014	6015	6016	6017	6018	6020

lg 4000 → lg 4299

N	0	1	2	3	4	5	6	7	8	9
400	6021	6022	6023	6024	6025	6026	6027	6028	6029	6030
401	6031	6033	6034	6035	6036	6037	6038	6039	6040	6041
402	6042	6043	6044	6046	6047	6048	6049	6050	6051	6052
403	6053	6054	6055	6056	6057	6058	6060	6061	6062	6063
404	6064	6065	6066	6067	6068	6069	6070	6071	6072	6073
405	6075	6076	6077	6078	6079	6080	6081	6082	6083	6084
406	6085	6086	6087	6088	6090	6091	6092	6093	6094	6095
407	6096	6097	6098	6099	6100	6101	6102	6103	6104	6106
408	6107	6108	6109	6110	6111	6112	6113	6114	6115	6116
409	6117	6118	6119	6120	6121	6123	6124	6125	6126	6127
410	6128	6129	6130	6131	6132	6133	6134	6135	6136	6137
411	6138	6139	6141	6142	6143	6144	6145	6146	6147	6148
412	6149	6150	6151	6152	6153	6154	6155	6156	6157	6158
413	6160	6161	6162	6163	6164	6165	6166	6167	6168	6169
414	6170	6171	6172	6173	6174	6175	6176	6177	6178	6179
415	6180	6182	6183	6184	6185	6186	6187	6188	6189	6190
416	6191	6192	6193	6194	6195	6196	6197	6198	6199	6200
417	6201	6202	6203	6204	6206	6207	6208	6209	6210	6211
418	6212	6213	6214	6215	6216	6217	6218	6219	6220	6221
419	6222	6223	6224	6225	6226	6227	6228	6229	6230	6231
420	6232	6234	6235	6236	6237	6238	6239	6240	6241	6242
421	6243	6244	6245	6246	6247	6248	6249	6250	6251	6252
422	6253	6254	6255	6256	6257	6258	6259	6260	6261	6262
423	6263	6264	6265	6266	6268	6269	6270	6271	6272	6273
424	6274	6275	6276	6277	6278	6279	6280	6281	6282	6283
425	6284	6285	6286	6287	6288	6289	6290	6291	6292	6293
426	6294	6295	6296	6297	6298	6299	6300	6301	6302	6303
427	6304	6305	6306	6307	6308	6309	6310	6311	6312	6313
428	6314	6315	6316	6317	6318	6320	6321	6322	6323	6324
429	6325	6326	6327	6328	6329	6330	6331	6332	6333	6334

lg 4300 → lg 4599

N	0	1	2	3	4	5	6	7	8	9
430	6335	6336	6337	6338	6339	6340	6341	6342	6343	6344
431	6345	6346	6347	6348	6349	6350	6351	6352	6353	6354
432	6355	6356	6357	6358	6359	6360	6361	6362	6363	6364
433	6365	6366	6367	6368	6369	6370	6371	6372	6373	6374
434	6375	6376	6377	6378	6379	6380	6381	6382	6383	6384
435	6385	6386	6387	6388	6389	6390	6391	6392	6393	6394
436	6395	6396	6397	6398	6399	6400	6401	6402	6403	6404
437	6405	6406	6407	6408	6409	6410	6411	6412	6413	6414
438	6415	6416	6417	6418	6419	6420	6421	6422	6423	6424
439	6425	6426	6427	6428	6429	6430	6431	6432	6433	6434
440	6435	6436	6437	6437	6438	6439	6440	6441	6442	6443
441	6444	6445	6446	6447	6448	6449	6450	6451	6452	6453
442	6454	6455	6456	6457	6458	6459	6460	6461	6462	6463
443	6464	6465	6466	6467	6468	6469	6470	6471	6472	6473
444	6474	6475	6476	6477	6478	6479	6480	6481	6482	6483
445	6484	6485	6486	6487	6488	6488	6489	6490	6491	6492
446	6493	6494	6495	6496	6497	6498	6499	6500	6501	6502
447	6503	6504	6505	6506	6507	6508	6509	6510	6511	6512
448	6513	6514	6515	6516	6517	6518	6519	6520	6521	6521
449	6522	6523	6524	6525	6526	6527	6528	6529	6530	6531
450	6532	6533	6534	6535	6536	6537	6538	6539	6540	6541
451	6542	6543	6544	6545	6546	6547	6548	6549	6549	6550
452	6551	6552	6553	6554	6555	6556	6557	6558	6559	6560
453	6561	6562	6563	6564	6565	6566	6567	6568	6569	6570
454	6571	6572	6572	6573	6574	6575	6576	6577	6578	6579
455	6580	6581	6582	6583	6584	6585	6586	6587	6588	6589
456	6590	6591	6592	6593	6593	6594	6595	6596	6597	6598
457	6599	6600	6601	6602	6603	6604	6605	6606	6607	6608
458	6609	6610	6611	6611	6612	6613	6614	6615	6616	6617
459	6618	6619	6620	6621	6622	6623	6624	6625	6626	6627

lg 4600 → lg 4899

N	0	1	2	3	4	5	6	7	8	9
460	6628	6629	6629	6630	6631	6632	6633	6634	6635	6636
461	6637	6638	6639	6640	6641	6642	6643	6644	6645	6645
462	6646	6647	6648	6649	6650	6651	6652	6653	6654	6655
463	6656	6657	6658	6659	6660	6660	6661	6662	6663	6664
464	6665	6666	6667	6668	6669	6670	6671	6672	6673	6674
465	6675	6675	6676	6677	6678	6679	6680	6681	6682	6683
466	6684	6685	6686	6687	6688	6689	6689	6690	6691	6692
467	6693	6694	6695	6696	6697	6698	6699	6700	6701	6702
468	6702	6703	6704	6705	6706	6707	6708	6709	6710	6711
469	6712	6713	6714	6715	6715	6716	6717	6718	6719	6720
470	6721	6722	6723	6724	6725	6726	6727	6727	6728	6729
471	6730	6731	6732	6733	6734	6735	6736	6737	6738	6738
472	6739	6740	6741	6742	6743	6744	6745	6746	6747	6748
473	6749	6750	6750	6751	6752	6753	6754	6755	6756	6757
474	6758	6759	6760	6761	6761	6762	6763	6764	6765	6766
475	6767	6768	6769	6770	6771	6772	6772	6773	6774	6775
476	6776	6777	6778	6779	6780	6781	6782	6782	6783	6784
477	6785	6786	6787	6788	6789	6790	6791	6792	6792	6793
478	6794	6795	6796	6797	6798	6799	6800	6801	6802	6802
479	6803	6804	6805	6806	6807	6808	6809	6810	6811	6812
480	6812	6813	6814	6815	6816	6817	6818	6819	6820	6821
481	6821	6822	6823	6824	6825	6826	6827	6828	6829	6830
482	6830	6831	6832	6833	6834	6835	6836	6837	6838	6839
483	6839	6840	6841	6842	6843	6844	6845	6846	6847	6848
484	6848	6849	6850	6851	6852	6853	6854	6855	6856	6857
485	6857	6858	6859	6860	6861	6862	6863	6864	6865	6865
486	6866	6867	6868	6869	6870	6871	6872	6873	6874	6874
487	6875	6876	6877	6878	6879	6880	6881	6882	6882	6883
488	6884	6885	6886	6887	6888	6889	6890	6890	6891	6892
489	6893	6894	6895	6896	6897	6898	6898	6899	6900	6901

lg 4900 → lg 5199

N	0	1	2	3	4	5	6	7	8	9
490	6902	6903	6904	6905	6906	6906	6907	6908	6909	6910
491	6911	6912	6913	6913	6914	6915	6916	6917	6918	6919
492	6920	6921	6921	6922	6923	6924	6925	6926	6927	6928
493	6928	6929	6930	6931	6932	6933	6934	6935	6936	6936
494	6937	6938	6939	6940	6941	6942	6943	6943	6944	6945
495	6946	6947	6948	6949	6950	6950	6951	6952	6953	6954
496	6955	6956	6957	6957	6958	6959	6960	6961	6962	6963
497	6964	6964	6965	6966	6967	6968	6969	6970	6971	6971
498	6972	6973	6974	6975	6976	6977	6978	6978	6979	6980
499	6981	6982	6983	6984	6984	6985	6986	6987	6988	6989
500	6990	6991	6991	6992	6993	6994	6995	6996	6997	6998
501	6998	6999	7000	7001	7002	7003	7004	7004	7005	7006
502	7007	7008	7009	7010	7010	7011	7012	7013	7014	7015
503	7016	7017	7017	7018	7019	7020	7021	7022	7023	7023
504	7024	7025	7026	7027	7028	7029	7029	7030	7031	7032
505	7033	7034	7035	7035	7036	7037	7038	7039	7040	7041
506	7042	7042	7043	7044	7045	7046	7047	7048	7048	7049
507	7050	7051	7052	7053	7054	7054	7055	7056	7057	7058
508	7059	7059	7060	7061	7062	7063	7064	7065	7065	7066
509	7067	7068	7069	7070	7071	7071	7072	7073	7074	7075
510	7076	7077	7077	7078	7079	7080	7081	7082	7083	7083
511	7084	7085	7086	7087	7088	7088	7089	7090	7091	7092
512	7093	7094	7094	7095	7096	7097	7098	7099	7099	7100
513	7101	7102	7103	7104	7105	7105	7106	7107	7108	7109
514	7110	7110	7111	7112	7113	7114	7115	7116	7116	7117
515	7118	7119	7120	7121	7121	7122	7123	7124	7125	7126
516	7126	7127	7128	7129	7130	7131	7132	7132	7133	7134
517	7135	7136	7137	7137	7138	7139	7140	7141	7142	7142
518	7143	7144	7145	7146	7147	7147	7148	7149	7150	7151
519	7152	7153	7153	7154	7155	7156	7157	7158	7158	7159

lg 5200 → lg 5499

N	0	1	2	3	4	5	6	7	8	9
520	7160	7161	7162	7163	7163	7164	7165	7166	7167	7168
521	7168	7169	7170	7171	7172	7173	7173	7174	7175	7176
522	7177	7178	7178	7179	7180	7181	7182	7183	7183	7184
523	7185	7186	7187	7188	7188	7189	7190	7191	7192	7192
524	7193	7194	7195	7196	7197	7197	7198	7199	7200	7201
525	7202	7202	7203	7204	7205	7206	7207	7207	7208	7209
526	7210	7211	7212	7212	7213	7214	7215	7216	7216	7217
527	7218	7219	7220	7221	7221	7222	7223	7224	7225	7226
528	7226	7227	7228	7229	7230	7230	7231	7232	7233	7234
529	7235	7235	7236	7237	7238	7239	7239	7240	7241	7242
530	7243	7244	7244	7245	7246	7247	7248	7248	7249	7250
531	7251	7252	7253	7253	7254	7255	7256	7257	7257	7258
532	7259	7260	7261	7262	7262	7263	7264	7265	7266	7266
533	7267	7268	7269	7270	7271	7271	7272	7273	7274	7275
534	7275	7276	7277	7278	7279	7279	7280	7281	7282	7283
535	7284	7284	7285	7286	7287	7288	7288	7289	7290	7291
536	7292	7292	7293	7294	7295	7296	7297	7297	7298	7299
537	7300	7301	7301	7302	7303	7304	7305	7305	7306	7307
538	7308	7309	7309	7310	7311	7312	7313	7313	7314	7315
539	7316	7317	7317	7318	7319	7320	7321	7322	7322	7323
540	7324	7325	7326	7326	7327	7328	7329	7330	7330	7331
541	7332	7333	7334	7334	7335	7336	7337	7338	7338	7339
542	7340	7341	7342	7342	7343	7344	7345	7346	7346	7347
543	7348	7349	7350	7350	7351	7352	7353	7354	7354	7355
544	7356	7357	7358	7358	7359	7360	7361	7362	7362	7363
545	7364	7365	7366	7366	7367	7368	7369	7370	7370	7371
546	7372	7373	7374	7374	7375	7376	7377	7377	7378	7379
547	7380	7381	7381	7382	7383	7384	7385	7385	7386	7387
548	7388	7389	7389	7390	7391	7392	7393	7393	7394	7395
549	7396	7397	7397	7398	7399	7400	7400	7401	7402	7403

lg 5500 → lg 5799

N	0	1	2	3	4	5	6	7	8	9
550	7404	7404	7405	7406	7407	7408	7408	7409	7410	7411
551	7412	7412	7413	7414	7415	7415	7416	7417	7418	7419
552	7419	7420	7421	7422	7423	7423	7424	7425	7426	7426
553	7427	7428	7429	7430	7430	7431	7432	7433	7434	7434
554	7435	7436	7437	7437	7438	7439	7440	7441	7441	7442
555	7443	7444	7444	7445	7446	7447	7448	7448	7449	7450
556	7451	7452	7452	7453	7454	7455	7455	7456	7457	7458
557	7459	7459	7460	7461	7462	7462	7463	7464	7465	7466
558	7466	7467	7468	7469	7469	7470	7471	7472	7473	7473
559	7474	7475	7476	7476	7477	7478	7479	7480	7480	7481
560	7482	7483	7483	7484	7485	7486	7487	7487	7488	7489
561	7490	7490	7491	7492	7493	7493	7494	7495	7496	7497
562	7497	7498	7499	7500	7500	7501	7502	7503	7504	7504
563	7505	7506	7507	7507	7508	7509	7510	7510	7511	7512
564	7513	7514	7514	7515	7516	7517	7517	7518	7519	7520
565	7520	7521	7522	7523	7524	7524	7525	7526	7527	7527
566	7528	7529	7530	7530	7531	7532	7533	7534	7534	7535
567	7536	7537	7537	7538	7539	7540	7540	7541	7542	7543
568	7543	7544	7545	7546	7547	7547	7548	7549	7550	7550
569	7551	7552	7553	7553	7554	7555	7556	7556	7557	7558
570	7559	7560	7560	7561	7562	7563	7563	7564	7565	7566
571	7566	7567	7568	7569	7569	7570	7571	7572	7572	7573
572	7574	7575	7575	7576	7577	7578	7579	7579	7580	7581
573	7582	7582	7583	7584	7585	7585	7586	7587	7588	7588
574	7589	7590	7591	7591	7592	7593	7594	7594	7595	7596
575	7597	7597	7598	7599	7600	7600	7601	7602	7603	7603
576	7604	7605	7606	7606	7607	7608	7609	7609	7610	7611
577	7612	7613	7613	7614	7615	7616	7616	7617	7618	7619
578	7619	7620	7621	7622	7622	7623	7624	7625	7625	7626
579	7627	7628	7628	7629	7630	7631	7631	7632	7633	7634

lg 5800 → lg 6099

N	0	1	2	3	4	5	6	7	8	9
580	7634	7635	7636	7637	7637	7638	7639	7640	7640	7641
581	7642	7643	7643	7644	7645	7645	7646	7647	7648	7648
582	7649	7650	7651	7651	7652	7653	7654	7654	7655	7656
583	7657	7657	7658	7659	7660	7660	7661	7662	7663	7663
584	7664	7665	7666	7666	7667	7668	7669	7669	7670	7671
585	7672	7672	7673	7674	7675	7675	7676	7677	7677	7678
586	7679	7680	7680	7681	7682	7683	7683	7684	7685	7686
587	7686	7687	7688	7689	7689	7690	7691	7692	7692	7693
588	7694	7695	7695	7696	7697	7697	7698	7699	7700	7700
589	7701	7702	7703	7703	7704	7705	7706	7706	7707	7708
590	7709	7709	7710	7711	7711	7712	7713	7714	7714	7715
591	7716	7717	7717	7718	7719	7720	7720	7721	7722	7722
592	7723	7724	7725	7725	7726	7727	7728	7728	7729	7730
593	7731	7731	7732	7733	7733	7734	7735	7736	7736	7737
594	7738	7739	7739	7740	7741	7742	7742	7743	7744	7744
595	7745	7746	7747	7747	7748	7749	7750	7750	7751	7752
596	7752	7753	7754	7755	7755	7756	7757	7758	7758	7759
597	7760	7760	7761	7762	7763	7763	7764	7765	7766	7766
598	7767	7768	7768	7769	7770	7771	7771	7772	7773	7774
599	7774	7775	7776	7776	7777	7778	7779	7779	7780	7781
600	7782	7782	7783	7784	7784	7785	7786	7787	7787	7788
601	7789	7789	7790	7791	7792	7792	7793	7794	7795	7795
602	7796	7797	7797	7798	7799	7800	7800	7801	7802	7802
603	7803	7804	7805	7805	7806	7807	7807	7808	7809	7810
604	7810	7811	7812	7813	7813	7814	7815	7815	7816	7817
605	7818	7818	7819	7820	7820	7821	7822	7823	7823	7824
606	7825	7825	7826	7827	7828	7828	7829	7830	7830	7831
607	7832	7833	7833	7834	7835	7835	7836	7837	7838	7838
608	7839	7840	7840	7841	7842	7843	7843	7844	7845	7845
609	7846	7847	7848	7848	7849	7850	7850	7851	7852	7853

lg 6100 → lg 6399

N	0	1	2	3	4	5	6	7	8	9
610	7853	7854	7855	7855	7856	7857	7858	7858	7859	7860
611	7860	7861	7862	7863	7863	7864	7865	7865	7866	7867
612	7868	7868	7869	7870	7870	7871	7872	7872	7873	7874
613	7875	7875	7876	7877	7877	7878	7879	7880	7880	7881
614	7882	7882	7883	7884	7885	7885	7886	7887	7887	7888
615	7889	7889	7890	7891	7892	7892	7893	7894	7894	7895
616	7896	7897	7897	7898	7899	7899	7900	7901	7901	7902
617	7903	7904	7904	7905	7906	7906	7907	7908	7908	7909
618	7910	7911	7911	7912	7913	7913	7914	7915	7916	7916
619	7917	7918	7918	7919	7920	7920	7921	7922	7923	7923
620	7924	7925	7925	7926	7927	7927	7928	7929	7930	7930
621	7931	7932	7932	7933	7934	7934	7935	7936	7937	7937
622	7938	7939	7939	7940	7941	7941	7942	7943	7943	7944
623	7945	7946	7946	7947	7948	7948	7949	7950	7950	7951
624	7952	7953	7953	7954	7955	7955	7956	7957	7957	7958
625	7959	7959	7960	7961	7962	7962	7963	7964	7964	7965
626	7966	7966	7967	7968	7969	7969	7970	7971	7971	7972
627	7973	7973	7974	7975	7975	7976	7977	7978	7978	7979
628	7980	7980	7981	7982	7982	7983	7984	7984	7985	7986
629	7987	7987	7988	7989	7989	7990	7991	7991	7992	7993
630	7993	7994	7995	7995	7996	7997	7998	7998	7999	8000
631	8000	8001	8002	8002	8003	8004	8004	8005	8006	8006
632	8007	8008	8009	8009	8010	8011	8011	8012	8013	8013
633	8014	8015	8015	8016	8017	8017	8018	8019	8020	8020
634	8021	8022	8022	8023	8024	8024	8025	8026	8026	8027
635	8028	8028	8029	8030	8030	8031	8032	8033	8033	8034
636	8035	8035	8036	8037	8037	8038	8039	8039	8040	8041
637	8041	8042	8043	8043	8044	8045	8045	8046	8047	8048
638	8048	8049	8050	8050	8051	8052	8052	8053	8054	8054
639	8055	8056	8056	8057	8058	8058	8059	8060	8060	8061

lg 6400 → lg 6699

N	0	1	2	3	4	5	6	7	8	9
640	8062	8062	8063	8064	8065	8065	8066	8067	8067	8068
641	8069	8069	8070	8071	8071	8072	8073	8073	8074	8075
642	8075	8076	8077	8077	8078	8079	8079	8080	8081	8081
643	8082	8083	8083	8084	8085	8085	8086	8087	8088	8088
644	8089	8090	8090	8091	8092	8092	8093	8094	8094	8095
645	8096	8096	8097	8098	8098	8099	8100	8100	8101	8102
646	8102	8103	8104	8104	8105	8106	8106	8107	8108	8108
647	8109	8110	8110	8111	8112	8112	8113	8114	8114	8115
648	8116	8116	8117	8118	8118	8119	8120	8120	8121	8122
649	8122	8123	8124	8124	8125	8126	8126	8127	8128	8128
650	8129	8130	8130	8131	8132	8132	8133	8134	8134	8135
651	8136	8136	8137	8138	8138	8139	8140	8140	8141	8142
552	8142	8143	8144	8144	8145	8146	8146	8147	8148	8148
653	8149	8150	8150	8151	8152	8152	8153	8154	8154	8155
654	8156	8156	8157	8158	8158	8159	8160	8160	8161	8162
655	8162	8163	8164	8164	8165	8166	8166	8167	8168	8168
656	8169	8170	8170	8171	8172	8172	8173	8174	8174	8175
657	8176	8176	8177	8178	8178	8179	8180	8180	8181	8182
658	8182	8183	8184	8184	8185	8186	8186	8187	8188	8188
659	8189	8190	8190	8191	8191	8192	8193	8193	8194	8195
660	8195	8196	8197	8197	8198	8199	8199	8200	8201	8201
661	8202	8203	8203	8204	8205	8205	8206	8207	8207	8208
662	8209	8209	8210	8211	8211	8212	8213	8213	8214	8214
663	8215	8216	8216	8217	8218	8218	8219	8220	8220	8221
664	8222	8222	8223	8224	8224	8225	8226	8226	8227	8228
665	8228	8229	8230	8230	8231	8231	8232	8233	8233	8234
666	8235	8235	8236	8237	8237	8238	8239	8239	8240	8241
667	8241	8242	8243	8243	8244	8245	8245	8246	8246	8247
668	8248	8248	8249	8250	8250	8251	8252	8252	8253	8254
669	8254	8255	8256	8256	8257	8258	8258	8259	8259	8260

lg 6700 → lg 6999

N	0	1	2	3	4	5	6	7	8	9
670	8261	8261	8262	8263	8263	8264	8265	8265	8266	8267
671	8267	8268	8269	8269	8270	8270	8271	8272	8272	8273
672	8274	8274	8275	8276	8276	8277	8278	8278	8279	8280
673	8280	8281	8281	8282	8283	8283	8284	8285	8285	8286
674	8287	8287	8288	8289	8289	8290	8290	8291	8292	8292
675	8293	8294	8294	8295	8296	8296	8297	8298	8298	8299
676	8299	8300	8301	8301	8302	8303	8303	8304	8305	8305
677	8306	8307	8307	8308	8308	8309	8310	8310	8311	8312
678	8312	8313	8314	8314	8315	8315	8316	8317	8317	8318
679	8319	8319	8320	8321	8321	8322	8323	8323	8324	8324
680	8325	8326	8326	8327	8328	8328	8329	8330	8330	8331
681	8331	8332	8333	8333	8334	8335	8335	8336	8337	8337
682	8338	8338	8339	8340	8340	8341	8342	8342	8343	8344
683	8344	8345	8345	8346	8347	8347	8348	8349	8349	8350
684	8351	8351	8352	8352	8353	8354	8354	8355	8356	8356
685	8357	8358	8358	8359	8359	8360	8361	8361	8362	8363
686	8363	8364	8365	8365	8366	8366	8367	8368	8368	8369
687	8370	8370	8371	8371	8372	8373	8373	8374	8375	8375
688	8376	8377	8377	8378	8378	8379	8380	8380	8381	8382
689	8382	8383	8383	8384	8385	8385	8386	8387	8387	8388
690	8388	8389	8390	8390	8391	8392	8392	8393	8394	8394
691	8395	8395	8396	8397	8397	8398	8399	8399	8400	8400
692	8401	8402	8402	8403	8404	8404	8405	8405	8406	8407
693	8407	8408	8409	8409	8410	8410	8411	8412	8412	8413
694	8414	8414	8415	8415	8416	8417	8417	8418	8419	8419
695	8420	8420	8421	8422	8422	8423	8424	8424	8425	8425
696	8426	8427	8427	8428	8429	8429	8430	8430	8431	8432
697	8432	8433	8434	8434	8435	8435	8436	8437	8437	8438
698	8439	8439	8440	8440	8441	8442	8442	8443	8444	8444
699	8445	8445	8446	8447	8447	8448	8448	8449	8450	8450

lg 7000 → lg 7299

N	0	1	2	3	4	5	6	7	8	9
700	8451	8452	8452	8453	8453	8454	8455	8455	8456	8457
701	8457	8458	8458	8459	8460	8460	8461	8462	8462	8463
702	8463	8464	8465	8465	8466	8466	8467	8468	8468	8469
703	8470	8470	8471	8471	8472	8473	8473	8474	8474	8475
704	8476	8476	8477	8478	8478	8479	8479	8480	8481	8481
705	8482	8483	8483	8484	8484	8485	8486	8486	8487	8487
706	8488	8489	8489	8490	8491	8491	8492	8492	8493	8494
707	8494	8495	8495	8496	8497	8497	8498	8498	8499	8500
708	8500	8501	8502	8502	8503	8503	8504	8505	8505	8506
709	8506	8507	8508	8508	8509	8510	8510	8511	8511	8512
710	8513	8513	8514	8514	8515	8516	8516	8517	8517	8518
711	8519	8519	8520	8521	8521	8522	8522	8523	8524	8524
712	8525	8525	8526	8527	8527	8528	8528	8529	8530	8530
713	8531	8532	8532	8533	8533	8534	8535	8535	8536	8536
714	8537	8538	8538	8539	8539	8540	8541	8541	8542	8542
715	8543	8544	8544	8545	8545	8546	8547	8547	8548	8549
716	8549	8550	8550	8551	8552	8552	8553	8553	8554	8555
717	8555	8556	8556	8557	8558	8558	8559	8559	8560	8561
718	8561	8562	8562	8563	8564	8564	8565	8565	8566	8567
719	8567	8568	8568	8569	8570	8570	8571	8572	8572	8573
720	8573	8574	8575	8575	8576	8576	8577	8578	8578	8579
721	8579	8580	8581	8581	8582	8582	8583	8584	8584	8585
722	8585	8586	8587	8587	8588	8588	8589	8590	8590	8591
723	8591	8592	8593	8593	8594	8594	8595	8596	8596	8597
724	8597	8598	8599	8599	8600	8600	8601	8602	8602	8603
725	8603	8604	8605	8605	8606	8606	8607	8608	8608	8609
726	8609	8610	8611	8611	8612	8612	8613	8614	8614	8615
727	8615	8616	8617	8617	8618	8618	8619	8620	8620	8621
728	8621	8622	8623	8623	8624	8624	8625	8625	8626	8627
729	8627	8628	8628	8629	8630	8630	8631	8631	8632	8633

lg 7300 → lg 7599

N	0	1	2	3	4	5	6	7	8	9
730	8633	8634	8634	8635	8636	8636	8637	8637	8638	8639
731	8639	8640	8640	8641	8642	8642	8643	8643	8644	8645
732	8645	8646	8646	8647	8647	8648	8649	8649	8650	8650
733	8651	8652	8652	8653	8653	8654	8655	8655	8656	8656
734	8657	8658	8658	8659	8659	8660	8661	8661	8662	8662
735	8663	8663	8664	8665	8665	8666	8666	8667	8668	8668
736	8669	8669	8670	8671	8671	8672	8672	8673	8673	8674
737	8675	8675	8676	8676	8677	8678	8678	8679	8679	8680
738	8681	8681	8682	8682	8683	8684	8684	8685	8685	8686
739	8686	8687	8688	8688	8689	8689	8690	8691	8691	8692
740	8692	8693	8693	8694	8695	8695	8696	8696	8697	8698
741	8698	8699	8699	8700	8701	8701	8702	8702	8703	8703
742	8704	8705	8705	8706	8706	8707	8708	8708	8709	8709
743	8710	8710	8711	8712	8712	8713	8713	8714	8715	8715
744	8716	8716	8717	8717	8718	8719	8719	8720	8720	8721
745	8722	8722	8723	8723	8724	8724	8725	8726	8726	8727
746	8727	8728	8729	8729	8730	8730	8731	8731	8732	8733
747	8733	8734	8734	8735	8736	8736	8737	8737	8738	8738
748	8739	8740	8740	8741	8741	8742	8742	8743	8744	8744
749	8745	8745	8746	8747	8747	8748	8748	8749	8749	8750
750	8751	8751	8752	8752	8753	8754	8754	8755	8755	8756
751	8756	8757	8758	8758	8759	8759	8760	8760	8761	8762
752	8762	8763	8763	8764	8764	8765	8766	8766	8767	8767
753	8768	8769	8769	8770	8770	8771	8771	8772	8773	8773
754	8774	8774	8775	8775	8776	8777	8777	8778	8778	8779
755	8779	8780	8781	8781	8782	8782	8783	8783	8784	8785
756	8785	8786	8786	8787	8788	8788	8789	8789	8790	8790
757	8791	8792	8792	8793	8793	8794	8794	8795	8796	8796
758	8797	8797	8798	8798	8799	8800	8800	8801	8801	8802
759	8802	8803	8804	8804	8805	8805	8806	8806	8807	8808

lg 7600 → lg 7899

N	0	1	2	3	4	5	6	7	8	9
760	8808	8809	8809	8810	8810	8811	8812	8812	8813	8813
761	8814	8814	8815	8816	8816	8817	8817	8818	8818	8819
762	8820	8820	8821	8821	8822	8822	8823	8824	8824	8825
763	8825	8826	8826	8827	8828	8828	8829	8829	8830	8830
764	8831	8832	8832	8833	8833	8834	8834	8835	8835	8836
765	8837	8837	8838	8838	8839	8839	8840	8841	8841	8842
766	8842	8843	8843	8844	8845	8845	8846	8846	8847	8847
767	8848	8849	8849	8850	8850	8851	8851	8852	8852	8853
768	8854	8854	8855	8855	8856	8856	8857	8858	8858	8859
769	8859	8860	8860	8861	8862	8862	8863	8863	8864	8864
770	8865	8865	8866	8867	8867	8868	8868	8869	8869	8870
771	8871	8871	8872	8872	8873	8873	8874	8874	8875	8876
772	8876	8877	8877	8878	8878	8879	8880	8880	8881	8881
773	8882	8882	8883	8883	8884	8885	8885	8886	8886	8887
774	8887	8888	8889	8889	8890	8890	8891	8891	8892	8892
775	8893	8894	8894	8895	8895	8896	8896	8897	8897	8898
776	8899	8899	8900	8900	8901	8901	8902	8903	8903	8904
777	8904	8905	8905	8906	8906	8907	8908	8908	8909	8909
778	8910	8910	8911	8911	8912	8913	8913	8914	8914	8915
779	8915	8916	8916	8917	8918	8918	8919	8919	8920	8920
780	8921	8922	8922	8923	8923	8924	8924	8925	8925	8926
781	8927	8927	8928	8928	8929	8929	8930	8930	8931	8932
782	8932	8933	8933	8934	8934	8935	8935	8936	8937	8937
783	8938	8938	8939	8939	8940	8940	8941	8941	8942	8943
784	8943	8944	8944	8945	8945	8946	8946	8947	8948	8948
785	8949	8949	8950	8950	8951	8951	8952	8953	8953	8954
786	8954	8955	8955	8956	8956	8957	8958	8958	8959	8959
787	8960	8960	8961	8961	8962	8963	8963	8964	8964	8965
788	8965	8966	8966	8967	8967	8968	8969	8969	8970	8970
789	8971	8971	8972	8972	8973	8974	8974	8975	8975	8976

lg 7900 → lg 8199

N	0	1	2	3	4	5	6	7	8	9
790	8976	8977	8977	8978	8978	8979	8980	8980	8981	8981
791	8982	8982	8983	8983	8984	8985	8985	8986	8986	8987
792	8987	8988	8988	8989	8989	8990	8991	8991	8992	8992
793	8993	8993	8994	8994	8995	8995	8996	8997	8997	8998
794	8998	8999	8999	9000	9000	9001	9001	9002	9003	9003
795	9004	9004	9005	9005	9006	9006	9007	9007	9008	9009
796	9009	9010	9010	9011	9011	9012	9012	9013	9013	9014
797	9015	9015	9016	9016	9017	9017	9018	9018	9019	9019
798	9020	9021	9021	9022	9022	9023	9023	9024	9024	9025
799	9025	9026	9027	9027	9028	9028	9029	9029	9030	9030
800	9031	9031	9032	9033	9033	9034	9034	9035	9035	9036
801	9036	9037	9037	9038	9038	9039	9040	9040	9041	9041
802	9042	9042	9043	9043	9044	9044	9045	9046	9046	9047
803	9047	9048	9048	9049	9049	9050	9050	9051	9051	9052
804	9053	9053	9054	9054	9055	9055	9056	9056	9057	9057
805	9058	9058	9059	9060	9060	9061	9061	9062	9062	9063
806	9063	9064	9064	9065	9066	9066	9067	9067	9068	9068
807	9069	9069	9070	9070	9071	9071	9072	9073	9073	9074
808	9074	9075	9075	9076	9076	9077	9077	9078	9078	9079
809	9079	9080	9081	9081	9082	9082	9083	9083	9084	9084
810	9085	9085	9086	9086	9087	9088	9088	9089	9089	9090
811	9090	9091	9091	9092	9092	9093	9093	9094	9094	9095
812	9096	9096	9097	9097	9098	9098	9099	9099	9100	9100
813	9101	9101	9102	9103	9103	9104	9104	9105	9105	9106
814	9106	9107	9107	9108	9108	9109	9109	9110	9111	9111
815	9112	9112	9113	9113	9114	9114	9115	9115	9116	9116
816	9117	9117	9118	9118	9119	9120	9120	9121	9121	9122
817	9122	9123	9123	9124	9124	9125	9125	9126	9126	9127
818	9128	9128	9129	9129	9130	9130	9131	9131	9132	9132
819	9133	9133	9134	9134	9135	9135	9136	9137	9137	9138

lg 8200 → lg 8499

N	0	1	2	3	4	5	6	7	8	9
820	9138	9139	9139	9140	9140	9141	9141	9142	9142	9143
821	9143	9144	9144	9145	9146	9146	9147	9147	9148	9148
822	9149	9149	9150	9150	9151	9151	9152	9152	9153	9153
823	9154	9155	9155	9156	9156	9157	9157	9158	9158	9159
824	9159	9160	9160	9161	9161	9162	9162	9163	9163	9164
825	9165	9165	9166	9166	9167	9167	9168	9168	9169	9169
826	9170	9170	9171	9171	9172	9172	9173	9173	9174	9175
827	9175	9176	9176	9177	9177	9178	9178	9179	9179	9180
828	9180	9181	9181	9182	9182	9183	9183	9184	9184	9185
829	9186	9186	9187	9187	9188	9188	9189	9189	9190	9190
830	9191	9191	9192	9192	9193	9193	9194	9194	9195	9195
831	9196	9197	9197	9198	9198	9199	9199	9200	9200	9201
832	9201	9202	9202	9203	9203	9204	9204	9205	9205	9206
833	9206	9207	9207	9208	9209	9209	9210	9210	9211	9211
834	9212	9212	9213	9213	9214	9214	9215	9215	9216	9216
835	9217	9217	9218	9218	9219	9219	9220	9221	9221	9222
836	9222	9223	9223	9224	9224	9225	9225	9226	9226	9227
837	9227	9228	9228	9229	9229	9230	9230	9231	9231	9232
838	9232	9233	9233	9234	9235	9235	9236	9236	9237	9237
839	9238	9238	9239	9239	9240	9240	9241	9241	9242	9242
840	9243	9243	9244	9244	9245	9245	9246	9246	9247	9247
841	9248	9248	9249	9250	9250	9251	9251	9252	9252	9253
842	9253	9254	9254	9255	9255	9256	9256	9257	9257	9258
843	9258	9259	9259	9260	9260	9261	9261	9262	9262	9263
844	9263	9264	9264	9265	9265	9266	9267	9267	9268	9268
845	9269	9269	9270	9270	9271	9271	9272	9272	9273	9273
846	9274	9274	9275	9275	9276	9276	9277	9277	9278	9278
847	9279	9279	9280	9280	9281	9281	9282	9282	9283	9283
848	9284	9284	9285	9285	9286	9287	9287	9288	9288	9289
849	9289	9290	9290	9291	9291	9292	9292	9293	9293	9294

lg 8500 → lg 8799

N	0	1	2	3	4	5	6	7	8	9
850	9294	9295	9295	9296	9296	9297	9297	9298	9298	9299
851	9299	9300	9300	9301	9301	9302	9302	9303	9303	9304
852	9304	9305	9305	9306	9306	9307	9307	9308	9308	9309
853	9309	9310	9311	9311	9312	9312	9313	9313	9314	9314
854	9315	9315	9316	9316	9317	9317	9318	9318	9319	9319
855	9320	9320	9321	9321	9322	9322	9323	9323	9324	9324
856	9325	9325	9326	9326	9327	9327	9328	9328	9329	9329
857	9330	9330	9331	9331	9332	9332	9333	9333	9334	9334
858	9335	9335	9336	9336	9337	9337	9338	9338	9339	9339
859	9340	9340	9341	9341	9342	9342	9343	9343	9344	9344
860	9345	9345	9346	9346	9347	9348	9348	9349	9349	9350
861	9350	9351	9351	9352	9352	9353	9353	9354	9354	9355
862	9355	9356	9356	9357	9357	9358	9358	9359	9359	9360
863	9360	9361	9361	9362	9362	9363	9363	9364	9364	9365
864	9365	9366	9366	9367	9367	9368	9368	9369	9369	9370
865	9370	9371	9371	9372	9372	9373	9373	9374	9374	9375
866	9375	9376	9376	9377	9377	9378	9378	9379	9379	9380
867	9380	9381	9381	9382	9382	9383	9383	9384	9384	9385
868	9385	9386	9386	9387	9387	9388	9388	9389	9389	9390
869	9390	9391	9391	9392	9392	9393	9393	9394	9394	9395
870	9395	9396	9396	9397	9397	9398	9398	9399	9399	9400
871	9400	9401	9401	9402	9402	9403	9403	9404	9404	9405
872	9405	9406	9406	9407	9407	9408	9408	9409	9409	9410
873	9410	9411	9411	9412	9412	9413	9413	9414	9414	9415
874	9415	9416	9416	9417	9417	9418	9418	9419	9419	9420
875	9420	9421	9421	9422	9422	9423	9423	9424	9424	9425
876	9425	9426	9426	9427	9427	9428	9428	9429	9429	9430
877	9430	9430	9431	9431	9432	9432	9433	9433	9434	9434
878	9435	9435	9436	9436	9437	9437	9438	9438	9439	9439
879	9440	9440	9441	9441	9442	9442	9443	9443	9444	9444

lg 8800 → lg 9099

N	0	1	2	3	4	5	6	7	8	9
880	9445	9445	9446	9446	9447	9447	9448	9448	9449	9449
881	9450	9450	9451	9451	9452	9452	9453	9453	9454	9454
882	9455	9455	9456	9456	9457	9457	9458	9458	9459	9459
883	9460	9460	9461	9461	9462	9462	9463	9463	9464	9464
884	9465	9465	9466	9466	9466	9467	9467	9468	9468	9469
885	9469	9470	9470	9471	9471	9472	9472	9473	9473	9474
886	9474	9475	9475	9476	9476	9477	9477	9478	9478	9479
887	9479	9480	9480	9481	9481	9482	9482	9483	9483	9484
888	9484	9485	9485	9486	9486	9487	9487	9488	9488	9489
889	9489	9490	9490	9490	9491	9491	9492	9492	9493	9493
890	9494	9494	9495	9495	9496	9496	9497	9497	9498	9498
891	9499	9499	9500	9500	9501	9501	9502	9502	9503	9503
892	9504	9504	9505	9505	9506	9506	9507	9507	9508	9508
893	9509	9509	9509	9510	9510	9511	9511	9512	9512	9513
894	9513	9514	9514	9515	9515	9516	9516	9517	9517	9518
895	9518	9519	9519	9520	9520	9521	9521	9522	9522	9523
896	9523	9524	9524	9525	9525	9526	9526	9526	9527	9527
897	9528	9528	9529	9529	9530	9530	9531	9531	9532	9532
898	9533	9533	9534	9534	9535	9535	9536	9536	9537	9537
899	9538	9538	9539	9539	9540	9540	9540	9541	9541	9542
900	9542	9543	9543	9544	9544	9545	9545	9546	9546	9547
901	9547	9548	9548	9549	9549	9550	9550	9551	9551	9552
902	9552	9553	9553	9554	9554	9554	9555	9555	9556	9556
903	9557	9557	9558	9558	9559	9559	9560	9560	9561	9561
904	9562	9562	9563	9563	9564	9564	9565	9565	9566	9566
905	9566	9567	9567	9568	9568	9569	9569	9570	9570	9571
906	9571	9572	9572	9573	9573	9574	9574	9575	9575	9576
907	9576	9577	9577	9578	9578	9578	9579	9579	9580	9580
908	9581	9581	9582	9582	9583	9583	9584	9584	9585	9585
909	9586	9586	9587	9587	9588	9588	9589	9589	9589	9590

lg 9100 → lg 9399

N	0	1	2	3	4	5	6	7	8	9
910	9590	9591	9591	9592	9592	9593	9593	9594	9594	9595
911	9595	9596	9596	9597	9597	9598	9598	9599	9599	9599
912	9600	9600	9601	9601	9602	9602	9603	9603	9604	9604
913	9605	9605	9606	9606	9607	9607	9608	9608	9609	9609
914	9609	9610	9610	9611	9611	9612	9612	9613	9613	9614
915	9614	9615	9615	9616	9616	9617	9617	9618	9618	9618
916	9619	9619	9620	9620	9621	9621	9622	9622	9623	9623
917	9624	9624	9625	9625	9626	9626	9627	9627	9627	9628
918	9628	9629	9629	9630	9630	9631	9631	9632	9632	9633
919	9633	9634	9634	9635	9635	9636	9636	9636	9637	9637
920	9638	9638	9639	9639	9640	9640	9641	9641	9642	9642
921	9643	9643	9644	9644	9644	9645	9645	9646	9646	9647
922	9647	9648	9648	9649	9649	9650	9650	9651	9651	9652
923	9652	9652	9653	9653	9654	9654	9655	9655	9656	9656
924	9657	9657	9658	9658	9659	9659	9660	9660	9660	9661
925	9661	9662	9662	9663	9663	9664	9664	9665	9665	9666
926	9666	9667	9667	9668	9668	9668	9669	9669	9670	9670
927	9671	9671	9672	9672	9673	9673	9674	9674	9675	9675
928	9675	9676	9676	9677	9677	9678	9678	9679	9679	9680
929	9680	9681	9681	9682	9682	9682	9683	9683	9684	9684
930	9685	9685	9686	9686	9687	9687	9688	9688	9689	9689
931	9689	9690	9690	9691	9691	9692	9692	9693	9693	9694
932	9694	9695	9695	9696	9696	9696	9697	9697	9698	9698
933	9699	9699	9700	9700	9701	9701	9702	9702	9703	9703
934	9703	9704	9704	9705	9705	9706	9706	9707	9707	9708
935	9708	9709	9709	9710	9710	9710	9711	9711	9712	9712
936	9713	9713	9714	9714	9715	9715	9716	9716	9716	9717
937	9717	9718	9718	9719	9719	9720	9720	9721	9721	9722
938	9722	9722	9723	9723	9724	9724	9725	9725	9726	9726
939	9727	9727	9728	9728	9729	9729	9729	9730	9730	9731

lg 9400 → lg 9699

N	0	1	2	3	4	5	6	7	8	9
940	9731	9732	9732	9733	9733	9734	9734	9735	9735	9735
941	9736	9736	9737	9737	9738	9738	9739	9739	9740	9740
942	9741	9741	9741	9742	9742	9743	9743	9744	9744	9745
943	9745	9746	9746	9746	9747	9747	9748	9748	9749	9749
944	9750	9750	9751	9751	9752	9752	9752	9753	9753	9754
945	9754	9755	9755	9756	9756	9757	9757	9758	9758	9758
946	9759	9759	9760	9760	9761	9761	9762	9762	9763	9763
947	9763	9764	9764	9765	9765	9766	9766	9767	9767	9768
948	9768	9769	9769	9769	9770	9770	9771	9771	9772	9772
949	9773	9773	9774	9774	9774	9775	9775	9776	9776	9777
950	9777	9778	9778	9779	9779	9780	9780	9780	9781	9781
951	9782	9782	9783	9783	9784	9784	9785	9785	9785	9786
952	9786	9787	9787	9788	9788	9789	9789	9790	9790	9790
953	9791	9791	9792	9792	9793	9793	9794	9794	9795	9795
954	9795	9796	9796	9797	9797	9798	9798	9799	9799	9800
955	9800	9800	9801	9801	9802	9802	9803	9803	9804	9804
956	9805	9805	9805	9806	9806	9807	9807	9808	9808	9809
957	9809	9810	9810	9810	9811	9811	9812	9812	9813	9813
958	9814	9814	9815	9815	9815	9816	9816	9817	9817	9818
959	9818	9819	9819	9820	9820	9820	9821	9821	9822	9822
960	9823	9823	9824	9824	9825	9825	9825	9826	9826	9827
961	9827	9828	9828	9829	9829	9829	9830	9830	9831	9831
962	9832	9832	9833	9833	9834	9834	9834	9835	9835	9836
963	9836	9837	9837	9838	9838	9839	9839	9839	9840	9840
964	9841	9841	9842	9842	9843	9843	9843	9844	9844	9845
965	9845	9846	9846	9847	9847	9848	9848	9848	9849	9849
966	9850	9850	9851	9851	9852	9852	9852	9853	9853	9854
967	9854	9855	9855	9856	9856	9857	9857	9857	9858	9858
968	9859	9859	9860	9860	9861	9861	9861	9862	9862	9863
969	9863	9864	9864	9865	9865	9865	9866	9866	9867	9867

lg 9700 → lg 10 009

N	0	1	2	3	4	5	6	7	8	9
970	9868	9868	9869	9869	9870	9870	9870	9871	9871	9872
971	9872	9873	9873	9874	9874	9874	9875	9875	9876	9876
972	9877	9877	9878	9878	9878	9879	9879	9880	9880	9881
973	9881	9882	9882	9882	9883	9883	9884	9884	9885	9885
974	9886	9886	9886	9887	9887	9888	9888	9889	9889	9890
975	9890	9890	9891	9891	9892	9892	9893	9893	9894	9894
976	9894	9895	9895	9896	9896	9897	9897	9898	9898	9899
977	9899	9899	9900	9900	9901	9901	9902	9902	9903	9903
978	9903	9904	9904	9905	9905	9906	9906	9906	9907	9907
979	9908	9908	9909	9909	9910	9910	9910	9911	9911	9912
980	9912	9913	9913	9914	9914	9914	9915	9915	9916	9916
981	9917	9917	9918	9918	9918	9919	9919	9920	9920	9921
982	9921	9922	9922	9922	9923	9923	9924	9924	9925	9925
983	9926	9926	9926	9927	9927	9928	9928	9929	9929	9930
984	9930	9930	9931	9931	9932	9932	9933	9933	9933	9934
985	9934	9935	9935	9936	9936	9937	9937	9937	9938	9938
986	9939	9939	9940	9940	9941	9941	9941	9942	9942	9943
987	9943	9944	9944	9944	9945	9945	9946	9946	9947	9947
988	9948	9948	9948	9949	9949	9950	9950	9951	9951	9952
989	9952	9952	9953	9953	9954	9954	9955	9955	9955	9956
990	9956	9957	9957	9958	9958	9959	9959	9959	9960	9960
991	9961	9961	9962	9962	9962	9963	9963	9964	9964	9965
992	9965	9966	9966	9966	9967	9967	9968	9968	9969	9969
993	9969	9970	9970	9971	9971	9972	9972	9973	9973	9973
994	9974	9974	9975	9975	9976	9976	9976	9977	9977	9978
995	9978	9979	9979	9980	9980	9980	9981	9981	9982	9982
996	9983	9983	9983	9984	9984	9985	9985	9986	9986	9987
997	9987	9987	9988	9988	9989	9989	9990	9990	9990	9991
998	9991	9992	9992	9993	9993	9993	9994	9994	9995	9995
999	9996	9996	9997	9997	9997	9998	9998	9999	9999	9999_6
1000	0000	0000	0001	0001	0002	0002	0003	0003	0003	0004

lg 10 000 → lg 10 309 | 6-stellig

N		0	1	2	3	4	5	6	7	8	9
1000	000	000	043	087	130	174	217	260	304	347	391
1001		434	477	521	564	608	651	694	738	781	824
1002		868	911	954	998	*041	*084	*128	*171	*214	*258
1003	001	301	344	388	431	474	517	561	604	647	690
1004		734	777	820	863	907	950	993	*036	*080	*123
1005	002	166	209	252	296	339	382	425	468	512	555
1006		598	641	684	727	771	814	857	900	943	986
1007	003	029	073	116	159	202	245	288	331	374	417
1008		461	504	547	590	633	676	719	762	805	848
1009		891	934	977	*020	*063	*106	*149	*192	*235	*278
1010	004	321	364	407	450	493	536	579	622	665	708
1011		751	794	837	880	923	966	*009	*052	*095	*138
1012	005	181	223	266	309	352	395	438	481	524	567
1013		609	652	695	738	781	824	867	909	952	995
1014	006	038	081	124	166	209	252	295	338	380	423
1015		466	509	552	594	637	680	723	765	808	851
1016		894	936	979	*022	*065	*107	*150	*193	*236	*278
1017	007	321	364	406	449	492	534	577	620	662	705
1018		748	790	833	876	918	961	*004	*046	*089	*132
1019	008	174	217	259	302	345	387	430	472	515	558
1020		600	643	685	728	770	813	856	898	941	983
1021	009	026	068	111	153	196	238	281	323	366	408
1022		451	493	536	578	621	663	706	748	791	833
1023		876	918	961	*003	*045	*088	*130	*173	*215	*258
1024	010	300	342	385	427	470	512	554	597	639	681
1025		724	766	809	851	893	936	978	*020	*063	*105
1026	011	147	190	232	274	317	359	401	444	486	528
1027		570	613	655	697	740	782	824	866	909	951
1028		993	*035	*078	*120	*162	*204	*247	*289	*331	*373
1029	012	415	458	500	542	584	626	669	711	753	795
1030		837	879	922	964	*006	*048	*090	*132	*174	*217

Beispiele: Es sei $q = (1 + \frac{p}{100}) = 1{,}0p$; a) $p = 6{,}5\,\%$; $\lg q = 0{,}027350$; b) $p = 8\frac{1}{4}\%$; $\lg q = 0{,}034428$; c) $p = 5\frac{2}{3}\%$; $\lg q = 0{,}023938$

6-stellig $\qquad$ lg 10 300 → lg 10 609

N		0	1	2	3	4	5	6	7	8	9
1030	012	837	879	922	964	*006	*048	*090	*132	*174	*217
1031	013	259	301	343	385	427	469	511	553	596	638
1032		680	722	764	806	848	890	932	974	*016	*058
1033	014	100	142	184	226	268	310	353	395	437	479
1034		521	563	605	647	689	730	772	814	856	898
1035		940	982	*024	*066	*108	*150	*192	*234	*276	*318
1036	015	360	402	444	485	527	569	611	653	695	737
1037		779	821	863	904	946	988	*030	*072	*114	*156
1038	016	197	239	281	323	365	407	448	490	532	574
1039		616	657	699	741	783	824	866	908	950	992
1040	017	033	075	117	159	200	242	284	326	367	409
1041		451	492	534	576	618	659	701	743	784	826
1042		868	909	951	993	*034	*076	*118	*159	*201	*243
1043	018	284	326	368	409	451	492	534	576	617	659
1044		700	742	784	825	867	908	950	992	*033	*075
1045	019	116	158	199	241	282	324	366	407	449	490
1046		532	573	615	656	698	739	781	822	864	905
1047		947	988	*030	*071	*113	*154	*195	*237	*278	*320
1048	020	361	403	444	486	527	568	610	651	693	734
1049		775	817	858	900	941	982	*024	*065	*107	*148
1050	021	189	231	272	313	355	396	437	479	520	561
1051		603	644	685	727	768	809	851	892	933	974
1052	022	016	057	098	140	181	222	263	305	346	387
1053		428	470	511	552	593	635	676	717	758	799
1054		841	882	923	964	*005	*047	*088	*129	*170	*211
1055	023	252	294	335	376	417	458	499	541	582	623
1056		664	705	746	787	828	870	911	952	993	*034
1057	024	075	116	157	198	239	280	321	363	404	445
1058		486	527	568	609	650	691	732	773	814	855
1059		896	937	978	*019	*060	*101	*142	*183	*224	*265
1060	025	306	347	388	429	470	511	552	593	634	674

3 Schlömilch-Wolff, Nr. 341

lg 10 600 → lg 10 909   6-stellig

N		0	1	2	3	4	5	6	7	8	9
1060	025	306	347	388	429	470	511	552	593	634	674
1061		715	756	797	838	879	920	961	*002	*043	*084
1062	026	125	165	206	247	288	329	370	411	452	492
1063		533	574	615	656	697	737	778	819	860	901
1064		942	982	*023	*064	*105	*146	*186	*227	*268	*309
1065	027	350	390	431	472	513	553	594	635	676	716
1066		757	798	839	879	920	961	*002	*042	*083	*124
1067	028	164	205	246	287	327	368	409	449	490	531
1068		571	612	653	693	734	775	815	856	896	937
1069		978	*018	*059	*100	*140	*181	*221	*262	*303	*343
1070	029	384	424	465	506	546	587	627	668	708	749
1071		789	830	871	911	952	992	*033	*073	*114	*154
1072	030	195	235	276	316	357	397	438	478	519	559
1073		600	640	681	721	762	802	843	883	923	964
1074	031	004	045	085	126	166	206	247	287	328	368
1075		408	449	489	530	570	610	651	691	732	772
1076		812	853	893	933	974	*014	*054	*095	*135	*175
1077	032	216	256	296	337	377	417	458	498	538	578
1078		619	659	699	740	780	820	860	901	941	981
1079	033	021	062	102	142	182	223	263	303	343	384
1080		424	464	504	544	585	625	665	705	745	786
1081		826	866	906	946	986	*027	*067	*107	*147	*187
1082	034	227	267	308	348	388	428	468	508	548	588
1083		628	669	709	749	789	829	869	909	949	989
1084	035	029	069	109	149	190	230	270	310	350	390
1085		430	470	510	550	590	630	670	710	750	790
1086		830	870	910	950	990	*030	*070	*110	*150	*190
1087	036	230	269	309	349	389	429	469	509	549	589
1088		629	669	709	749	789	828	868	908	948	988
1089	037	028	068	108	148	187	227	267	307	347	387
1090		426	466	506	546	586	626	665	705	745	785

6-stellig   lg 10 900 → lg 11 209

N		0	1	2	3	4	5	6	7	8	9
1090		426	466	506	546	586	626	665	705	745	785
1091		825	865	904	944	984	*024	*064	*103	*143	*183
1092	038	223	262	302	342	382	421	461	501	541	580
1093		620	660	700	739	779	819	859	898	938	978
1094	039	017	057	097	136	176	216	255	295	335	374
1095		414	454	493	533	573	612	652	692	731	771
1096		811	850	890	929	969	*009	*048	*088	*127	*167
1097	040	207	246	286	325	365	405	444	484	523	563
1098		602	642	681	721	761	800	840	879	919	958
1099		998	*037	*077	*116	*156	*195	*235	*274	*314	*353
1100	041	393	432	472	511	551	590	630	669	708	748
1101		787	827	866	906	945	985	*024	*063	*103	*142
1102	042	182	221	260	300	339	379	418	457	497	536
1103		576	615	654	694	733	772	812	851	890	930
1104		969	*008	*048	*087	*126	*166	*205	*244	*284	*323
1105	043	362	402	441	480	519	559	598	637	677	716
1106		755	794	834	873	912	951	991	*030	*069	*108
1107	044	148	187	226	265	305	344	383	422	461	501
1108		540	579	618	657	697	736	775	814	853	892
1109		932	971	*010	*049	*088	*127	*166	*206	*245	*284
1110	045	323	362	401	440	479	519	558	597	636	675
1111		714	753	792	831	870	909	949	988	*027	*066
1112	046	105	144	183	222	261	300	339	378	417	456
1113		495	534	573	612	651	690	729	768	807	846
1114		895	924	963	*002	*041	*080	*119	*158	*197	*236
1115	047	275	314	353	392	431	470	509	547	586	625
1116		664	703	742	781	820	859	898	937	975	*014
1117	048	053	092	131	170	209	248	286	325	364	403
1118		442	481	519	558	597	636	675	714	752	791
1119		830	869	908	947	985	*024	*063	*102	*140	*179
1120	049	218	257	296	334	373	412	451	489	528	567

2. Natürliche Logarithmen von 1—399

N	0	1	2	3	4	5	6	7	8	9
0	—	0,0000	0,6931	1,0986	1,3863	1,6094	1,7918	1,9459	2,0794	2,1972
1	2,3026	2,3979	2,4849	2,5649	2,6391	2,7081	2,7726	2,8332	2,8904	2,9444
2	2,9957	3,0445	3,0910	3,1355	3,1781	3,2189	3,2581	3,2958	3,3322	3,3673
3	3,4012	3,4340	3,4657	3,4965	3,5264	3,5553	3,5835	3,6109	3,6376	3,6636
4	3,6889	3,7136	3,7377	3,7612	3,7842	3,8067	3,8286	3,8501	3,8712	3,8918
5	3,9120	3,9318	3,9512	3,9703	3,9890	4,0073	4,0254	4,0431	4,0604	4,0775
6	4,0943	4,1109	4,1271	4,1431	4,1589	4,1744	4,1897	4,2047	4,2195	4,2341
7	4,2485	4,2627	4,2767	4,2905	4,3041	4,3175	4,3307	4,3438	4,3567	4,3694
8	4,3820	4,3944	4,4067	4,4188	4,4308	4,4427	4,4543	4,4659	4,4773	4,4886
9	4,4998	4,5109	4,5218	4,5326	4,5433	4,5539	4,5643	4,5747	4,5850	4,5951
10	4,6052	4,6151	4,6250	4,6347	4,6444	4,6540	4,6634	4,6728	4,6821	4,6913
11	4,7005	4,7095	4,7185	4,7274	4,7362	4,7449	4,7536	4,7622	4,7707	4,7791
12	4,7875	4,7958	4,8040	4,8122	4,8203	4,8283	4,8363	4,8442	4,8520	4,8598
13	4,8675	4,8752	4,8828	4,8903	4,8978	4,9053	4,9127	4,9200	4,9273	4,9345
14	4,9416	4,9488	4,9558	4,9628	4,9698	4,9767	4,9836	4,9904	4,9972	5,0039
15	5,0106	5,0173	5,0239	5,0304	5,0370	5,0434	5,0499	5,0562	5,0626	5,0689
16	5,0752	5,0814	5,0876	5,0938	5,0999	5,1059	5,1120	5,1180	5,1240	5,1299
17	5,1358	5,1417	5,1475	5,1533	5,1591	5,1648	5,1705	5,1761	5,1818	5,1874
18	5,1930	5,1985	5,2040	5,2095	5,2149	5,2204	5,2257	5,2311	5,2364	5,2417
19	5,2470	5,2523	5,2575	5,2627	5,2679	5,2730	5,2781	5,2832	5,2883	5,2933
20	5,2983	5,3033	5,3083	5,3132	5,3181	5,3230	5,3279	5,3327	5,3375	5,3423
21	5,3471	5,3519	5,3566	5,3613	5,3660	5,3706	5,3753	5,3799	5,3845	5,3891
22	5,3936	5,3982	5,4027	5,4072	5,4116	5,4161	5,4205	5,4250	5,4293	5,4337
23	5,4381	5,4424	5,4467	5,4510	5,4553	5,4596	5,4638	5,4681	5,4723	5,4765
24	5,4806	5,4848	5,4889	5,4931	5,4972	5,5013	5,5053	5,5094	5,5134	5,5175
25	5,5215	5,5255	5,5294	5,5334	5,5373	5,5413	5,5452	5,5491	5,5530	5,5568
26	5,5607	5,5645	5,5683	5,5722	5,5759	5,5797	5,5835	5,5872	5,5910	5,5947
27	5,5984	5,6021	5,6058	5,6095	5,6131	5,6168	5,6204	5,6240	5,6276	5,6312
28	5,6348	5,6384	5,6419	5,6454	5,6490	5,6525	5,6560	5,6595	5,6630	5,6664
29	5,6699	5,6733	5,6768	5,6802	5,6836	5,6870	5,6904	5,6937	5,6971	5,7004
30	5,7038	5,7071	5,7104	5,7137	5,7170	5,7203	5,7236	5,7268	5,7301	5,7333
31	5,7366	5,7398	5,7430	5,7462	5,7494	5,7526	5,7557	5,7589	5,7621	5,7652
32	5,7683	5,7714	5,7746	5,7777	5,7807	5,7838	5,7869	5,7900	5,7930	5,7961
33	5,7991	5,8021	5,8051	5,8081	5,8111	5,8141	5,8171	5,8201	5,8230	5,8260
34	5,8289	5,8319	5,8348	5,8377	5,8406	5,8435	5,8464	5,8493	5,8522	5,8551
35	5,8579	5,8608	5,8636	5,8665	5,8693	5,8721	5,8749	5,8777	5,8805	5,8833
36	5,8861	5,8889	5,8916	5,8944	5,8972	5,8999	5,9026	5,9054	5,9081	5,9108
37	5,9135	5,9162	5,9189	5,9216	5,9243	5,9269	5,9296	5,9322	5,9349	5,9375
38	5,9402	5,9428	5,9454	5,9480	5,9506	5,9532	5,9558	5,9584	5,9610	5,9636
39	5,9661	5,9687	5,9713	5,9738	5,9764	5,9789	5,9814	5,9839	5,9865	5,9890

Umrechnung der Zehner- und der natürlichen Logarithmen

$M = 0{,}4343$; $\dfrac{1}{M} = 2{,}3026$; $\lg x = M \ln x$; $\ln x = \dfrac{1}{M} \lg x$.

Beispiel: $\lg 20 = 2{,}9957 \cdot 0{,}4343 = 1{,}3010$; $\ln 20 = 2{,}3026 \cdot 1{,}3010 = 2{,}9957$

II. Goniometrische Tafeln
ohne und mit Logarithmen

3. Zur Winkelteilung — 37

4. Gradmaß und Bogenmaß — 38

5. Winkelmaße — Altgrad/Neugrad — 40

6. Natürliche Werte der goniometrischen Funktionen — 41

7. Die Logarithmen goniometrischer Funktionen — 50

Tabelle für die Umrechnung in Dezimalteile
und umgekehrt (siehe auch innere Buchdeckel) — 140

3. Zur Winkelteilung

Den Ausgang bildet der Quadrant oder der rechte Winkel (R).

1. $R = 90°$; $1° = 60'$; $1' = 60''$.

Man spricht von der 90°-Teilung. Dieser **Grad** wird auch **Altgrad** (Minute, Sekunde) genannt; Sexagesimalteilung.

2. $R = 100^g$; $1^g = 100^c$; $1^c = 100^{cc}$.

Es ist die 100^g-Teilung mit dem **Neugrad** (Neuminute, Neusekunde); dekadische Teilung.

3. $1° = \left(\frac{10}{9}\right)^g = 1{,}1111^g = 1^g\,11^c\,11^{cc}$; $1' = 0{,}0185^g$; $1'' = 0{,}003^g$;

   $1^g = \left(\frac{9}{10}\right)° = 0{,}9° = 54'$; $1^c = 0{,}54' = 32{,}4''$; $1^{cc} = 0{,}324''$.

4. *Beispiele* (nach den Tabellen):
   a) $21°\,31'\,42'' = 23{,}3333^g + 0{,}5741^g + 0{,}0130^g = 23{,}9204^g$;
   b) $23^g\,92^c\,4^{cc} = 20°\,42' + 49'\,41'' + 1'' = 21°\,31'\,42''$.

5. **Der Winkel im Bogenmaß** (S. 38). Die Einheit ist der Bogen 1 im Einheitskreis ($r = 1$); sie wird **Radiant** (rad) genannt;

   $$1 \text{ rad} = 57°\,17'\,44{,}8'' = 57{,}29578°.$$

   Den Bogen eines beliebigen Winkels $\alpha°$ bezeichnen wir mit arc $\alpha°$.

   $$\text{arc } 114°\,35'\,29{,}6'' = 2 \text{ rad}.$$

   Der deutsche Normenausschuß hat festgelegt: „fehlt bei einer Winkelangabe das Einheitszeichen, so ist der Radiant gemeint". Bei der Bogenbezeichnung durch π ist das schon lange üblich geworden.

6. *Beispiele* (Tabelle S. 38):
   a) arc $79°\,27'\,42'' = 1{,}37881$ rad $+ 0{,}00785$ rad $+ 0{,}0002$ rad $= 1{,}38686$ rad;
   b) arc $136°\,50' = 2{,}26893$ rad $+ 0{,}10472$ rad $+ 0{,}01454$ rad $= 2{,}38819$ rad;
   c) arc $\lambda = 0{,}93666$ rad; $\lambda = 53°\,40' = 53{,}66°$;
   d) arc $45° = \dfrac{\pi}{4}$.

Merke: 1 Altsekunde $= 1'' = 0{,}0003^g$; 1 Neusekunde $= 1^{cc} = 0{,}0001^g = 0{,}324''$.

4. Gradmaß und Bogenmaß

arc $0° \to 30°$ arc $30° \to 60°$ arc $0' \to 30'$ arc $0'' \to 30''$

$\alpha°$	arc $\alpha°$	$\alpha°$	arc $\alpha°$	α'	arc α'	α''	arc α''
0	0,00 000	**30**	0,52 360	**0**	0,00 000	**0**	0,00 000
1	0,01 745	31	0,54 105	1	0,00 029	1	0,00 000
2	0,03 491	32	0,55 851	2	0,00 058	2	0,00 001
3	0,05 236	33	0,57 596	3	0,00 087	3	0,00 001
4	0,06 981	34	0,59 341	4	0,00 116	4	0,00 002
5	0,08 727	35	0,61 087	5	0,00 145	5	0,00 002
6	0,10 472	36	0,62 832	6	0,00 175	6	0,00 003
7	0,12 217	37	0,64 577	7	0,00 204	7	0,00 003
8	0,13 963	38	0,66 323	8	0,00 233	8	0,00 004
9	0,15 708	39	0,68 068	9	0,00 262	9	0,00 004
10	0,17 453	**40**	0,69 813	**10**	0,00 291	**10**	0,00 005
11	0,19 199	41	0,71 558	11	0,00 320	11	0,00 005
12	0,20 944	42	0,73 304	12	0,00 349	12	0,00 006
13	0,22 689	43	0,75 049	13	0,00 378	13	0,00 006
14	0,24 435	44	0,76 794	14	0,00 407	14	0,00 007
15	0,26 180	45	0,78 540	15	0,00 436	15	0,00 007
16	0,27 925	46	0,80 285	16	0,00 465	16	0,00 008
17	0,29 671	47	0,82 030	17	0,00 495	17	0,00 008
18	0,31 416	48	0,83 776	18	0,00 524	18	0,00 009
19	0,33 161	49	0,85 521	19	0,00 553	19	0,00 009
20	0,34 907	**50**	0,87 266	**20**	0,00 582	**20**	0,00 010
21	0,36 652	51	0,89 012	21	0,00 611	21	0,00 010
22	0,38 397	52	0,90 757	22	0,00 640	22	0,00 011
23	0,40 143	53	0,92 502	23	0,00 669	23	0,00 011
24	0,41 888	54	0,94 248	24	0,00 698	24	0,00 012
25	0,43 633	55	0,95 993	25	0,00 727	25	0,00 012
26	0,45 379	56	0,97 738	26	0,00 756	26	0,00 013
27	0,47 124	57	0,99 484	27	0,00 785	27	0,00 013
28	0,48 869	58	1,01 229	28	0,00 814	28	0,00 014
29	0,50 615	59	1,02 974	29	0,00 844	29	0,00 014
30	0,52 360	**60**	1,04 720	**30**	0,00 873	**30**	0,00 015

arc $180° = \pi$; arc $1°· = \pi : 180 = 0,01\,745$

arc 60° → 90°		arc 90° → 360°		arc 30′ → 60′		arc 30″ → 60″	
α°	arc α°	α°	arc α°	α′	arc α′	α″	arc α″
60	1,04 720	**90**	1,57 080	**30**	0,00 873	**30**	0,00 015
61	1,06 465	91	1,58 825	31	0,00 902	31	0,00 015
62	1,08 210	92	1,60 570	32	0,00 931	32	0,00 016
63	1,09 956	93	1,62 316	33	0,00 960	33	0,00 016
64	1,11 701	94	1,64 061	34	0,00 989	34	0,00 016
65	1,13 446	95	1,65 806	35	0,01 018	35	0,00 017
66	1,15 192	96	1,67 552	36	0,01 047	36	0,00 017
67	1,16 937	97	1,69 297	37	0,01 076	37	0,00 018
68	1,18 682	98	1,71 042	38	0,01 105	38	0,00 018
69	1,20 428	99	1,72 788	39	0,01 134	39	0,00 019
70	1,22 173	**100**	1,74 533	**40**	0,01 164	**40**	0,00 019
71	1,23 918	110	1,91 986	41	0,01 193	41	0,00 020
72	1,25 664	120	2,09 440	42	0,01 222	42	0,00 020
73	1,27 409	130	2,26 893	43	0,01 251	43	0,00 021
74	1,29 154	140	2,44 346	44	0,01 280	44	0,00 021
75	1,30 900	150	2,61 799	45	0,01 309	45	0,00 022
76	1,32 645	160	2,79 253	46	0,01 338	46	0,00 022
77	1,34 390	170	2,96 706	47	0,01 367	47	0,00 023
78	1,36 136	180	3,14 159	48	0,01 396	48	0,00 023
79	1,37 881	190	3,31 613	49	0,01 425	49	0,00 024
80	1,39 626	**200**	3,49 066	**50**	0,01 454	**50**	0,00 024
81	1,41 372	210	3,66 519	51	0,01 484	51	0,00 025
82	1,43 117	220	3,83 972	52	0,01 513	52	0,00 025
83	1,44 862	230	4,01 426	53	0,01 542	53	0,00 026
84	1,46 608	240	4,18 879	54	0,01 571	54	0,00 026
85	1,48 353	250	4,36 332	55	0,01 600	55	0,00 027
86	1,50 098	260	4,53 786	56	0,01 629	56	0,00 027
87	1,51 844	270	4,71 239	57	0,01 658	57	0,00 028
88	1,53 589	300	5,23 599	58	0,01 687	58	0,00 028
89	1,55 334	330	5,75 959	59	0,01 716	59	0,00 029
90	1,57 080	**360**	6,28 319	**60**	0,01 745	**60**	0,00 029

$$\lim_{\alpha \to 0} \frac{\sin \alpha}{\operatorname{arc} \alpha} = 1$$

5. Winkelmaße - 90°-Teilung (Altgrad) - 100ᵍ-Teilung (Neugrad)

Altgrad in Neugrad										
Grad	0	1	2	3	4	5	6	7	8	9
0°	0,0000^g	1,1111^g	2,2222^g	3,3333^g	4,4444^g	5,5556^g	6,6667^g	7,7778^g	8,8889^g	10,0000^g
10	11,1111	12,2222	13,3333	14,4444	15,5556	16,6667	17,7778	18,8889	20,0000	21,1111
20	22,2222	23,3333	24,4444	25,5556	26,6667	27,7778	28,8889	30,0000	31,1111	32,2222
30	33,3333	34,4444	35,5556	36,6667	37,7778	38,8889	40,0000	41,1111	42,2222	43,3333
40	44,4444	45,5556	46,6667	47,7778	48,8889	50,0000	51,1111	52,2222	53,3333	54,4444
50	55,5556	56,6667	57,7778	58,8889	60,0000	61,1111	62,2222	63,3333	64,4444	65,5556
60	66,6667	67,7778	68,8889	70,0000	71,1111	72,2222	73,3333	74,4444	75,5556	76,6667
70	77,7778	78,8889	80,0000	81,1111	82,2222	83,3333	84,4444	85,5556	86,6667	87,7778
80	88,8889	90,0000	91,1111	92,2222	93,3333	94,4444	95,5556	96,6667	97,7778	98,8889

Altminuten in Neugrad										
Min.	0	1	2	3	4	5	6	7	8	9
0'	0,0000^g	0,0185^g	0,0370^g	0,0556^g	0,0741^g	0,0926^g	0,1111^g	0,1296^g	0,1481^g	0,1667^g
10	0,1852	0,2037	0,2222	0,2407	0,2593	0,2778	0,2963	0,3148	0,3333	0,3519
20	0,3704	0,3889	0,4074	0,4259	0,4444	0,4630	0,4815	0,5000	0,5185	0,5370
30	0,5556	0,5741	0,5926	0,6111	0,6296	0,6481	0,6667	0,6852	0,7037	0,7222
40	0,7407	0,7593	0,7778	0,7963	0,8148	0,8333	0,8519	0,8704	0,8889	0,9074
50	0,9259	0,9444	0,9630	0,9815	1,0000	1,0185	1,0370	1,0556	1,0741	1,0926

Neugrad in Altgrad nebst Altminute										
Grad	0	1	2	3	4	5	6	7	8	9
0^g	0°	0°54'	1°48'	2°42'	3°36'	4°30'	5°24'	6°18'	7°12'	8°06'
10	9	9 54	10 48	11 42	12 36	13 30	14 24	15 18	16 12	17 06
20	18	18 54	19 48	20 42	21 36	22 30	23 24	24 18	25 12	26 06
30	27	27 54	28 48	29 42	30 36	31 30	32 24	33 18	34 12	35 06
40	36	36 54	37 48	38 42	39 36	40 30	41 24	42 18	43 12	44 06
50	45	45 54	46 48	47 42	48 36	49 30	50 24	51 18	52 12	53 06
60	54	54 54	55 48	56 42	57 36	58 30	59 24	60 18	61 12	62 06
70	63	63 54	64 48	65 42	66 36	67 30	68 24	69 18	70 12	71 06
80	72	72 54	73 48	74 42	75 36	76 30	77 24	78 18	79 12	80 06
90	81	81 54	82 48	83 42	84 36	85 30	86 24	87 18	88 12	89 06

Neuminute in Altminute nebst Altsekunde										
Min.	0	1	2	3	4	5	6	7	8	9
0	0'00"	0'32"	1'05"	1'37"	2'10"	2'42"	3'14"	3'47"	4'19"	4'52"
10	5 24	5 56	6 29	7 01	7 34	8 06	8 38	9 11	9 43	10 16
20	10 48	11 20	11 53	12 25	12 58	13 30	14 02	14 35	15 07	15 40
30	16 12	16 44	17 17	17 49	18 22	18 54	19 26	19 59	20 31	21 04
40	21 36	22 08	22 41	23 13	23 46	24 18	24 50	25 23	25 55	26 28
50	27 00	27 32	28 05	28 37	29 10	29 42	30 14	30 47	31 19	31 52
60	32 24	32 56	33 29	34 01	34 34	35 06	35 38	36 11	36 43	37 16
70	37 48	38 20	38 53	39 25	39 58	40 30	41 02	41 35	42 07	42 40
80	43 12	43 44	44 17	44 49	45 22	45 54	46 26	46 59	47 31	48 04
90	48 36	49 08	49 41	50 13	50 46	51 18	51 50	52 23	52 55	53 28

6. Natürliche Werte der goniometrischen Funktionen

0° → 5° 90° → 85°

Grad	Min.	sin	tan	cot	cos	Min.	Grad
0	0	0,00 00	0,00 00	+∞	1,00 00	0	**90**
	10	0,00 29	0,00 29	343,8	1,00 00	50	
	20	0,00 58	0,00 58	171,9	1,00 00	40	
	30	0,00 87	0,00 87	114,6	1,00 00	30	
	40	0,01 16	0,01 16	85,94	0,99 99	20	
	50	0,01 45	0,01 45	68,75	0,99 99	10	
1	0	0,01 75	0,01 75	57,29	0,99 98	0	**89**
	10	0,02 04	0,02 04	49,10	0,99 98	50	
	20	0,02 33	0,02 33	42,96	0,99 97	40	
	30	0,02 62	0,02 62	38,19	0,99 97	30	
	40	0,02 91	0,02 91	34,37	0,99 96	20	
	50	0,03 20	0,03 20	31,24	0,99 95	10	
2	0	0,03 49	0,03 49	28,64	0,99 94	0	**88**
	10	0,03 78	0,03 78	26,43	0,99 93	50	
	20	0,04 07	0,04 07	24,54	0,99 92	40	
	30	0,04 36	0,04 37	22,90	0,99 90	30	
	40	0,04 65	0,04 66	21,47	0,99 89	20	
	50	0,04 94	0,04 95	20,21	0,99 88	10	
3	0	0,05 23	0,05 24	19,08	0,99 86	0	**87**
	10	0,05 52	0,05 53	18,07	0,99 85	50	
	20	0,05 81	0,05 82	17,17	0,99 83	40	
	30	0,06 10	0,06 12	16,35	0,99 81	30	
	40	0,06 40	0,06 41	15,60	0,99 80	20	
	50	0,06 69	0,06 70	14,92	0,99 78	10	
4	0	0,06 98	0,06 99	14,30	0,99 76	0	**86**
	10	0,07 27	0,07 29	13,73	0,99 74	50	
	20	0,07 56	0,07 58	13,20	0,99 71	40	
	30	0,07 85	0,07 87	12,71	0,99 69	30	
	40	0,08 14	0,08 16	12,25	0,99 67	20	
	50	0,08 43	0,08 46	11,83	0,99 64	10	
5	0	0,08 72	0,08 75	11,43	0,99 62	0	**85**
Grad	Min.	cos	cot	tan	sin	Min.	Grad

5° → 10°   85° → 80°

Grad	Min.	sin	tan	cot	cos	Min.	Grad
5	0	0,08 72	0,08 75	11,43	0,99 62	0	85
	10	0,09 01	0,09 04	11,06	0,99 59	50	
	20	0,09 29	0,09 34	10,71	0,99 57	40	
	30	0,09 58	0,09 63	10,39	0,99 54	30	
	40	0,09 87	0,09 92	10,08	0,99 51	20	
	50	0,10 16	0,10 22	9,788	0,99 48	10	
6	0	0,10 45	0,10 51	9,514	0,99 45	0	84
	10	0,10 74	0,10 80	9,255	0,99 42	50	
	20	0 11 03	0,11 10	9,010	0,99 39	40	
	30	0,11 32	0,11 39	8,777	0,99 36	30	
	40	0,11 61	0,11 69	8,556	0,99 32	20	
	50	0,11 90	0,11 98	8,345	0,99 29	10	
7	0	0,12 19	0,12 28	8,144	0,99 25	0	83
	10	0,12 48	0,12 57	7,953	0,99 22	50	
	20	0,12 76	0,12 87	7,770	0,99 18	40	
	30	0,13 05	0,13 17	7,596	0,99 14	30	
	40	0,13 34	0,13 46	7,429	0,99 11	20	
	50	0,13 63	0,13 76	7,269	0,99 07	10	
8	0	0,13 92	0,14 05	7,115	0,99 03	0	82
	10	0,14 21	0,14 35	6,968	0,98 99	50	
	20	0,14 49	0,14 65	6,827	0,98 94	40	
	30	0,14 78	0,14 95	6,691	0,98 90	30	
	40	0,15 07	0,15 24	6,561	0,98 86	20	
	50	0,15 36	0,15 54	6,435	0,98 81	10	
9	0	0,15 64	0,15 84	6,314	0,98 77	0	81
	10	0,15 93	0,16 14	6,197	0,98 72	50	
	20	0,16 22	0,16 44	6,084	0,98 68	40	
	30	0,16 50	0,16 73	5,976	0,98 63	30	
	40	0,16 79	0,17 03	5,871	0,98 58	20	
	50	0,17 08	0,17 33	5,769	0,98 53	10	
10	0	0,17 36	0,17 63	5,671	0,98 48	0	80
Grad	Min.	cos	cot	tan	sin	Min.	Grad

Beispiel: a) sin 7° 24' = ?
sin 7° 20' = 0,1276
sin 7° 24' = 0,1288

$\dfrac{2{,}9 \cdot 4}{11{,}6}$

10° → 15°   80° → 75°

Grad	Min.	sin	tan	cot	cos	Min.	Grad
10	0	0,17 36	0,17 63	5,671	0,98 48	0	80
	10	0,17 65	0,17 93	5,576	0,98 43	50	
	20	0,17 94	0,18 23	5,485	0,98 38	40	
	30	0,18 22	0,18 53	5,396	0,98 33	30	
	40	0,18 51	0,18 83	5,309	0,98 27	20	
	50	0,18 80	0,19 14	5,226	0,98 22	10	
11	0	0,19 08	0,19 44	5,145	0,98 16	0	79
	10	0,19 37	0,19 74	5,066	0,98 11	50	
	20	0,19 65	0,20 04	4,989	0,98 05	40	
	30	0,19 94	0,20 35	4,915	0,97 99	30	
	40	0,20 22	0,20 65	4,843	0,97 93	20	
	50	0,20 51	0,20 95	4,773	0,97 87	10	
12	0	0,20 79	0,21 26	4,705	0,97 81	0	78
	10	0,21 08	0,21 56	4,638	0,97 75	50	
	20	0,21 36	0,21 86	4,574	0,97 69	40	
	30	0,21 64	0,22 17	4,511	0,97 63	30	
	40	0,21 93	0,22 47	4,449	0,97 57	20	
	50	0,22 21	0,22 78	4,390	0,97 50	10	
13	0	0,22 50	0,23 09	4,331	0,97 44	0	77
	10	0,22 78	0,23 39	4,275	0,97 37	50	
	20	0,23 06	0,23 70	4,219	0,97 30	40	
	30	0,23 34	0,24 01	4,165	0,97 24	30	
	40	0,23 63	0,24 32	4,113	0,97 17	20	
	50	0,23 91	0,24 62	4,061	0,97 10	10	
14	0	0,24 19	0,24 93	4,011	0,97 03	0	76
	10	0,24 47	0,25 24	3,962	0,96 96	50	
	20	0,24 76	0,25 55	3,914	0,96 89	40	
	30	0,25 04	0,25 86	3,867	0,96 81	30	
	40	0,25 32	0,26 17	3,821	0,96 74	20	
	50	0,25 60	0,26 48	3,776	0,96 67	10	
15	0	0,25 88	0,26 79	3,732	0,96 59	0	75
Grad	Min.	cos	cot	tan	sin	Min.	Grad

b) cot 73° 48' = ?
 cot 73° 40' = 0,2931 $\dfrac{3{,}2 \cdot 8}{25{,}6}$
 cot 73° 48' = 0,2905

15° → 20°   75° → 70°

Grad	Min.	sin	tan	cot	cos	Min.	Grad
15	0	0,25 88	0,26 79	3,732	0,96 59	0	75
	10	0,26 16	0,27 11	3,689	0,96 52	50	
	20	0,26 44	0,27 42	3,647	0,96 44	40	
	30	0,26 72	0,27 73	3,606	0,96 36	30	
	40	0,27 00	0,28 05	3,566	0,96 28	20	
	50	0,27 28	0,28 36	3,526	0,96 21	10	
16	0	0,27 56	0,28 67	3,487	0,96 13	0	74
	10	0,27 84	0,28 99	3,450	0,96 05	50	
	20	0,28 12	0,29 31	3,412	0,95 96	40	
	30	0,28 40	0,29 62	3,376	0,95 88	30	
	40	0,28 68	0,29 94	3,340	0,95 80	20	
	50	0,28 96	0,30 26	3,305	0,95 72	10	
17	0	0,29 24	0,30 57	3,271	0,95 63	0	73
	10	0,29 52	0,30 89	3,237	0,95 55	50	
	20	0,29 79	0,31 21	3,204	0,95 46	40	
	30	0,30 07	0,31 53	3,172	0,95 37	30	
	40	0,30 35	0,31 85	3,140	0,95 28	20	
	50	0,30 62	0,32 17	3,108	0,95 20	10	
18	0	0,30 90	0,32 49	3,078	0,95 11	0	72
	10	0,31 18	0,32 81	3,047	0,95 02	50	
	20	0,31 45	0,33 14	3,018	0,94 92	40	
	30	0,31 73	0,33 46	2,989	0,94 83	30	
	40	0,32 01	0,33 78	2,960	0,94 74	20	
	50	0,32 28	0,34 11	2,932	0,94 65	10	
19	0	0,32 56	0,34 43	2,904	0,94 55	0	71
	10	0,32 83	0,34 76	2,877	0,94 46	50	
	20	0,33 11	0,35 08	2,850	0,94 36	40	
	30	0,33 38	0,35 41	2,824	0,94 26	30	
	40	0,33 65	0,35 74	2,798	0,94 17	20	
	50	0,33 93	0,36 07	2,773	0,94 07	10	
20	0	0,34 20	0,36 40	2,747	0,93 97	0	70
Grad	Min.	cos	cot	tan	sin	Min.	Grad

Beispiel: c) $\tan x = 1{,}460$
$\tan 55° \, 30' = 1{,}455$
$d = 5$
$x = 55° \, 36'$

$\frac{10}{9} \cdot 5 \approx 6$

20° → 25° 70° → 65°

Grad	Min.	sin	tan	cot	cos	Min.	Grad
20	0	0,34 20	0,36 40	2,747	0,93 97	0	**70**
	10	0,34 48	0,36 73	2,723	0,93 87	50	
	20	0,34 75	0,37 06	2,699	0,93 77	40	
	30	0,35 02	0,37 39	2,675	0,93 67	30	
	40	0,35 29	0,37 72	2,651	0,93 56	20	
	50	0,35 57	0,38 05	2,628	0,93 46	10	
21	0	0,35 84	0,38 39	2,605	0,93 36	0	**69**
	10	0,36 11	0,38 72	2,583	0,93 25	50	
	20	0,36 38	0,39 06	2,560	0,93 15	40	
	30	0,36 65	0,39 39	2,539	0,93 04	30	
	40	0,36 92	0,39 73	2,517	0,92 93	20	
	50	0,37 19	0,40 06	2,496	0,92 83	10	
22	0	0,37 46	0,40 40	2,475	0,92 72	0	**68**
	10	0,37 73	0,40 74	2,455	0,92 61	50	
	20	0,38 00	0,41 08	2,434	0,92 50	40	
	30	0,38 27	0,41 42	2,414	0,92 39	30	
	40	0,38 54	0,41 76	2,394	0,92 28	20	
	50	0,38 81	0,42 10	2,375	0,92 16	10	
23	0	0,39 07	0,42 45	2,356	0,92 05	0	**67**
	10	0,39 34	0,42 79	2,337	0,91 94	50	
	20	0,39 61	0,43 14	2,318	0,91 82	40	
	30	0,39 87	0,43 48	2,300	0,91 71	30	
	40	0,40 14	0,43 83	2,282	0,91 59	20	
	50	0,40 41	0,44 17	2,264	0,91 47	10	
24	0	0,40 67	0,44 52	2,246	0,91 35	0	**66**
	10	0,40 94	0,44 87	2,229	0,91 24	50	
	20	0,41 20	0,45 22	2,211	0,91 12	40	
	30	0,41 47	0,45 57	2,194	0,91 00	30	
	40	0,41 73	0,45 92	2,177	0,90 88	20	
	50	0,42 00	0,46 28	2,161	0,90 75	10	
25	0	0,42 26	0,46 63	2,145	0,90 63	0	**65**
Grad	Min.	cos	cot	tan	sin	Min.	Grad

d) $\cos x = 0{,}8581$
$\phantom{\text{d) }}\cos 31° = 0{,}8572$
$\phantom{\text{d) }}\overline{\ d = 9}$
$\phantom{\text{d) }}x = 32°\ 54'$

$\frac{10}{15} \cdot 9 = 6$

25° → 30° 65° → 60°

Grad	Min.	sin	tan	cot	cos	Min.	Grad
25	0	0,42 26	0,46 63	2,145	0,90 63	0	**65**
	10	0,42 53	0,46 99	2,128	0,90 51	50	
	20	0,42 79	0,47 34	2,112	0,90 38	40	
	30	0,43 05	0,47 70	2,097	0,90 26	30	
	40	0,43 31	0,48 06	2,081	0,90 13	20	
	50	0,43 58	0,48 41	2,066	0,90 01	10	
26	0	0,43 84	0,48 77	2,050	0,89 88	0	**64**
	10	0,44 10	0,49 13	2,035	0,89 75	50	
	20	0,44 36	0,49 50	2,020	0,89 62	40	
	30	0,44 62	0,49 86	2,006	0,89 49	30	
	40	0,44 88	0,50 22	1,991	0,89 36	20	
	50	0,45 14	0,50 59	1,977	0,89 23	10	
27	0	0,45 40	0,50 95	1,963	0,89 10	0	**63**
	10	0,45 66	0,51 32	1,949	0,88 97	50	
	20	0,45 92	0,51 69	1,935	0,88 84	40	
	30	0,46 17	0,52 06	1,921	0,88 70	30	
	40	0,46 43	0,52 43	1,907	0,88 57	20	
	50	0,46 69	0,52 80	1,894	0,88 43	10	
28	0	0,46 95	0,53 17	1,881	0,88 29	0	**62**
	10	0,47 20	0,53 54	1,868	0,88 16	50	
	20	0,47 46	0,53 92	1,855	0,88 02	40	
	30	0,47 72	0,54 30	1,842	0,87 88	30	
	40	0,47 97	0,54 67	1,829	0,87 74	20	
	50	0,48 23	0,55 05	1,816	0,87 60	10	
29	0	0,48 48	0,55 43	1,804	0,87 46	0	**61**
	10	0,48 74	0,55 81	1,792	0,87 32	50	
	20	0,48 99	0,56 19	1,780	0,87 18	40	
	30	0,49 24	0,56 58	1,767	0,87 04	30	
	40	0,49 50	0,56 96	1,756	0,86 89	20	
	50	0,49 75	0,57 35	1,744	0,86 75	10	
30	0	0,50 00	0,57 74	1,732	0,86 60	0	**60**
Grad	Min.	cos	cot	tan	sin	Min.	Grad

30° → 35°　　　　　　　　　　　　　　　　　　60° → 55°

Grad	Min.	sin	tan	cot	cos	Min.	Grad
30	0	0,50 00	0,57 74	1,732	0,86 60	0	**60**
	10	0,50 25	0,58 12	1,720	0,86 46	50	
	20	0,50 50	0,58 51	1,709	0,86 31	40	
	30	0,50 75	0,58 90	1,698	0,86 16	30	
	40	0,51 00	0,59 30	1,686	0,86 01	20	
	50	0,51 25	0,59 69	1,675	0,85 87	10	
31	0	0,51 50	0,60 09	1,664	0,85 72	0	**59**
	10	0,51 75	0,60 48	1,653	0,85 57	50	
	20	0,52 00	0,60 88	1,643	0,85 42	40	
	30	0,52 25	0,61 28	1,632	0,85 26	30	
	40	0,52 50	0,61 68	1,621	0,85 11	20	
	50	0,52 75	0,62 08	1,611	0,84 96	10	
32	0	0,52 99	0,62 49	1,600	0,84 80	0	**58**
	10	0,53 24	0,62 89	1,590	0,84 65	50	
	20	0,53 48	0,63 30	1,580	0,84 50	40	
	30	0,53 73	0,63 71	1,570	0,84 34	30	
	40	0,53 98	0,64 12	1,560	0,84 18	20	
	50	0,54 22	0,64 53	1,550	0,84 03	10	
33	0	0,54 46	0,64 94	1,540	0,83 87	0	**57**
	10	0,54 71	0,65 36	1,530	0,83 71	50	
	20	0,54 95	0,65 77	1,520	0,83 55	40	
	30	0,55 19	0,66 19	1,511	0,83 39	30	
	40	0,55 44	0,66 61	1,501	0,83 23	20	
	50	0,55 68	0,67 03	1,492	0,83 07	10	
34	0	0,55 92	0,67 45	1,483	0,82 90	0	**56**
	10	0,56 16	0,67 87	1,473	0,82 74	50	
	20	0,56 40	0,68 30	1,464	0,82 58	40	
	30	0,56 64	0,68 73	1,455	0,82 41	30	
	40	0,56 88	0,69 16	1,446	0,82 25	20	
	50	0,57 12	0,69 59	1,437	0,82 08	10	
35	0	0,57 36	0,70 02	1,428	0,81 92	0	**55**
Grad	Min.	cos	cot	tan	sin	Min.	Grad

35° → 40°   55° → 50°

Grad	Min.	sin	tan	cot	cos	Min.	Grad
35	0	0,57 36	0,70 02	1,428	0,81 92	0	**55**
	10	0,57 60	0,70 46	1,419	0,81 75	50	
	20	0,57 83	0,70 89	1,411	0,81 58	40	
	30	0,58 07	0,71 33	1,402	0,81 41	30	
	40	0,58 31	0,71 77	1,393	0,81 24	20	
	50	0,58 54	0,72 21	1,385	0,81 07	10	
36	0	0,58 78	0,72 65	1,376	0,80 90	0	**54**
	10	0,59 01	0,73 10	1,368	0,80 73	50	
	20	0,59 25	0,73 55	1,360	0,80 56	40	
	30	0,59 48	0,74 00	1,351	0,80 39	30	
	40	0,59 72	0,74 45	1,343	0,80 21	20	
	50	0,59 95	0,74 90	1,335	0,80 04	10	
37	0	0,60 18	0,75 36	1,327	0,79 86	0	**53**
	10	0,60 41	0,75 81	1,319	0,79 69	50	
	20	0,60 65	0,76 27	1,311	0,79 51	40	
	30	0,60 88	0,76 73	1,303	0,79 34	30	
	40	0,61 11	0,77 20	1,295	0,79 16	20	
	50	0,61 34	0,77 66	1,288	0,78 98	10	
38	0	0,61 57	0,78 13	1,280	0,78 80	0	**52**
	10	0,61 80	0,78 60	1,272	0,78 62	50	
	20	0,62 02	0,79 07	1,265	0,78 44	40	
	30	0,62 25	0,79 54	1,257	0,78 26	30	
	40	0,62 48	0,80 02	1,250	0,78 08	20	
	50	0,62 71	0,80 50	1,242	0,77 90	10	
39	0	0,62 93	0,80 98	1,235	0,77 71	0	**51**
	10	0,63 16	0,81 46	1,228	0,77 53	50	
	20	0,63 38	0,81 95	1,220	0,77 35	40	
	30	0,63 61	0,82 43	1,213	0,77 16	30	
	40	0,63 83	0,82 92	1,206	0,76 98	20	
	50	0,64 06	0,83 42	1,199	0,76 79	10	
40	0	0,64 28	0,83 91	1,192	0,76 60	0	**50**
Grad	Min.	cos	cot	tan	sin	Min.	Grad

40° → 45°   50° → 45°

Grad	Min.	sin	tan	cot	cos	Min.	Grad
40	0	0,64 28	0,83 91	1,192	0,76 60	0	**50**
	10	0,64 50	0,84 41	1,185	0,76 42	50	
	20	0,64 72	0,84 91	1,178	0,76 23	40	
	30	0,64 94	0,85 41	1,171	0,76 04	30	
	40	0,65 17	0,85 91	1,164	0,75 85	20	
	50	0,65 39	0,86 42	1,157	0,75 66	10	
41	0	0,65 61	0,86 93	1,150	0,75 47	0	**49**
	10	0,65 83	0,87 44	1,144	0,75 28	50	
	20	0,66 04	0,87 96	1,137	0,75 09	40	
	30	0,66 26	0,88 47	1,130	0,74 90	30	
	40	0,66 48	0,88 99	1,124	0,74 70	20	
	50	0,66 70	0,89 52	1,117	0,74 51	10	
42	0	0,66 91	0,90 04	1,111	0,74 31	0	**48**
	10	0,67 13	0,90 57	1,104	0,74 12	50	
	20	0,67 34	0,91 10	1,098	0,73 92	40	
	30	0,67 56	0,91 63	1,091	0,73 73	30	
	40	0,67 77	0,92 17	1,085	0,73 53	20	
	50	0,67 99	0,92 71	1,079	0,73 33	10	
43	0	0,68 20	0,93 25	1,072	0,73 14	0	**47**
	10	0,68 41	0,93 80	1,066	0,72 94	50	
	20	0,68 62	0,94 35	1,060	0,72 74	40	
	30	0,68 84	0,94 90	1,054	0,72 54	30	
	40	0,69 05	0,95 45	1,048	0,72 34	20	
	50	0,69 26	0,96 01	1,042	0,72 14	10	
44	0	0,69 47	0,96 57	1,036	0,71 93	0	**46**
	10	0,69 67	0,97 13	1,030	0,71 73	50	
	20	0,69 88	0,97 70	1,024	0,71 53	40	
	30	0,70 09	0,98 27	1,018	0,71 33	30	
	40	0,70 30	0,98 84	1,012	0,71 12	20	
	50	0,70 50	0,99 42	1,006	0,70 92	10	
45	0	0,70 71	1,00 00	1,000	0,70 71	0	**45**
Grad	Min.	cos	cot	tan	sin	Min.	Grad

7. Die Logarithmen goniometrischer Funktionen

0° 0' → 0° 30'   90° 0' → 89° 30'

Grad	Min.	lg sin	lg tan	lg cot	lg cos	Min.	Grad
0,00	0	— ∞	— ∞	+ ∞	10	0	90,00
	1	6,46 37	6,46 37	13,53 63	10,00 00	59	
	2	6,76 48	6,76 48	13,23 52	10,00 00	58	
0,05	3	6,94 08	6,94 08	13,05 92	10,00 00	57	89,95
	4	7,06 58	7,06 58	12,93 42	10,00 00	56	
	5	7,16 27	7,16 27	12,83 73	10,00 00	55	
0,10	6	7,24 19	7,24 19	12,75 81	10,00 00	54	89,90
	7	7,30 88	7,30 88	12,69 12	10,00 00	53	
	8	7,36 68	7,36 68	12,63 32	10,00 00	52	
0,15	9	7,41 80	7,41 80	12,58 20	10,00 00	51	89,85
	10	7,46 37	7,46 37	12,53 63	10,00 00	50	
	11	7,50 51	7,50 51	12,49 49	10,00 00	49	
0,20	12	7,54 29	7,54 29	12,45 71	10,00 00	48	89,80
	13	7,57 77	7,57 77	12,42 23	10,00 00	47	
	14	7,60 99	7,60 99	12,39 01	10,00 00	46	
0,25	15	7,63 98	7,63 98	12,36 02	10,00 00	45	89,75
	16	7,66 78	7,66 78	12,33 22	10,00 00	44	
	17	7,69 42	7,69 42	12,30 58	10,00 00	43	
0,30	18	7,71 90	7,71 90	12,28 10	10,00 00	42	89,70
	19	7,74 25	7,74 25	12,25 75	10,00 00	41	
	20	7,76 48	7,76 48	12,23 52	10,00 00	40	
0,35	21	7,78 59	7,78 60	12,21 40	10,00 00	39	89,65
	22	7,80 61	7,80 62	12,19 38	10,00 00	38	
	23	7,82 55	7,82 55	12,17 45	10,00 00	37	
0,40	24	7,84 39	7,84 39	12,15 61	10,00 00	36	89,60
	25	7,86 17	7,86 17	12,13 83	10,00 00	35	
	26	7,87 87	7,87 87	12,12 13	10,00 00	34	
0,45	27	7,89 51	7,89 51	12,10 49	10,00 00	33	89,55
	28	7,91 09	7,91 09	12,08 91	10,00 00	32	
	29	7,92 61	7,92 61	12,07 39	10,00 00	31	
0,50	30	7,94 08	7,94 09	12,05 91	10,00 00	30	89,50
Grad	Min.	lg cos	lg cot	lg tan	lg sin	Min.	Grad

0° 30′ → 1° 0′   89° 30′ → 89° 0′

Grad	Min.	lg sin	lg tan	lg cot	lg cos	Min.	Grad
0,50	30	7,94 08	7,94 09	12,05 91	10,00 00	30	89,50
	31	7,95 51	7,95 51	12,04 49	10,00 00	29	
	32	7,96 89	7,96 89	12,03 11	10,00 00	28	
0,55	33	7,98 22	7,98 23	12,01 77	10,00 00	27	89,45
	34	7,99 52	7,99 52	12,00 48	10,00 00	26	
	35	8,00 78	8,00 78	11,99 22	10,00 00	25	
0,60	36	8,02 00	8,02 00	11,98 00	10,00 00	24	89,40
	37	8,03 19	8,03 19	11,96 81	10,00 00	23	
	38	8,04 35	8,04 35	11,95 65	10,00 00	22	
0,65	39	8,05 48	8,05 48	11,94 52	10,00 00	21	89,35
	40	8,06 58	8,06 58	11,93 42	10,00 00	20	
	41	8,07 65	8,07 65	11,92 35	10,00 00	19	
0,70	42	8,08 70	8,08 70	11,91 30	10,00 00	18	89,30
	43	8,09 72	8,09 72	11,90 28	10,00 00	17	
	44	8,10 72	8,10 72	11,89 28	10,00 00	16	
0,75	45	8,11 69	8,11 70	11,88 30	10,00 00	15	89,25
	46	8,12 65	8,12 65	11,87 35	10,00 00	14	
	47	8,13 58	8,13 59	11,86 41	10,00 00	13	
0,80	48	8,14 50	8,14 50	11,85 50	10,00 00	12	89,20
	49	8,15 39	8,15 40	11,84 60	10,00 00	11	
	50	8,16 27	8,16 27	11,83 73	10,00 00	10	
0,85	51	8,17 13	8,17 13	11,82 87	10,00 00	9	89,15
	52	8,17 97	8,17 98	11,82 02	10,00 00	8	
	53	8,18 80	8,18 80	11,81 20	9,99 99	7	
0,90	54	8,19 61	8,19 62	11,80 38	9,99 99	6	89,10
	55	8,20 41	8,20 41	11,79 59	9,99 99	5	
	56	8,21 19	8,21 20	11,78 80	9,99 99	4	
0,95	57	8,21 96	8,21 96	11,78 04	9,99 99	3	89,05
	58	8,22 71	8,22 72	11,77 28	9,99 99	2	
	59	8,23 46	8,23 46	11,76 54	9,99 99	1	
1,00	0	8,24 19	8,24 19	11,75 81	9,99 99	0	89,00
Grad	Min.	lg cos	lg cot	lg tan	lg sin	Min.	Grad

1° 0′ → 1° 30′   89° 0′ → 88° 30′

Grad	Min.	lg sin	lg tan	lg cot	lg cos	Min.	Grad
1,00	0	8,24 19	8,24 19	11,75 81	9,99 99	0	89,00
	1	8,24 90	8,24 91	11,75 09	9,99 99	59	
	2	8,25 61	8,25 62	11,74 38	9,99 99	58	
1,05	3	8,26 30	8,26 31	11,73 69	9,99 99	57	88,95
	4	8,26 99	8,27 00	11,73 00	9,99 99	56	
	5	8,27 66	8,27 67	11,72 33	9,99 99	55	
1,10	6	8,28 32	8,28 33	11,71 67	9,99 99	54	88,90
	7	8,28 98	8,28 99	11,71 01	9,99 99	53	
	8	8,29 62	8,29 63	11,70 37	9,99 99	52	
1,15	9	8,30 25	8,30 26	11,69 74	9,99 99	51	88,85
	10	8,30 88	8,30 89	11,69 11	9,99 99	50	
	11	8,31 50	8,31 50	11,68 50	9,99 99	49	
1,20	12	8,32 10	8,32 11	11,67 89	9,99 99	48	88,80
	13	8,32 70	8,32 71	11,67 29	9,99 99	47	
	14	8,33 29	8,33 30	11,66 70	9,99 99	46	
1,25	15	8,33 88	8,33 89	11,66 11	9,99 99	45	88,75
	16	8,34 45	8,34 46	11,65 54	9,99 99	44	
	17	8,35 02	8,35 03	11,64 97	9,99 99	43	
1,30	18	8,35 58	8,35 59	11,64 41	9,99 99	42	88,70
	19	8,36 13	8,36 14	11,63 86	9,99 99	41	
	20	8,36 68	8,36 69	11,63 31	9,99 99	40	
1,35	21	8,37 22	8,37 23	11,62 77	9,99 99	39	88,65
	22	8,37 75	8,37 76	11,62 24	9,99 99	38	
	23	8,38 28	8,38 29	11,61 71	9,99 99	37	
1,40	24	8,38 80	8,38 81	11,61 19	9,99 99	36	88,60
	25	8,39 31	8,39 32	11,60 68	9,99 99	35	
	26	8,39 82	8,39 83	11,60 17	9,99 99	34	
1,45	27	8,40 32	8,40 33	11,59 67	9,99 99	33	88,55
	28	8,40 82	8,40 83	11,59 17	9,99 99	32	
	29	8,41 31	8,41 32	11,58 68	9,99 99	31	
1,50	30	8,41 79	8,41 81	11,58 19	9,99 99	30	88,50
Grad	Min.	lg cos	lg cot	lg tan	lg sin	Min.	Grad

1° 30′ → 2° 0′   88° 30′ → 88° 0′

Grad	Min.	lg sin	lg tan	lg cot	lg cos	Min.	Grad
1,50	30	8,41 79	8,41 81	11,58 19	9,99 99	30	88,50
	31	8,42 27	8,42 29	11,57 71	9,99 98	29	
	32	8,42 75	8,42 76	11,57 24	9,99 98	28	
1,55	33	8,43 22	8,43 23	11,56 77	9,99 98	27	88,45
	34	8,43 68	8,43 70	11,56 30	9,99 98	26	
	35	8,44 14	8,44 16	11,55 84	9,99 98	25	
1,60	36	8,44 59	8,44 61	11,55 39	9,99 98	24	88,40
	37	8,45 04	8,45 06	11,54 94	9,99 98	23	
	38	8,45 49	8,45 51	11,54 49	9,99 98	22	
1,65	39	8,45 93	8,45 95	11,54 05	9,99 98	21	88,35
	40	8,46 37	8,46 38	11,53 62	9,99 98	20	
	41	8,46 80	8,46 82	11,53 18	9,99 98	19	
1,70	42	8,47 23	8,47 25	11,52 75	9,99 98	18	88,30
	43	8,47 65	8,47 67	11,52 33	9,99 98	17	
	44	8,48 07	8,48 09	11,51 91	9,99 98	16	
1,75	45	8,48 48	8,48 51	11,51 49	9,99 98	15	88,25
	46	8,48 90	8,48 92	11,51 08	9,99 98	14	
	47	8,49 30	8,49 33	11,50 67	9,99 98	13	
1,80	48	8,49 71	8,49 73	11,50 27	9,99 98	12	88,20
	49	8,50 11	8,50 13	11,49 87	9,99 98	11	
	50	8,50 50	8,50 53	11,49 47	9,99 98	10	
1,85	51	8,50 90	8,50 92	11,49 08	9,99 98	9	88,15
	52	8,51 29	8,51 31	11,48 69	9,99 98	8	
	53	8,51 67	8,51 70	11,48 30	9,99 98	7	
1,90	54	8,52 06	8,52 08	11,47 92	9,99 98	6	88,10
	55	8,52 43	8,52 46	11,47 54	9,99 98	5	
	56	8,52 81	8,52 83	11,47 17	9,99 98	4	
1,95	57	8,53 18	8,53 21	11,46 79	9,99 97	3	88,05
	58	8,53 55	8,53 58	11,46 42	9,99 97	2	
	59	8,53 92	8,53 94	11,46 06	9,99 97	1	
2,00	0	8,54 28	8,54 31	11,45 69	9,99 97	0	88,00
Grad	Min.	lg cos	lg cot	lg tan	lg sin	Min.	Grad

5 Schlömilch-Wolff, Nr. 341

2° 0' → 2° 30'   88° 0' → 87° 30'

Grad	Min.	lg sin	lg tan	lg cot	lg cos	Min.	Grad
2,00	0	8,54 28	8,54 31	11,45 69	9,99 97	0	88,00
	1	8,54 64	8,54 67	11,45 33	9,99 97	59	
	2	8,55 00	8,55 03	11,44 97	9,99 97	58	
2,05	3	8,55 35	8,55 38	11,44 62	9,99 97	57	87,95
	4	8,55 71	8,55 73	11,44 27	9,99 97	56	
	5	8,56 05	8,56 08	11,43 92	9,99 97	55	
2,10	6	8,56 40	8,56 43	11,43 57	9,99 97	54	87,90
	7	8,56 74	8,56 77	11,43 23	9,99 97	53	
	8	8,57 08	8,57 11	11,42 89	9,99 97	52	
2,15	9	8,57 42	8,57 45	11,42 55	9,99 97	51	87,85
	10	8,57 76	8,57 79	11,42 21	9,99 97	50	
	11	8,58 09	8,58 12	11,41 88	9,99 97	49	
2,20	12	8,58 42	8,58 45	11,41 55	9,99 97	48	87,80
	13	8,58 75	8,58 78	11,41 22	9,99 97	47	
	14	8,59 07	8,59 11	11,40 89	9,99 97	46	
2,25	15	8,59 39	8,59 43	11,40 57	9,99 97	45	87,75
	16	8,59 72	8,59 75	11,40 25	9,99 97	44	
	17	8,60 03	8,60 07	11,39 93	9,99 97	43	
2,30	18	8,60 35	8,60 38	11,39 62	9,99 96	42	87,70
	19	8,60 66	8,60 70	11,39 30	9,99 96	41	
	20	8,60 97	8,61 01	11,38 99	9,99 96	40	
2,35	21	8,61 28	8,61 32	11,38 68	9,99 96	39	87,65
	22	8,61 59	8,61 63	11,38 37	9,99 96	38	
	23	8,61 89	8,61 93	11,38 07	9,99 96	37	
2,40	24	8,62 20	8,62 23	11,37 77	9,99 96	36	87,60
	25	8,62 50	8,62 54	11,37 46	9,99 96	35	
	26	8,62 79	8,62 83	11,37 17	9,99 96	34	
2,45	27	8,63 09	8,63 13	11,36 87	9,99 96	33	87,55
	28	8,63 39	8,63 43	11,36 57	9,99 96	32	
	29	8,63 68	8,63 72	11,36 28	9,99 96	31	
2,50	30	8,63 97	8,64 01	11,35 99	9,99 96	30	87,50
Grad	Min.	lg cos	lg cot	lg tan	lg sin	Min.	Grad

2° 30′ → 3° 0′   87° 30′ → 87° 0′

Grad	Min.	lg sin	lg tan	lg cot	lg cos	Min.	Grad
2,50	30	8,63 97	8,64 01	11,35 99	9,99 96	30	87,50
	31	8,64 26	8,64 30	11,35 70	9,99 96	29	
	32	8,64 54	8,64 59	11,35 41	9,99 96	28	
2,55	33	8,64 83	8,64 87	11,35 13	9,99 96	27	87,45
	34	8,65 11	8,65 15	11,34 85	9,99 96	26	
	35	8,65 39	8,65 44	11,34 56	9,99 96	25	
2,60	36	8,65 67	8,65 71	11,34 29	9,99 96	24	87,40
	37	8,65 95	8,65 99	11,34 01	9,99 95	23	
	38	8,66 22	8,66 27	11,33 73	9,99 95	22	
2,65	39	8,66 50	8,66 54	11,33 46	9,99 95	21	87,35
	40	8,66 77	8,66 82	11,33 18	9,99 95	20	
	41	8,67 04	8,67 09	11,32 91	9,99 95	19	
2,70	42	8,67 31	8,67 36	11,32 64	9,99 95	18	87,30
	43	8,67 58	8,67 62	11,32 38	9,99 95	17	
	44	8,67 84	8,67 89	11,32 11	9,99 95	16	
2,75	45	8,68 10	8,68 15	11,31 85	9,99 95	15	87,25
	46	8,68 37	8,68 42	11,31 58	9,99 95	14	
	47	8,68 63	8,68 68	11,31 32	9,99 95	13	
2,80	48	8,68 89	8,68 94	11,31 06	9,99 95	12	87,20
	49	8,69 14	8,69 20	11,30 80	9,99 95	11	
	50	8,69 40	8,69 45	11,30 55	9,99 95	10	
2,85	51	8,69 65	8,69 71	11,30 29	9,99 95	9	87,15
	52	8,69 91	8,69 96	11,30 04	9,99 95	8	
	53	8,70 16	8,70 21	11,29 79	9,99 94	7	
2,90	54	8,70 41	8,70 46	11,29 54	9,99 94	6	87,10
	55	8,70 66	8,70 71	11,29 29	9,99 94	5	
	56	8,70 90	8,70 96	11,29 04	9,99 94	4	
2,95	57	8,71 15	8,71 21	11,28 79	9,99 94	3	87,05
	58	8,71 40	8,71 45	11,28 55	9,99 94	2	
	59	8,71 64	8,71 70	11,28 30	9,99 94	1	
3,00	0	8,71 88	8,71 94	11,28 06	9,99 94	0	87,00
Grad	Min.	lg cos	lg cot	lg tan	lg sin	Min.	Grad

3° 0′ → 3° 30′   87° 0′ → 86° 30′

Grad	Min.	lg sin	lg tan	lg cot	lg cos	Min.	Grad
3,00	0	8,71 88	8,71 94	11,28 06	9,99 94	0	**87,00**
	1	8,72 12	8,72 18	11,27 82	9,99 94	59	
	2	8,72 36	8,72 42	11,27 58	9,99 94	58	
3,05	3	8,72 60	8,72 66	11,27 34	9,99 94	57	**86,95**
	4	8,72 83	8,72 90	11,27 10	9,99 94	56	
	5	8,73 07	8,73 13	11,26 87	9,99 94	55	
3,10	6	8,73 30	8,73 37	11,26 63	9,99 94	54	**86,90**
	7	8,73 54	8,73 60	11,26 40	9,99 94	53	
	8	8,73 77	8,73 83	11,26 17	9,99 94	52	
3,15	9	8,74 00	8,74 06	11,25 94	9,99 93	51	**86,85**
	10	8,74 23	8,74 29	11,25 71	9,99 93	50	
	11	8,74 45	8,74 52	11,25 48	9,99 93	49	
3,20	12	8,74 68	8,74 75	11,25 25	9,99 93	48	**86,80**
	13	8,74 91	8,74 97	11,25 03	9,99 93	47	
	14	8,75 13	8,75 20	11,24 80	9,99 93	46	
3,25	15	8,75 35	8,75 42	11,24 58	9,99 93	45	**86,75**
	16	8,75 57	8,75 65	11,24 35	9,99 93	44	
	17	8,75 80	8,75 87	11,24 13	9,99 93	43	
3,30	18	8,76 02	8,76 09	11,23 91	9,99 93	42	**86,70**
	19	8,76 23	8,76 31	11,23 69	9,99 93	41	
	20	8,76 45	8,76 52	11,23 48	9,99 93	40	
3,35	21	8,76 67	8,76 74	11,23 26	9,99 93	39	**86,65**
	22	8,76 88	8,76 96	11,23 04	9,99 92	38	
	23	8,77 10	8,77 17	11,22 83	9,99 92	37	
3,40	24	8,77 31	8,77 39	11,22 61	9,99 92	36	**86,60**
	25	8,77 52	8,77 60	11,22 40	9,99 92	35	
	26	8,77 73	8,77 81	11,22 19	9,99 92	34	
3,45	27	8,77 94	8,78 02	11,21 98	9,99 92	33	**86,55**
	28	8,78 15	8,78 23	11,21 77	9,99 92	32	
	29	8,78 36	8,78 44	11,21 56	9,99 92	31	
3,50	30	8,78 57	8,78 65	11,21 35	9,99 92	30	**86,50**
Grad	Min.	lg cos	lg cot	lg tan	lg sin	Min.	Grad

3° 30' → 4° 0' 86° 30' → 86° 0'

Grad	Min.	lg sin	lg tan	lg cot	lg cos	Min.	Grad
3,50	30	8,78 57	8,78 65	11,21 35	9,99 92	30	86,50
	31	8,78 77	8,78 86	11,21 14	9,99 92	29	
	32	8,78 98	8,79 06	11,20 94	9,99 92	28	
3,55	33	8,79 18	8,79 27	11,20 73	9,99 92	27	86,45
	34	8,79 39	8,79 47	11,20 53	9,99 92	26	
	35	8,79 59	8,79 67	11,20 33	9,99 92	25	
3,60	36	8,79 79	8,79 88	11,20 12	9,99 91	24	86,40
	37	8,79 99	8,80 08	11,19 92	9,99 91	23	
	38	8,80 19	8,80 28	11,19 72	9,99 91	22	
3,65	39	8,80 39	8,80 48	11,19 52	9,99 91	21	86,35
	40	8,80 59	8,80 67	11,19 33	9,99 91	20	
	41	8,80 78	8,80 87	11,19 13	9,99 91	19	
3,70	42	8,80 98	8,81 07	11,18 93	9,99 91	18	86,30
	43	8,81 17	8,81 26	11,18 74	9,99 91	17	
	44	8,81 37	8,81 46	11,18 54	9,99 91	16	
3,75	45	8,81 56	8,81 65	11,18 35	9,99 91	15	86,25
	46	8,81 75	8,81 85	11,18 15	9,99 91	14	
	47	8,81 94	8,82 04	11,17 96	9,99 91	13	
3,80	48	8,82 13	8,82 23	11,17 77	9,99 90	12	86,20
	49	8,82 32	8,82 42	11,17 58	9,99 90	11	
	50	8,82 51	8,82 61	11,17 39	9,99 90	10	
3,85	51	8,82 70	8,82 80	11,17 20	9,99 90	9	86,15
	52	8,82 89	8,82 99	11,17 01	9,99 90	8	
	53	8,83 07	8,83 17	11,16 83	9,99 90	7	
3,90	54	8,83 26	8,83 36	11,16 64	9,99 90	6	86,10
	55	8,83 45	8,83 55	11,16 45	9,99 90	5	
	56	8,83 63	8,83 73	11,16 27	9,99 90	4	
3,95	57	8,83 81	8,83 92	11,16 08	9,99 90	3	86,05
	58	8,84 00	8,84 10	11,15 90	9,99 90	2	
	59	8,84 18	8,84 28	11,15 72	9,99 89	1	
4,00	0	8,84 36	8,84 46	11,15 54	9,99 89	0	86,00
Grad	Min.	lg cos	lg cot	lg tan	lg sin	Min.	Grad

4° 0′ → 4° 30′ 86° 0′ → 85° 30′

Grad	Min.	lg sin	lg tan	lg cot	lg cos	Min.	Grad
4,00	0	8,84 36	8,84 46	11,15 54	9,99 89	0	**86,00**
	1	8,84 54	8,84 65	11,15 35	9,99 89	59	
	2	8,84 72	8,84 83	11,15 17	9,99 89	58	
4,05	3	8,84 90	8,85 01	11,14 99	9,99 89	57	**85,95**
	4	8,85 08	8,85 18	11,14 82	9,99 89	56	
	5	8,85 25	8,85 36	11,14 64	9,99 89	55	
4,10	6	8,85 43	8,85 54	11,14 46	9,99 89	54	**85,90**
	7	8,85 60	8,85 72	11,14 28	9,99 89	53	
	8	8,85 78	8,85 89	11,14 11	9,99 89	52	
4,15	9	8,85 95	8,86 07	11,13 93	9,99 89	51	**85,85**
	10	8,86 13	8,86 24	11,13 76	9,99 89	50	
	11	8,86 30	8,86 42	11,13 58	9,99 88	49	
4,20	12	8,86 47	8,86 59	11,13 41	9,99 88	48	**85,80**
	13	8,86 65	8,86 76	11,13 24	9,99 88	47	
	14	8,86 82	8,86 94	11,13 06	9,99 88	46	
4,25	15	8,86 99	8,87 11	11,12 89	9,99 88	45	**85,75**
	16	8,87 16	8,87 28	11,12 72	9,99 88	44	
	17	8,87 33	8,87 45	11,12 55	9,99 88	43	
4,30	18	8,87 49	8,87 62	11,12 38	9,99 88	42	**85,70**
	19	8,87 66	8,87 78	11,12 22	9,99 88	41	
	20	8,87 83	8,87 95	11,12 05	9,99 88	40	
4,35	21	8,87 99	8,88 12	11,11 88	9,99 87	39	**85,65**
	22	8,88 16	8,88 29	11,11 71	9,99 87	38	
	23	8,88 33	8,88 45	11,11 55	9,99 87	37	
4,40	24	8,88 49	8,88 62	11,11 38	9,99 87	36	**85,60**
	25	8,88 65	8,88 78	11,11 22	9,99 87	35	
	26	8,88 82	8,88 95	11,11 05	9,99 87	34	
4,45	27	8,88 98	8,89 11	11,10 89	9,99 87	33	**85,55**
	28	8,89 14	8,89 27	11,10 73	9,99 87	32	
	29	8,89 30	8,89 44	11,10 56	9,99 87	31	
4,50	30	8,89 46	8,89 60	11,10 40	9,99 87	30	**85,50**
Grad	Min.	lg cos	lg cot	lg tan	lg sin	Min.	Grad

4° 30' → 5° 0'   85° 30' → 85° 0'

Grad	Min.	lg sin	lg tan	lg cot	lg cos	Min.	Grad
4,50	30	8,89 46	8,89 60	11,10 40	9,99 87	30	85,50
	31	8,89 62	8,89 76	11,10 24	9,99 86	29	
	32	8,89 78	8,89 92	11,10 08	9,99 86	28	
4,55	33	8,89 94	8,90 08	11,09 92	9,99 86	27	85,45
	34	8,90 10	8,90 24	11,09 76	9,99 86	26	
	35	8,90 26	8,90 40	11,09 60	9,99 86	25	
4,60	36	8,90 42	8,90 56	11,09 44	9,99 86	24	85,40
	37	8,90 57	8,90 71	11,09 29	9,99 86	23	
	38	8,90 73	8,90 87	11,09 13	9,99 86	22	
4,65	39	8,90 89	8,91 03	11,08 97	9,99 86	21	85,35
	40	8,91 04	8,91 18	11,08 82	9,99 86	20	
	41	8,91 19	8,91 34	11,08 66	9,99 85	19	
4,70	42	8,91 35	8,91 50	11,08 50	9,99 85	18	85,30
	43	8,91 50	8,91 65	11,08 35	9,99 85	17	
	44	8,91 66	8,91 80	11,08 20	9,99 85	16	
4,75	45	8,91 81	8,91 96	11,08 04	9,99 85	15	85,25
	46	8,91 96	8,92 11	11,07 89	9,99 85	14	
	47	8,92 11	8,92 26	11,07 74	9,99 85	13	
4,80	48	8,92 26	8,92 41	11,07 59	9,99 85	12	85,20
	49	8,92 41	8,92 56	11,07 44	9,99 85	11	
	50	8,92 56	8,92 72	11,07 28	9,99 85	10	
4,85	51	8,92 71	8,92 87	11,07 13	9,99 84	9	85,15
	52	8,92 86	8,93 02	11,06 98	9,99 84	8	
	53	8,93 01	8,93 16	11,06 84	9,99 84	7	
4,90	54	8,93 15	8,93 31	11,06 69	9,99 84	6	85,10
	55	8,93 30	8,93 46	11,06 54	9,99 84	5	
	56	8,93 45	8,93 61	11,06 39	9,99 84	4	
4,95	57	8,93 59	8,93 76	11,06 24	9,99 84	3	85,05
	58	8,93 74	8,93 90	11,06 10	9,99 84	2	
	59	8,93 88	8,94 05	11,05 95	9,99 84	1	
5,00	0	8,94 03	8,94 20	11,05 80	9,99 83	0	85,00
Grad	Min.	lg cos	lg cot	lg tan	lg sin	Min.	Grad

5° 0' → 5° 30' 85° 0' → 84° 30'

Grad	Min.	lg sin	lg tan	lg cot	lg cos	Min.	Grad
5,00	0	8,94 03	8,94 20	11,05 80	9,99 83	0	85,00
	1	8,94 17	8,94 34	11,05 66	9,99 83	59	
	2	8,94 32	8,94 49	11,05 51	9,99 83	58	
5,05	3	8,94 46	8,94 63	11,05 37	9,99 83	57	84,95
	4	8,94 60	8,94 77	11,05 23	9,99 83	56	
	5	8,94 75	8,94 92	11,05 08	9,99 83	55	
5,10	6	8,94 89	8,95 06	11,04 94	9,99 83	54	84,90
	7	8,95 03	8,95 20	11,04 80	9,99 83	53	
	8	8,95 17	8,95 34	11,04 66	9,99 83	52	
5,15	9	8,95 31	8,95 49	11,04 51	9,99 82	51	84,85
	10	8,95 45	8,95 63	11,04 37	9,99 82	50	
	11	8,95 59	8,95 77	11,04 23	9,99 82	49	
5,20	12	8,95 73	8,95 91	11,04 09	9,99 82	48	84,80
	13	8,95 87	8,96 05	11,03 95	9,99 82	47	
	14	8,96 01	8,96 19	11,03 81	9,99 82	46	
5,25	15	8,96 14	8,96 33	11,03 67	9,99 82	45	84,75
	16	8,96 28	8,96 46	11,03 54	9,99 82	44	
	17	8,96 42	8,96 60	11,03 40	9,99 82	43	
5,30	18	8,96 55	8,96 74	11,03 26	9,99 81	42	84,70
	19	8,96 69	8,96 88	11,03 12	9,99 81	41	
	20	8,96 82	8,97 01	11,02 99	9,99 81	40	
5,35	21	8,96 96	8,97 15	11,02 85	9,99 81	39	84,65
	22	8,97 09	8,97 29	11,02 71	9,99 81	38	
	23	8,97 23	8,97 42	11,02 58	9,99 81	37	
5,40	24	8,97 36	8,97 56	11,02 44	9,99 81	36	84,60
	25	8,97 50	8,97 69	11,02 31	9,99 81	35	
	26	8,97 63	8,97 82	11,02 18	9,99 80	34	
5,45	27	8,97 76	8,97 96	11,02 04	9,99 80	33	84,55
	28	8,97 89	8,98 09	11,01 91	9,99 80	32	
	29	8,98 03	8,98 23	11,01 77	9,99 80	31	
5,50	30	8,98 16	8,98 36	11,01 64	9,99 80	30	84,50
Grad	Min.	lg cos	lg cot	lg tan	lg sin	Min.	Grad

5° 30′ → 6° 0′   84° 30′ → 84° 0′

Grad	Min.	lg sin	lg tan	lg cot	lg cos	Min.	Grad
5,50	30	8,98 16	8,98 36	11,01 64	9,99 80	30	84,50
	31	8,98 29	8,98 49	11,01 51	9,99 80	29	
	32	8,98 42	8,98 62	11,01 38	9,99 80	28	
5,55	33	8,98 55	8,98 75	11,01 25	9,99 80	27	84,45
	34	8,98 68	8,98 88	11,01 12	9,99 79	26	
	35	8,98 81	8,99 01	11,00 99	9,99 79	25	
5,60	36	8,98 94	8,99 15	11,00 85	9,99 79	24	84,40
	37	8,99 07	8,99 28	11,00 72	9,99 79	23	
	38	8,99 19	8,99 40	11,00 60	9,99 79	22	
5,65	39	8,99 32	8,99 53	11,00 47	9,99 79	21	84,35
	40	8,99 45	8,99 66	11,00 34	9,99 79	20	
	41	8,99 58	8,99 79	11,00 21	9,99 79	19	
5,70	42	8,99 70	8,99 92	11,00 08	9,99 78	18	84,30
	43	8,99 83	9,00 05	10,99 95	9,99 78	17	
	44	8,99 96	9,00 17	10,99 83	9,99 78	16	
5,75	45	9,00 08	9,00 30	10,99 70	9,99 78	15	84,25
	46	9,00 21	9,00 43	10,99 57	9,99 78	14	
	47	9,00 33	9,00 55	10,99 45	9,99 78	13	
5,80	48	9,00 46	9,00 68	10,99 32	9,99 78	12	84,20
	49	9,00 58	9,00 80	10,99 20	9,99 78	11	
	50	9,00 70	9,00 93	10,99 07	9,99 77	10	
5,85	51	9,00 83	9,01 05	10,98 95	9,99 77	9	84,15
	52	9,00 95	9,01 18	10,98 82	9,99 77	8	
	53	9,01 07	9,01 30	10,98 70	9,99 77	7	
5,90	54	9,01 20	9,01 43	10,98 57	9,99 77	6	84,10
	55	9,01 32	9,01 55	10,98 45	9,99 77	5	
	56	9,01 44	9,01 67	10,98 33	9,99 77	4	
5,95	57	9,01 56	9,01 80	10,98 20	9,99 77	3	84,05
	58	9,01 68	9,01 92	10,98 08	9,99 76	2	
	59	9,01 80	9,02 04	10,97 96	9,99 76	1	
6,00	0	9,01 92	9,02 16	10,97 84	9,99 76	0	84,00
Grad	Min.	lg cos	lg cot	lg tan	lg sin	Min.	Grad

6° 0′ → 6° 30′ 84° 0′ → 83° 30′

Grad	Min.	lg sin	lg tan	lg cot	lg cos	Min.	Grad
6,00	0	9,01 92	9,02 16	10,97 84	9,99 76	0	**84,00**
	1	9,02 04	9,02 28	10,97 72	9,99 76	59	
	2	9,02 16	9,02 40	10,97 60	9,99 76	58	
6,05	3	9,02 28	9,02 53	10,97 47	9,99 76	57	**83,95**
	4	9,02 40	9,02 65	10,97 35	9,99 76	56	
	5	9,02 52	9,02 77	10,97 23	9,99 75	55	
6,10	6	9,02 64	9,02 89	10,97 11	9,99 75	54	**83,90**
	7	9,02 76	9,03 00	10,97 00	9,99 75	53	
	8	9,02 87	9,03 12	10,96 88	9,99 75	52	
6,15	9	9,02 99	9,03 24	10,96 76	9,99 75	51	**83,85**
	10	9,03 11	9,03 36	10,96 64	9,99 75	50	
	11	9,03 23	9,03 48	10,96 52	9,99 75	49	
6,20	12	9,03 34	9,03 60	10,96 40	9,99 75	48	**83,80**
	13	9,03 46	9,03 71	10,96 29	9,99 74	47	
	14	9,03 57	9,03 83	10,96 17	9,99 74	46	
6,25	15	9,03 69	9,03 95	10,96 05	9,99 74	45	**83,75**
	16	9,03 80	9,04 07	10,95 93	9,99 74	44	
	17	9,03 92	9,04 18	10,95 82	9,99 74	43	
6,30	18	9,04 03	9,04 30	10,95 70	9,99 74	42	**83,70**
	19	9,04 15	9,04 41	10,95 59	9,99 74	41	
	20	9,04 26	9,04 53	10,95 47	9,99 73	40	
6,35	21	9,04 38	9,04 64	10,95 36	9,99 73	39	**83,65**
	22	9,04 49	9,04 76	10,95 24	9,99 73	38	
	23	9,04 60	9,04 87	10,95 13	9,99 73	37	
6,40	24	9,04 72	9,04 99	10,95 01	9,99 73	36	**83,60**
	25	9,04 83	9,05 10	10,94 90	9,99 73	35	
	26	9,04 94	9,05 21	10,94 79	9,99 73	34	
6,45	27	9,05 05	9,05 33	10,94 67	9,99 72	33	**83,55**
	28	9,05 16	9,05 44	10,94 56	9,99 72	32	
	29	9,05 27	9,05 55	10,94 45	9,99 72	31	
6,50	30	9,05 39	9,05 67	10,94 33	9,99 72	30	**83,50**
Grad	Min.	lg cos	lg cot	lg tan	lg sin	Min.	Grad

6° 30′ → 7° 0′   83° 30′ → 83° 0′

Grad	Min.	lg sin	lg tan	lg cot	lg cos	Min.	Grad
6,50	30	9,05 39	9,05 67	10,94 33	9,99 72	30	**83,50**
	31	9,05 50	9,05 78	10,94 22	9,99 72	29	
	32	9,05 61	9,05 89	10,94 11	9,99 72	28	
6,55	33	9,05 72	9,06 00	10,94 00	9,99 72	27	**83,45**
	34	9,05 83	9,06 11	10,93 89	9,99 71	26	
	35	9,05 94	9,06 22	10,93 78	9,99 71	25	
6,60	36	9,06 05	9,06 33	10,93 67	9,99 71	24	**83,40**
	37	9,06 16	9,06 45	10,93 55	9,99 71	23	
	38	9,06 26	9,06 56	10,93 44	9,99 71	22	
6,65	39	9,06 37	9,06 67	10,93 33	9,99 71	21	**83,35**
	40	9,06 48	9,06 78	10,93 22	9,99 71	20	
	41	9,06 59	9,06 88	10,93 12	9,99 70	19	
6,70	42	9,06 70	9,06 99	10,93 01	9,99 70	18	**83,30**
	43	9,06 80	9,07 10	10,92 90	9,99 70	17	
	44	9,06 91	9,07 21	10,92 79	9,99 70	16	
6,75	45	9,07 02	9,07 32	10,92 68	9,99 70	15	**83,25**
	46	9,07 12	9,07 43	10,92 57	9,99 70	14	
	47	9,07 23	9,07 54	10,92 46	9,99 69	13	
6,80	48	9,07 34	9,07 64	10,92 36	9,99 69	12	**83,20**
	49	9,07 44	9,07 75	10,92 25	9,99 69	11	
	50	9,07 55	9,07 86	10,92 14	9 99 69	10	
6,85	51	9 07 65	9,07 96	10,92 04	9,99 69	9	**83,15**
	52	9,07 76	9,08 07	10,91 93	9,99 69	8	
	53	9,07 86	9,08 18	10,91 82	9,99 69	7	
6,90	54	9,07 97	9,08 28	10,91 72	9,99 68	6	**83,10**
	55	9,08 07	9,08 39	10,91 61	9,99 68	5	
	56	9,08 18	9,08 49	10,91 51	9,99 68	4	
6,95	57	9,08 28	9,08 60	10,91 40	9,99 68	3	**83,05**
	58	9,08 38	9,08 71	10,91 29	9,99 68	2	
	59	9,08 49	9,08 81	10,91 19	9,99 68	1	
7,00	0	9,08 59	9,08 91	10,91 09	9,99 68	0	**83,00**
Grad	Min.	lg cos	lg cot	lg tan	lg sin	Min.	Grad

7° 0' → 7° 30'   83° 0' → 82° 30'

Grad	Min.	lg sin	lg tan	lg cot	lg cos	Min.	Grad
7,00	0	9,08 59	9,08 91	10,91 09	9,99 68	0	83,00
	1	9,08 69	9,09 02	10,90 98	9,99 67	59	
	2	9,08 79	9,09 12	10,90 88	9,99 67	58	
7,05	3	9,08 90	9,09 23	10,90 77	9,99 67	57	82,95
	4	9,09 00	9,09 33	10,90 67	9,99 67	56	
	5	9,09 10	9,09 43	10,90 57	9,99 67	55	
7,10	6	9,09 20	9,09 54	10,90 46	9,99 67	54	82,90
	7	9,09 30	9,09 64	10,90 36	9,99 66	53	
	8	9,09 40	9,09 74	10,90 26	9,99 66	52	
7,15	9	9,09 51	9,09 84	10,90 16	9,99 66	51	82,85
	10	9,09 61	9,09 95	10,90 05	9,99 66	50	
	11	9,09 71	9,10 05	10,89 95	9,99 66	49	
7,20	12	9,09 81	9,10 15	10,89 85	9,99 66	48	82,80
	13	9,09 91	9,10 25	10,89 75	9,99 65	47	
	14	9,10 01	9,10 35	10,89 65	9,99 65	46	
7,25	15	9,10 11	9,10 45	10,89 55	9,99 65	45	82,75
	16	9,10 20	9,10 55	10,89 45	9,99 65	44	
	17	9,10 30	9,10 66	10,89 34	9,99 65	43	
7,30	18	9,10 40	9,10 76	10,89 24	9,99 65	42	82,70
	19	9,10 50	9,10 86	10,89 14	9,99 64	41	
	20	9,10 60	9,10 96	10,89 04	9,99 64	40	
7,35	21	9,10 70	9,11 06	10,88 94	9,99 64	39	82,65
	22	9,10 80	9,11 16	10,88 84	9,99 64	38	
	23	9,10 89	9,11 25	10,88 75	9,99 64	37	
7,40	24	9,10 99	9,11 35	10,88 65	9,99 64	36	82,60
	25	9,11 09	9,11 45	10,88 55	9,99 64	35	
	26	9,11 18	9,11 55	10,88 45	9,99 63	34	
7,45	27	9,11 28	9,11 65	10,88 35	9,99 63	33	82,55
	28	9,11 38	9,11 75	10,88 25	9,99 63	32	
	29	9,11 47	9,11 85	10,88 15	9,99 63	31	
7,50	30	9,11 57	9,11 94	10,88 06	9,99 63	30	82,50
Grad	Min.	lg cos	lg cot	lg tan	lg sin	Min.	Grad

7° 30′ → 8° 0′   82° 30′ → 82° 0′

Grad	Min.	lg sin	lg tan	lg cot	lg cos	Min.	Grad
7,50	30	9,11 57	9,11 94	10,88 06	9,99 63	30	82,50
	31	9,11 67	9,12 04	10,87 96	9,99 63	29	
	32	9,11 76	9,12 14	10,87 86	9,99 62	28	
7,55	33	9,11 86	9,12 23	10,87 77	9,99 62	27	82,45
	34	9,11 95	9,12 33	10,87 67	9,99 62	26	
	35	9,12 05	9,12 43	10,87 57	9,99 62	25	
7,60	36	9,12 14	9,12 52	10,87 48	9,99 62	24	82,40
	37	9,12 24	9,12 62	10,87 38	9,99 62	23	
	38	9,12 33	9,12 72	10,87 28	9,99 61	22	
7,65	39	9,12 42	9,12 81	10,87 19	9,99 61	21	82,35
	40	9,12 52	9,12 91	10,87 09	9,99 61	20	
	41	9,12 61	9,13 00	10,87 00	9,99 61	19	
7,70	42	9,12 71	9,13 10	10,86 90	9,99 61	18	82,30
	43	9,12 80	9,13 19	10,86 81	9,99 60	17	
	44	9,12 89	9,13 29	10,86 71	9,99 60	16	
7,75	45	9,12 99	9,13 38	10,86 62	9,99 60	15	82,25
	46	9,13 08	9,13 48	10,86 52	9,99 60	14	
	47	9,13 17	9,13 57	10,86 43	9,99 60	13	
7,80	48	9,13 26	9,13 67	10,86 33	9,99 60	12	82,20
	49	9,13 36	9,13 76	10,86 24	9,99 59	11	
	50	9,13 45	9,13 85	10,86 15	9,99 59	10	
7,85	51	9,13 54	9,13 95	10,86 05	9,99 59	9	82,15
	52	9,13 63	9,14 04	10,85 96	9,99 59	8	
	53	9,13 72	9,14 13	10,85 87	9,99 59	7	
7,90	54	9,13 81	9,14 23	10,85 77	9,99 59	6	82,10
	55	9,13 90	9,14 32	10,85 68	9,99 58	5	
	56	9,13 99	9,14 41	10,85 59	9,99 58	4	
7,95	57	9,14 09	9,14 50	10,85 50	9,99 58	3	82,05
	58	9,14 18	9,14 60	10,85 40	9,99 58	2	
	59	9,14 27	9,14 69	10,85 31	9,99 58	1	
8,00	0	9,14 36	9,14 78	10,85 22	9,99 58	0	82,00
Grad	Min.	lg cos	lg cot	lg tan	lg sin	Min.	Grad

8° 0′ → 8° 30′   82° 0′ → 81° 30′

Grad	Min.	lg sin	lg tan	lg cot	lg cos	Min.	Grad
8,00	0	9,14 36	9,14 78	10,85 22	9,99 58	0	82,00
	1	9,14 45	9,14 87	10,85 13	9,99 57	59	
	2	9,14 53	9,14 96	10,85 04	9,99 57	58	
8,05	3	9,14 62	9,15 05	10,84 95	9,99 57	57	81,95
	4	9,14 71	9,15 15	10,84 85	9,99 57	56	
	5	9,14 80	9,15 24	10,84 76	9,99 57	55	
8,10	6	9,14 89	9,15 33	10,84 67	9,99 56	54	81,90
	7	9,14 98	9,15 42	10,84 58	9,99 56	53	
	8	9,15 07	9,15 51	10,84 49	9,99 56	52	
8,15	9	9,15 16	9,15 60	10,84 40	9,99 56	51	81,85
	10	9,15 25	9,15 69	10,84 31	9,99 56	50	
	11	9,15 33	9,15 78	10,84 22	9,99 56	49	
8,20	12	9,15 42	9,15 87	10,84 13	9,99 55	48	81,80
	13	9,15 51	9,15 96	10,84 04	9,99 55	47	
	14	9,15 60	9,16 05	10,83 95	9,99 55	46	
8,25	15	9,15 68	9,16 13	10,83 87	9,99 55	45	81,75
	16	9,15 77	9,16 22	10,83 78	9,99 55	44	
	17	9,15 86	9,16 31	10,83 69	9,99 54	43	
8,30	18	9,15 94	9,16 40	10,83 60	9,99 54	42	81,70
	19	9,16 03	9,16 49	10,83 51	9,99 54	41	
	20	9,16 12	9,16 58	10,83 42	9,99 54	40	
8,35	21	9,16 20	9,16 67	10,83 33	9,99 54	39	81,65
	22	9,16 29	9,16 75	10,83 25	9,99 54	38	
	23	9,16 37	9,16 84	10,83 16	9,99 53	37	
8,40	24	9,16 46	9,16 93	10,83 07	9,99 53	36	81,60
	25	9,16 55	9,17 02	10,82 98	9,99 53	35	
	26	9,16 63	9,17 10	10,82 90	9,99 53	34	
8,45	27	9,16 72	9,17 19	10,82 81	9,99 53	33	81,55
	28	9,16 80	9,17 28	10,82 72	9,99 52	32	
	29	9,16 89	9,17 36	10,82 64	9,99 52	31	
8,50	30	9,16 97	9,17 45	10,82 55	9,99 52	30	81,50
Grad	Min.	lg cos	lg cot	lg tan	lg sin	Min.	Grad

8° 30′ → 9° 0′   81° 30′ → 81° 0′

Grad	Min.	lg sin	lg tan	lg cot	lg cos	Min.	Grad
8,50	30	9,16 97	9,17 45	10,82 55	9,99 52	30	81,50
	31	9,17 05	9,17 54	10,82 46	9,99 52	29	
	32	9,17 14	9,17 62	10,82 38	9,99 52	28	
8,55	33	9,17 22	9,17 71	10,82 29	9,99 51	27	81,45
	34	9,17 31	9,17 79	10,82 21	9,99 51	26	
	35	9,17 39	9,17 88	10,82 12	9,99 51	25	
8,60	36	9,17 47	9,17 97	10,82 03	9,99 51	24	81,40
	37	9,17 56	9,18 05	10,81 95	9,99 51	23	
	38	9,17 64	9,18 14	10,81 86	9,99 51	22	
8,65	39	9,17 72	9,18 22	10,81 78	9,99 50	21	81,35
	40	9,17 81	9,18 31	10,81 69	9,99 50	20	
	41	9,17 89	9,18 39	10,81 61	9,99 50	19	
8,70	42	9,17 97	9,18 48	10,81 52	9,99 50	18	81,30
	43	9,18 06	9,18 56	10,81 44	9,99 50	17	
	44	9,18 14	9,18 64	10,81 36	9,99 49	16	
8,75	45	9,18 22	9,18 73	10,81 27	9,99 49	15	81,25
	46	9,18 30	9,18 81	10,81 19	9,99 49	14	
	47	9,18 38	9,18 90	10,81 10	9,99 49	13	
8,80	48	9,18 47	9,18 98	10,81 02	9,99 49	12	81,20
	49	9,18 55	9,19 06	10,80 94	9,99 48	11	
	50	9,18 63	9,19 15	10,80 85	9,99 48	10	
8,85	51	9,18 71	9,19 23	10,80 77	9,99 48	9	81,15
	52	9,18 79	9,19 31	10,80 69	9,99 48	8	
	53	9,18 87	9,19 40	10,80 60	9,99 48	7	
8,90	54	9,18 95	9,19 48	10,80 52	9,99 47	6	81,10
	55	9,19 03	9,19 56	10,80 44	9,99 47	5	
	56	9,19 11	9,19 64	10,80 36	9,99 47	4	
8,95	57	9,19 19	9,19 73	10,80 27	9,99 47	3	81,05
	58	9,19 27	9,19 81	10,80 19	9,99 47	2	
	59	9,19 35	9,19 89	10,80 11	9,99 46	1	
9,00	0	9,19 43	9,19 97	10,80 03	9,99 46	0	81,00
Grad	Min.	lg cos	lg cot	lg tan	lg sin	Min.	Grad

9° 0' → 9° 30'   81° 0' → 80° 30'

Grad	Min.	lg sin	lg tan	lg cot	lg cos	Min.	Grad
9,00	0	9,19 43	9,19 97	10,80 03	9,99 46	0	81,00
	1	9,19 51	9,20 05	10,79 95	9,99 46	59	
	2	9,19 59	9,20 13	10,79 87	9,99 46	58	
9,05	3	9,19 67	9,20 22	10,79 78	9,99 46	57	80,95
	4	9,19 75	9,20 30	10,79 70	9,99 45	56	
	5	9,19 83	9,20 38	10,79 62	9,99 45	55	
9,10	6	9,19 91	9,20 46	10,79 54	9,99 45	54	80,90
	7	9,19 99	9,20 54	10,79 46	9,99 45	53	
	8	9,20 07	9,20 62	10,79 38	9,99 45	52	
9,15	9	9,20 15	9,20 70	10,79 30	9,99 44	51	80,85
	10	9,20 22	9,20 78	10,79 22	9,99 44	50	
	11	9,20 30	9,20 86	10,79 14	9,99 44	49	
9,20	12	9,20 38	9,20 94	10,79 06	9,99 44	48	80,80
	13	9,20 46	9,21 02	10,78 98	9,99 44	47	
	14	9,20 54	9,21 10	10,78 90	9,99 43	46	
9,25	15	9,20 61	9,21 18	10,78 82	9,99 43	45	80,75
	16	9,20 69	9,21 26	10,78 74	9,99 43	44	
	17	9,20 77	9,21 34	10,78 66	9,99 43	43	
9,30	18	9,20 85	9,21 42	10,78 58	9,99 43	42	80,70
	19	9,20 92	9,21 50	10,78 50	9,99 42	41	
	20	9,21 00	9,21 58	10,78 42	9,99 42	40	
9,35	21	9,21 08	9,21 66	10,78 34	9,99 42	39	80,65
	22	9,21 15	9,21 74	10,78 26	9,99 42	38	
	23	9,21 23	9,21 81	10,78 19	9,99 41	37	
9,40	24	9,21 31	9,21 89	10,78 11	9,99 41	36	80,60
	25	9,21 38	9,21 97	10,78 03	9,99 41	35	
	26	9,21 46	9,22 05	10,77 95	9,99 41	34	
9,45	27	9,21 53	9,22 13	10,77 87	9,99 41	33	80,55
	28	9,21 61	9,22 21	10,77 79	9,99 40	32	
	29	9,21 69	9,22 28	10,77 72	9,99 40	31	
9,50	30	9,21 76	9,22 36	10,77 64	9,99 40	30	80,50
Grad	Min.	lg cos	lg cot	lg tan	lg sin	Min.	Grad

9° 30' → 10° 0'   80° 30' → 80° 0'

Grad	Min.	lg sin	lg tan	lg cot	lg cos	Min.	Grad
9,50	30	9,21 76	9,22 36	10,77 64	9,99 40	30	80,50
	31	9,21 84	9,22 44	10,77 56	9,99 40	29	
	32	9,21 91	9,22 52	10,77 48	9,99 40	28	
9,55	33	9,21 99	9,22 59	10,77 41	9,99 39	27	80,45
	34	9,22 06	9,22 67	10,77 33	9,99 39	26	
	35	9,22 14	9,22 75	10,77 25	9,99 39	25	
9,60	36	9,22 21	9,22 82	10,77 18	9,99 39	24	80,40
	37	9,22 29	9,22 90	10,77 10	9,99 39	23	
	38	9,22 36	9,22 98	10,77 02	9,99 38	22	
9,65	39	9,22 43	9,23 05	10,76 95	9,99 38	21	80,35
	40	9,22 51	9,23 13	10,76 87	9,99 38	20	
	41	9,22 58	9,23 21	10,76 79	9,99 38	19	
9,70	42	9,22 66	9,23 28	10,76 72	9,99 37	18	80,30
	43	9,22 73	9,23 36	10,76 64	9,99 37	17	
	44	9,22 80	9,23 43	10,76 57	9,99 37	16	
9,75	45	9,22 88	9,23 51	10,76 49	9,99 37	15	80,25
	46	9,22 95	9,23 59	10,76 41	9,99 37	14	
	47	9,23 03	9,23 66	10,76 34	9,99 36	13	
9,80	48	9,23 10	9,23 74	10,76 26	9,99 36	12	80,20
	49	9,23 17	9,23 81	10,76 19	9,99 36	11	
	50	9,23 24	9,23 89	10,76 11	9,99 36	10	
9,85	51	9,23 32	9,23 96	10,76 04	9,99 36	9	80,15
	52	9,23 39	9,24 04	10,75 96	9,99 35	8	
	53	9,23 46	9,24 11	10,75 89	9,99 35	7	
9,90	54	9,23 53	9,24 19	10,75 81	9,99 35	6	80,10
	55	9,23 61	9,24 26	10,75 74	9,99 35	5	
	56	9,23 68	9,24 34	10,75 66	9,99 34	4	
9,95	57	9,23 75	9,24 41	10,75 59	9,99 34	3	80,05
	58	9,23 82	9,24 48	10,75 52	9,99 34	2	
	59	9,23 90	9,24 56	10,75 44	9,99 34	1	
10,00	0	9,23 97	9,24 63	10,75 37	9,99 34	0	80,00
Grad	Min.	lg cos	lg cot	lg tan	lg sin	Min.	Grad

10° 0′ → 10° 30′   80° 0′ → 79° 30′

Grad	Min.	lg sin	lg tan	lg cot	lg cos	Min.	Grad
10,00	0	9,23 97	9,24 63	10,75 37	9,99 34	0	**80,00**
	1	9,24 04	9,24 71	10,75 29	9,99 33	59	
	2	9,24 11	9,24 78	10,75 22	9,99 33	58	
10,05	3	9,24 18	9,24 85	10,75 15	9,99 33	57	**79,95**
	4	9,24 25	9,24 93	10,75 07	9,99 33	56	
	5	9,24 32	9,25 00	10,75 00	9,99 32	55	
10,10	6	9,24 39	9,25 07	10,74 93	9,99 32	54	**79,90**
	7	9,24 47	9,25 15	10,74 85	9,99 32	53	
	8	9,24 54	9,25 22	10,74 78	9,99 32	52	
10,15	9	9,24 61	9,25 29	10,74 71	9,99 31	51	**79,85**
	10	9,24 68	9,25 36	10,74 64	9,99 31	50	
	11	9,24 75	9,25 44	10,74 56	9,99 31	49	
10,20	12	9,24 82	9,25 51	10,74 49	9,99 31	48	**79,80**
	13	9,24 89	9,25 58	10,74 42	9,99 31	47	
	14	9,24 96	9,25 65	10,74 35	9,99 30	46	
10,25	15	9,25 03	9,25 73	10,74 27	9,99 30	45	**79,75**
	16	9,25 10	9,25 80	10,74 20	9,99 30	44	
	17	9,25 17	9,25 87	10,74 13	9,99 30	43	
10,30	18	9,25 24	9,25 94	10,74 06	9,99 29	42	**79,70**
	19	9,25 31	9,26 01	10,73 99	9,99 29	41	
	20	9,25 38	9,26 09	10,73 91	9,99 29	40	
10,35	21	9,25 45	9,26 16	10,73 84	9,99 29	39	**79,65**
	22	9,25 51	9,26 23	10,73 77	9,99 29	38	
	23	9,25 58	9,26 30	10,73 70	9,99 28	37	
10,40	24	9,25 65	9,26 37	10,73 63	9,99 28	36	**79,60**
	25	9,25 72	9,26 44	10,73 56	9,99 28	35	
	26	9,25 79	9,26 51	10,73 49	9,99 28	34	
10,45	27	9,25 86	9,26 58	10,73 42	9,99 27	33	**79,55**
	28	9,25 93	9,26 66	10,73 34	9,99 27	32	
	29	9,26 00	9,26 73	10,73 27	9,99 27	31	
10,50	30	9,26 06	9,26 80	10,73 20	9,99 27	30	**79,50**
Grad	Min.	lg cos	lg cot	lg tan	lg sin	Min.	Grad

10° 30' → 11° 0'   79° 30' → 79° 0'

Grad	Min.	lg sin	lg tan	lg cot	lg cos	Min.	Grad
10,50	30	9,26 06	9,26 80	10,73 20	9,99 27	30	79,50
	31	9,26 13	9,26 87	10,73 13	9,99 26	29	
	32	9,26 20	9,26 94	10,73 06	9,99 26	28	
10,55	33	9,26 27	9,27 01	10,72 99	9,99 26	27	79,45
	34	9,26 34	9,27 08	10,72 92	9,99 26	26	
	35	9,26 40	9,27 15	10,72 85	9,99 25	25	
10,60	36	9,26 47	9,27 22	10,72 78	9,99 25	24	79,40
	37	9,26 54	9,27 29	10,72 71	9,99 25	23	
	38	9,26 61	9,27 36	10,72 64	9,99 25	22	
10,65	39	9,26 67	9,27 43	10,72 57	9,99 25	21	79,35
	40	9,26 74	9,27 50	10,72 50	9,99 24	20	
	41	9,26 81	9,27 57	10,72 43	9,99 24	19	
10,70	42	9,26 87	9,27 64	10,72 36	9,99 24	18	79,30
	43	9,26 94	9,27 70	10,72 30	9,99 24	17	
	44	9,27 01	9,27 77	10,72 23	9,99 23	16	
10,75	45	9,27 07	9,27 84	10,72 16	9,99 23	15	79,25
	46	9,27 14	9,27 91	10,72 09	9,99 23	14	
	47	9,27 21	9,27 98	10,72 02	9,99 23	13	
10,80	48	9,27 27	9,28 05	10,71 95	9,99 22	12	79,20
	49	9,27 34	9,28 12	10,71 88	9,99 22	11	
	50	9,27 40	9,28 19	10,71 81	9,99 22	10	
10,85	51	9,27 47	9,28 25	10,71 75	9,99 22	9	79,15
	52	9,27 54	9,28 32	10,71 68	9,99 21	8	
	53	9,27 60	9,28 39	10,71 61	9,99 21	7	
10,90	54	9,27 67	9,28 46	10,71 54	9,99 21	6	79,10
	55	9,27 73	9,28 53	10,71 47	9,99 21	5	
	56	9,27 80	9,28 59	10,71 41	9,99 20	4	
10,95	57	9,27 86	9,28 66	10,71 34	9,99 20	3	79,05
	58	9,27 93	9,28 73	10,71 27	9,99 20	2	
	59	9,27 99	9,28 80	10,71 20	9,99 20	1	
11,00	0	9,28 06	9,28 87	10,71 13	9,99 19	0	79,00
Grad	Min.	lg cos	lg cot	lg tan	lg sin	Min.	Grad

11° 0′ → 11° 30′ **79° 0′ → 78° 30′**

Grad	Min.	lg sin	lg tan	lg cot	lg cos	Min.	Grad
11,00	0	9,28 06	9,28 87	10,71 13	9,99 19	0	79,00
	1	9,28 12	9,28 93	10,71 07	9,99 19	59	
	2	9,28 19	9,29 00	10,71 00	9,99 19	58	
11,05	3	9,28 25	9,29 07	10,70 93	9,99 19	57	78,95
	4	9,28 32	9,29 13	10,70 87	9,99 18	56	
	5	9,28 38	9,29 20	10.70 80	9,99 18	55	
11,10	6	9,28 45	9,29 27	10 70 73	9,99 18	54	78,90
	7	9,28 51	9,29 33	10,70 67	9,99 18	53	
	8	9,28 58	9,29 40	10,70 60	9,99 17	52	
11,15	9	9,28 64	9,29 47	10,70 53	9,99 17	51	78,85
	10	9,28 70	9,29 53	10,70 47	9,99 17	50	
	11	9,28 77	9,29 60	10,70 40	9,99 17	49	
11,20	12	9,28 83	9,29 67	10,70 33	9,99 16	48	78,80
	13	9,28 90	9,29 73	10,70 27	9,99 16	47	
	14	9,28 96	9,29 80	10,70 20	9,99 16	46	
11,25	15	9,29 02	9,29 87	10,70 13	9,99 16	45	78,75
	16	9,29 09	9,29 93	10,70 07	9,99 15	44	
	17	9,29 15	9,30 00	10,70 00	9,99 15	43	
11,30	18	9,29 21	9,30 06	10,69 94	9,99 15	42	78,70
	19	9,29 28	9,30 13	10,69 87	9,99 15	41	
	20	9,29 34	9,30 20	10,69 80	9,99 14	40	
11,35	21	9,29 40	9,30 26	10,69 74	9,99 14	39	78,65
	22	9.29 47	9,30 33	10,69 67	9,99 14	38	
	23	9,29 53	9,30 39	10,69 61	9,99 14	37	
11,40	24	9,29 59	9,30 46	10,69 54	9,99 13	36	78,60
	25	9,29 65	9,30 52	10,69 48	9,99 13	35	
	26	9,29 72	9,30 59	10,69 41	9,99 13	34	
11,45	27	9,29 78	9,30 65	10,69 35	9,99 13	33	78,55
	28	9,29 84	9,30 72	10,69 28	9,99 12	32	
	29	9,29 90	9,30 78	10,69 22	9,99 12	31	
11,50	30	9,29 97	9,30 85	10,69 15	9,99 12	30	78,50
Grad	Min.	lg cos	lg cot	lg tan	lg sin	Min.	Grad

11° 30' → 12° 0'   78° 30' → 78° 0'

Grad	Min.	lg sin	lg tan	lg cot	lg cos	Min.	Grad
11,50	30	9,29 97	9,30 85	10,69 15	9,99 12	30	78,50
	31	9,30 03	9,30 91	10,69 09	9,99 12	29	
	32	9,30 09	9,30 98	10,69 02	9,99 11	28	
11,55	33	9,30 15	9,31 04	10,68 96	9,99 11	27	78,45
	34	9,30 21	9,31 10	10,68 90	9,99 11	26	
	35	9,30 27	9,31 17	10,68 83	9,99 11	25	
11,60	36	9,30 34	9,31 23	10,68 77	9,99 10	24	78,40
	37	9,30 40	9,31 30	10,68 70	9,99 10	23	
	38	9,30 46	9,31 36	10,68 64	9,99 10	22	
11,65	39	9,30 52	9,31 42	10,68 58	9,99 10	21	78,35
	40	9,30 58	9,31 49	10,68 51	9,99 09	20	
	41	9,30 64	9,31 55	10,68 45	9,99 09	19	
11,70	42	9,30 70	9,31 62	10,68 38	9,99 09	18	78,30
	43	9,30 77	9,31 68	10,68 32	9,99 09	17	
	44	9,30 83	9,31 74	10,68 26	9,99 08	16	
11,75	45	9,30 89	9,31 81	10,68 19	9,99 08	15	78,25
	46	9,30 95	9,31 87	10,68 13	9,99 08	14	
	47	9,31 01	9,31 93	10,68 07	9,99 08	13	
11,80	48	9,31 07	9,32 00	10,68 00	9,99 07	12	78,20
	49	9,31 13	9,32 06	10,67 94	9,99 07	11	
	50	9,31 19	9,32 12	10,67 88	9,99 07	10	
11,85	51	9,31 25	9,32 19	10,67 81	9,99 06	9	78,15
	52	9,31 31	9,32 25	10,67 75	9,99 06	8	
	53	9,31 37	9,32 31	10,67 69	9,99 06	7	
11,90	54	9,31 43	9,32 37	10,67 63	9,99 06	6	78,10
	55	9,31 49	9,32 44	10,67 56	9,99 05	5	
	56	9,31 55	9,32 50	10,67 50	9,99 05	4	
11,95	57	9,31 61	9,32 56	10,67 44	9,99 05	3	78,05
	58	9,31 67	9,32 62	10,67 38	9,99 05	2	
	59	9,31 73	9,32 69	10,67 31	9,99 04	1	
12,00	0	9,31 79	9,32 75	10,67 25	9,99 04	0	78,00
Grad	Min.	lg cos	lg cot	lg tan	lg sin	Min.	Grad

12° 0' → 12° 30'   78° 0' → 77° 30'

Grad	Min.	lg sin	lg tan	lg cot	lg cos	Min.	Grad
12,00	0	9,31 79	9,32 75	10,67 25	9,99 04	0	78,00
	1	9,31 85	9,32 81	10,67 19	9,99 04	59	
	2	9,31 91	9,32 87	10,67 13	9,99 04	58	
12,05	3	9,31 97	9,32 93	10,67 07	9,99 03	57	77,95
	4	9,32 02	9,33 00	10,67 00	9,99 03	56	
	5	9,32 08	9,33 06	10,66 94	9,99 03	55	
12,10	6	9,32 14	9,33 12	10,66 88	9,99 02	54	77,90
	7	9,32 20	9,33 18	10,66 82	9,99 02	53	
	8	9,32 26	9,33 24	10,66 76	9,99 02	52	
12,15	9	9,32 32	9,33 30	10,66 70	9,99 02	51	77,85
	10	9,32 38	9,33 36	10,66 64	9,99 01	50	
	11	9,32 44	9,33 43	10,66 57	9,99 01	49	
12,20	12	9,32 50	9,33 49	10,66 51	9,99 01	48	77,80
	13	9,32 55	9,33 55	10,66 45	9,99 01	47	
	14	9,32 61	9,33 61	10,66 39	9,99 00	46	
12,25	15	9,32 67	9,33 67	10,66 33	9,99 00	45	77,75
	16	9,32 73	9,33 73	10,66 27	9,99 00	44	
	17	9,32 79	9,33 79	10,66 21	9,98 99	43	
12,30	18	9,32 84	9,33 85	10,66 15	9,98 99	42	77,70
	19	9,32 90	9,33 91	10,66 09	9,98 99	41	
	20	9,32 96	9,33 97	10,66 03	9,98 99	40	
12,35	21	9,33 02	9,34 03	10,65 97	9,98 98	39	77,65
	22	9,33 08	9,34 09	10,65 91	9,98 98	38	
	23	9,33 13	9,34 16	10,65 84	9,98 98	37	
12,40	24	9,33 19	9,34 22	10,65 78	9,98 97	36	77,60
	25	9,33 25	9,34 28	10,65 72	9,98 97	35	
	26	9,33 31	9,34 34	10,65 66	9,98 97	34	
12,45	27	9,33 36	9,34 40	10,65 60	9,98 97	33	77,55
	28	9,33 42	9,34 46	10,65 54	9,98 96	32	
	29	9,33 48	9,34 52	10,65 48	9,98 96	31	
12,50	30	9,33 53	9,34 58	10,65 42	9,98 96	30	77,50
Grad	Min.	lg cos	lg cot	lg tan	lg sin	Min.	Grad

12° 30' → 13° 0' 77° 30' → 77° 0'

Grad	Min.	lg sin	lg tan	lg cot	lg cos	Min.	Grad
12,50	30	9,33 53	9,34 58	10,65 42	9,98 96	30	77,50
	31	9,33 59	9,34 64	10,65 36	9,98 96	29	
	32	9,33 65	9,34 69	10,65 31	9,98 95	28	
12,55	33	9,33 70	9,34 75	10,65 25	9,98 95	27	77,45
	34	9,33 76	9,34 81	10,65 19	9,98 95	26	
	35	9,33 82	9,34 87	10,65 13	9,98 94	25	
12,60	36	9,33 87	9,34 93	10,65 07	9,98 94	24	77,40
	37	9,33 93	9,34 99	10,65 01	9,98 94	23	
	38	9,33 99	9,35 05	10,64 95	9,98 94	22	
12,65	39	9,34 04	9,35 11	10,64 89	9,98 93	21	77,35
	40	9,34 10	9,35 17	10,64 83	9,98 93	20	
	41	9,34 16	9,35 23	10,64 77	9,98 93	19	
12,70	42	9,34 21	9,35 29	10,64 71	9,98 92	18	77,30
	43	9,34 27	9,35 35	10,64 65	9,98 92	17	
	44	9,34 32	9,35 41	10,64 59	9,98 92	16	
12,75	45	9,34 38	9,35 46	10,64 54	9,98 92	15	77,25
	46	9,34 44	9,35 52	10,64 48	9,98 91	14	
	47	9,34 49	9,35 58	10,64 42	9,98 91	13	
12,80	48	9,34 55	9,35 64	10,64 36	9,98 91	12	77,20
	49	9,34 60	9,35 70	10,64 30	9,98 90	11	
	50	9,34 66	9,35 76	10,64 24	9,98 90	10	
12,85	51	9,34 71	9,35 81	10,64 19	9,98 90	9	77,15
	52	9,34 77	9,35 87	10,64 13	9,98 90	8	
	53	9,34 82	9,35 93	10,64 07	9,98 89	7	
12,90	54	9,34 88	9,35 99	10,64 01	9,98 89	6	77,10
	55	9,34 93	9,36 05	10,63 95	9,98 89	5	
	56	9,34 99	9,36 11	10,63 89	9,98 88	4	
12,95	57	9,35 04	9,36 16	10,63 84	9,98 88	3	77,05
	58	9,35 10	9,36 22	10,63 78	9,98 88	2	
	59	9,35 15	9,36 28	10,63 72	9,98 88	1	
13,00	0	9,35 21	9,36 34	10,63 66	9,98 87	0	77,00
Grad	Min.	lg cos	lg cot	lg tan	lg sin	Min.	Grad

13° 0′ → 13° 30′   77° 0′ → 76° 30′

Grad	Min.	lg sin	lg tan	lg cot	lg cos	Min.	Grad
13,00	0	9,35 21	9,36 34	10,63 66	9,98 87	0	77,00
	1	9,35 26	9,36 39	10,63 61	9,98 87	59	
	2	9,35 32	9,36 45	10,63 55	9,98 87	58	
13,05	3	9,35 37	9,36 51	10,63 49	9,98 86	57	76,95
	4	9,35 43	9,36 57	10,63 43	9,98 86	56	
	5	9,35 48	9,36 62	10,63 38	9,98 86	55	
13,10	6	9,35 54	9,36 68	10,63 32	9,98 85	54	76,90
	7	9,35 59	9,36 74	10,63 26	9,98 85	53	
	8	9,35 64	9,36 80	10,63 20	9,98 85	52	
13,15	9	9,35 70	9,36 85	10,63 15	9,98 85	51	76,85
	10	9,35 75	9,36 91	10,63 09	9,98 84	50	
	11	9,35 81	9,36 97	10,63 03	9,98 84	49	
13,20	12	9,35 86	9,37 02	10,62 98	9,98 84	48	76,80
	13	9,35 91	9,37 08	10,62 92	9,98 83	47	
	14	9,35 97	9,37 14	10,62 86	9,98 83	46	
13,25	15	9,36 02	9,37 19	10,62 81	9,98 83	45	76,75
	16	9,36 08	9,37 25	10,62 75	9,98 83	44	
	17	9,36 13	9,37 31	10,62 69	9,98 82	43	
13,30	18	9,36 18	9,37 36	10,62 64	9,98 82	42	76,70
	19	9,36 24	9,37 42	10,62 58	9,98 82	41	
	20	9,36 29	9,37 48	10,62 52	9,98 81	40	
13,35	21	9,36 34	9,37 53	10,62 47	9,98 81	39	76,65
	22	9,36 40	9,37 59	10,62 41	9,98 81	38	
	23	9,36 45	9,37 64	10,62 36	9,98 80	37	
13,40	24	9,36 50	9,37 70	10,62 30	9,98 80	36	76,60
	25	9,36 55	9,37 76	10,62 24	9,98 80	35	
	26	9,36 61	9,37 81	10,62 19	9,98 80	34	
13,45	27	9,36 66	9,37 87	10,62 13	9,98 79	33	76,55
	28	9,36 71	9,37 92	10,62 08	9,98 79	32	
	29	9,36 77	9,37 98	10,62 02	9,98 79	31	
13,50	30	9,36 82	9,38 04	10,61 96	9,98 78	30	76,50
Grad	Min.	lg cos	lg cot	lg tan	lg sin	Min.	Grad

13° 30′ → 14° 0′   76° 30′ → 76° 0′

Grad	Min.	lg sin	lg tan	lg cot	lg cos	Min.	Grad
13,50	30	9,36 82	9,38 04	10,61 96	9,98 78	30	**76,50**
	31	9,36 87	9,38 09	10,61 91	9,98 78	29	
	32	9,36 92	9,38 15	10,61 85	9,98 78	28	
13,55	33	9,36 98	9,38 20	10,61 80	9,98 77	27	**76,45**
	34	9,37 03	9,38 26	10,61 74	9,98 77	26	
	35	9,37 08	9,38 31	10,61 69	9,98 77	25	
13,60	36	9,37 13	9,38 37	10,61 63	9,98 76	24	**76,40**
	37	9,37 19	9,38 42	10,61 58	9,98 76	23	
	38	9,37 24	9,38 48	10,61 52	9,98 76	22	
13,65	39	9,37 29	9,38 53	10,61 47	9,98 76	21	**76,35**
	40	9,37 34	9,38 59	10,61 41	9,98 75	20	
	41	9,37 39	9,38 64	10,61 36	9,98 75	19	
13,70	42	9,37 45	9,38 70	10,61 30	9,98 75	18	**76,30**
	43	9,37 50	9,38 75	10,61 25	9,98 74	17	
	44	9,37 55	9,38 81	10,61 19	9,98 74	16	
13,75	45	9,37 60	9,38 86	10,61 14	9,98 74	15	**76,25**
	46	9,37 65	9,38 92	10,61 08	9,98 73	14	
	47	9,37 70	9,38 97	10,61 03	9,98 73	13	
13,80	48	9,37 75	9,39 03	10,60 97	9,98 73	12	**76,20**
	49	9,37 81	9,39 08	10,60 92	9,98 72	11	
	50	9,37 86	9,39 14	10,60 86	9,98 72	10	
13,85	51	9,37 91	9,39 19	10,60 81	9,98 72	9	**76,15**
	52	9,37 96	9,39 24	10,60 76	9,98 72	8	
	53	9,38 01	9,39 30	10,60 70	9,98 71	7	
13,90	54	9,38 06	9,39 35	10,60 65	9,98 71	6	**76,10**
	55	9,38 11	9,39 41	10,60 59	9,98 71	5	
	56	9,38 16	9,39 46	10,60 54	9,98 70	4	
13,95	57	9,38 22	9,39 52	10,60 48	9,98 70	3	**76,05**
	58	9,38 27	9,39 57	10,60 43	9,98 70	2	
	59	9,38 32	9,39 62	10,60 38	9,98 69	1	
14,00	0	9,38 37	9,39 68	10,60 32	9,98 69	0	**76,00**
Grad	Min.	lg cos	lg cot	lg tan	lg sin	Min.	Grad

14° 0′ → 14° 30′   76° 0′ → 75° 30′

Grad	Min.	lg sin	lg tan	lg cot	lg cos	Min.	Grad
14,00	0	9,38 37	9,39 68	10,60 32	9,98 69	0	**76,00**
	1	9,38 42	9,39 73	10,60 27	9,98 69	59	
	2	9,38 47	9,39 78	10,60 22	9,98 68	58	
14,05	3	9,38 52	9,39 84	10,60 16	9,98 68	57	**75,95**
	4	9,38 57	9,39 89	10,60 11	9,98 68	56	
	5	9,38 62	9,39 95	10,60 05	9,98 67	55	
14,10	6	9,38 67	9,40 00	10,60 00	9,98 67	54	**75,90**
	7	9,38 72	9,40 05	10,59 95	9,98 67	53	
	8	9,38 77	9,40 11	10,59 89	9,98 67	52	
14,15	9	9,38 82	9,40 16	10,59 84	9,98 66	51	**75,85**
	10	9,38 87	9,40 21	10,59 79	9,98 66	50	
	11	9,38 92	9,40 27	10,59 73	9,98 66	49	
14,20	12	9,38 97	9,40 32	10,59 68	9,98 65	48	**75,80**
	13	9,39 02	9,40 37	10,59 63	9,98 65	47	
	14	9,39 07	9,40 42	10,59 58	9,98 65	46	
14,25	15	9,39 12	9,40 48	10,59 52	9,98 64	45	**75,75**
	16	9,39 17	9,40 53	10,59 47	9,98 64	44	
	17	9,39 22	9,40 58	10,59 42	9,98 64	43	
14,30	18	9,39 27	9,40 64	10,59 36	9,98 63	42	**75,70**
	19	9,39 32	9,40 69	10,59 31	9,98 63	41	
	20	9,39 37	9,40 74	10,59 26	9,98 63	40	
14,35	21	9,39 42	9,40 79	10,59 21	9,98 62	39	**75,65**
	22	9,39 47	9,40 85	10,59 15	9,98 62	38	
	23	9,39 52	9,40 90	10,59 10	9,98 62	37	
14,40	24	9,39 57	9,40 95	10,59 05	9,98 61	36	**75,60**
	25	9,39 61	9,41 00	10,59 00	9,98 61	35	
	26	9,39 66	9,41 06	10,58 94	9,98 61	34	
14,45	27	9,39 71	9,41 11	10,58 89	9,98 60	33	**75,55**
	28	9,39 76	9,41 16	10,58 84	9,98 60	32	
	29	9,39 81	9,41 21	10,58 79	9,98 60	31	
14,50	30	9,39 86	9,41 27	10,58 73	9,98 59	30	**75,50**
Grad	Min.	lg cos	lg cot	lg tan	lg sin	Min.	Grad

14° 30' → 15° 0'   75° 30' → 75° 0'

Grad	Min.	lg sin	lg tan	lg cot	lg cos	Min.	Grad
14,50	30	9,39 86	9,41 27	10,58 73	9,98 59	30	75,50
	31	9,39 91	9,41 32	10,58 68	9,98 59	29	
	32	9,39 96	9,41 37	10,58 63	9,98 59	28	
14,55	33	9,40 01	9,41 42	10,58 58	9,98 58	27	75,45
	34	9,40 05	9,41 47	10,58 53	9,98 58	26	
	35	9,40 10	9,41 53	10,58 47	9,98 58	25	
14,60	36	9,40 15	9,41 58	10,58 42	9,98 57	24	75,40
	37	9,40 20	9,41 63	10,58 37	9,98 57	23	
	38	9,40 25	9,41 68	10,58 32	9,98 57	22	
14,65	39	9,40 30	9,41 73	10,58 27	9,98 56	21	75,35
	40	9,40 35	9,41 78	10,58 22	9,98 56	20	
	41	9,40 39	9,41 84	10,58 16	9,98 56	19	
14,70	42	9,40 44	9,41 89	10,58 11	9,98 55	18	75,30
	43	9,40 49	9,41 94	10,58 06	9,98 55	17	
	44	9,40 54	9,41 99	10,58 01	9,98 55	16	
14,75	45	9,40 59	9,42 04	10,57 96	9,98 54	15	75,25
	46	9,40 63	9,42 09	10,57 91	9,98 54	14	
	47	9,40 68	9,42 14	10,57 86	9,98 54	13	
14,80	48	9,40 73	9,42 20	10,57 80	9,98 53	12	75,20
	49	9,40 78	9,42 25	10,57 75	9,98 53	11	
	50	9,40 83	9,42 30	10,57 70	9,98 53	10	
14,85	51	9,40 87	9,42 35	10,57 65	9,98 52	9	75,15
	52	9,40 92	9,42 40	10,57 60	9,98 52	8	
	53	9,40 97	9,42 45	10,57 55	9,98 52	7	
14,90	54	9,41 02	9,42 50	10,57 50	9,98 51	6	75,10
	55	9,41 06	9,42 55	10,57 45	9,98 51	5	
	56	9,41 11	9,42 60	10,57 40	9,98 51	4	
14,95	57	9,41 16	9,42 65	10,57 35	9,98 50	3	75,05
	58	9,41 21	9,42 70	10,57 30	9,98 50	2	
	59	9,41 25	9,42 75	10,57 25	9,98 50	1	
15,00	0	9,41 30	9,42 81	10,57 19	9,98 49	0	75,00
Grad	Min.	lg cos	lg cot	lg tan	lg sin	Min.	Grad

15° 0' → 15° 30' 75° 0' → 74° 30'

Grad	Min.	lg sin	lg tan	lg cot	lg cos	Min.	Grad
15,00	0	9,41 30	9,42 81	10,57 19	9,98 49	0	**75,00**
	1	9,41 35	9,42 86	10,57 14	9,98 49	59	
	2	9,41 39	9,42 91	10,57 09	9,98 49	58	
15,05	3	9,41 44	9,42 96	10,57 04	9,98 48	57	**74,95**
	4	9,41 49	9,43 01	10,56 99	9,98 48	56	
	5	9,41 53	9,43 06	10,56 94	9,98 48	55	
15,10	6	9,41 58	9,43 11	10,56 89	9,98 47	54	**74,90**
	7	9,41 63	9,43 16	10,56 84	9,98 47	53	
	8	9,41 68	9,43 21	10,56 79	9,98 47	52	
15,15	9	9,41 72	9,43 26	10,56 74	9,98 46	51	**74,85**
	10	9,41 77	9,43 31	10,56 69	9,98 46	50	
	11	9,41 81	9,43 36	10,56 64	9,98 46	49	
15,20	12	9,41 86	9,43 41	10,56 59	9,98 45	48	**74,80**
	13	9,41 91	9,43 46	10,56 54	9,98 45	47	
	14	9,41 95	9,43 51	10,56 49	9,98 45	46	
15,25	15	9,42 00	9,43 56	10,56 44	9,98 44	45	**74,75**
	16	9,42 05	9,43 61	10 56 39	9,98 44	44	
	17	9,42 09	9,43 66	10,56 34	9,98 44	43	
15,30	18	9,42 14	9,43 71	10,56 29	9,98 43	42	**74,70**
	19	9,42 19	9,43 76	10,56 24	9,98 43	41	
	20	9,42 23	9,43 81	10,56 19	9,98 43	40	
15,35	21	9,42 28	9,43 86	10,56 14	9,98 42	39	**74,65**
	22	9,42 32	9,43 90	10,56 10	9,98 42	38	
	23	9,42 37	9,43 95	10,56 05	9,98 42	37	
15,40	24	9,42 42	9,44 00	10,56 00	9,98 41	36	**74,60**
	25	9,42 46	9,44 05	10,55 95	9,98 41	35	
	26	9,42 51	9,44 10	10,55 90	9,98 41	34	
15,45	27	9,42 55	9,44 15	10,55 85	9,98 40	33	**74,55**
	28	9,42 60	9,44 20	10,55 80	9,98 40	32	
	29	9,42 64	9,44 25	10,55 75	9,98 39	31	
15,50	30	9,42 69	9,44 30	10,55 70	9,98 39	30	**74,50**
Grad	Min.	lg cos	lg cot	lg tan	lg sin	Min.	Grad

15° 30′ → 16° 0′   74° 30′ → 74° 0′

Grad	Min.	lg sin	lg tan	lg cot	lg cos	Min.	Grad
15,50	30	9,42 69	9,44 30	10,55 70	9,98 39	30	74,50
	31	9,42 74	9,44 35	10,55 65	9,98 39	29	
	32	9,42 78	9,44 40	10,55 60	9,98 38	28	
15,55	33	9,42 83	9,44 45	10,55 55	9,98 38	27	74,45
	34	9,42 87	9,44 49	10,55 51	9,98 38	26	
	35	9,42 92	9,44 54	10,55 46	9,98 37	25	
15,60	36	9,42 96	9,44 59	10,55 41	9,98 37	24	74,40
	37	9,43 01	9,44 64	10,55 36	9,98 37	23	
	38	9,43 05	9,44 69	10,55 31	9,98 36	22	
15,65	39	9,43 10	9,44 74	10,55 26	9,98 36	21	74,35
	40	9,43 14	9,44 79	10,55 21	9,98 36	20	
	41	9,43 19	9,44 84	10,55 16	9,98 35	19	
15,70	42	9,43 23	9,44 88	10,55 12	9,98 35	18	74,30
	43	9,43 28	9,44 93	10,55 07	9,98 35	17	
	44	9,43 32	9,44 98	10,55 02	9,98 34	16	
15,75	45	9,43 37	9 45 03	10,54 97	9,98 34	15	74,25
	46	9,43 41	9,45 08	10,54 92	9,98 33	14	
	47	9,43 46	9,45 13	10,54 87	9,98 33	13	
15,80	48	9,43 50	9,45 17	10,54 83	9,98 33	12	74,20
	49	9,43 55	9,45 22	10,54 78	9,98 32	11	
	50	9,43 59	9,45 27	10,54 73	9,98 32	10	
15,85	51	9,43 64	9,45 32	10,54 68	9,98 32	9	74,15
	52	9,43 68	9,45 37	10,54 63	9,98 31	8	
	53	9,43 72	9,45 41	10,54 59	9,98 31	7	
15,90	54	9,43 77	9,45 46	10,54 54	9,98 31	6	74,10
	55	9,43 81	9,45 51	10,54 49	9,98 30	5	
	56	9,43 86	9,45 56	10,54 44	9,98 30	4	
15,95	57	9,43 90	9,45 61	10,54 39	9,98 30	3	74,05
	58	9,43 95	9,45 65	10,54 35	9,98 29	2	
	59	9,43 99	9,45 70	10,54 30	9,98 29	1	
16,00	0	9,44 03	9,45 75	10,54 25	9,98 28	0	74,00
Grad	Min.	lg cos	lg cot	lg tan	lg sin	Min.	Grad

16° 0' → 16° 30'   74° 0' → 73° 30'

Grad	Min.	lg sin	lg tan	lg cot	lg cos	Min.	Grad
16,00	0	9,44 03	9,45 75	10,54 25	9,98 28	0	74,00
	1	9,44 08	9,45 80	10,54 20	9,98 28	59	
	2	9,44 12	9,45 84	10,54 16	9,98 28	58	
16,05	3	9,44 17	9,45 89	10,54 11	9,98 27	57	73,95
	4	9,44 21	9,45 94	10,54 06	9,98 27	56	
	5	9,44 25	9,45 99	10,54 01	9,98 27	55	
16,10	6	9,44 30	9,46 03	10,53 97	9,98 26	54	73,90
	7	9,44 34	9,46 08	10,53 92	9,98 26	53	
	8	9,44 38	9,46 13	10,53 87	9,98 26	52	
16,15	9	9,44 43	9,46 18	10,53 82	9,98 25	51	73,85
	10	9,44 47	9,46 22	10,53 78	9,98 25	50	
	11	9,44 52	9,46 27	10,53 73	9,98 24	49	
16,20	12	9,44 56	9,46 32	10,53 68	9,98 24	48	73,80
	13	9,44 60	9,46 37	10,53 63	9,98 24	47	
	14	9,44 65	9,46 41	10,53 59	9,98 23	46	
16,25	15	9,44 69	9,46 46	10,53 54	9,98 23	45	73,75
	16	9,44 73	9,46 51	10,53 49	9,98 23	44	
	17	9,44 78	9,46 55	10,53 45	9,98 22	43	
16,30	18	9,44 82	9,46 60	10,53 40	9,98 22	42	73,70
	19	9,44 86	9,46 65	10,53 35	9,98 21	41	
	20	9,44 91	9,46 69	10,53 31	9,98 21	40	
16,35	21	9,44 95	9,46 74	10,53 26	9,98 21	39	73,65
	22	9,44 99	9,46 79	10,53 21	9,98 20	38	
	23	9,45 03	9,46 83	10,53 17	9,98 20	37	
16,40	24	9,45 08	9,46 88	10,53 12	9,98 20	36	73,60
	25	9,45 12	9,46 93	10,53 07	9,98 19	35	
	26	9,45 16	9,46 97	10,53 03	9,98 19	34	
16,45	27	9,45 21	9,47 02	10,52 98	9,98 18	33	73,55
	28	9,45 25	9,47 07	10,52 93	9,98 18	32	
	29	9,45 29	9,47 11	10,52 89	9,98 18	31	
16,50	30	9,45 33	9,47 16	10,52 84	9,98 17	30	73,50
Grad	Min.	lg cos	lg cot	lg tan	lg sin	Min.	Grad

16° 30′ → 17° 0′   **73° 30′ → 73° 0′**

Grad	Min.	lg sin	lg tan	lg cot	lg cos	Min.	Grad
16,50	30	9,45 33	9,47 16	10,52 84	9,98 17	30	73,50
	31	9,45 38	9,47 21	10,52 79	9,98 17	29	
	32	9,45 42	9,47 25	10,52 75	9,98 17	28	
16,55	33	9,45 46	9,47 30	10,52 70	9,98 16	27	73,45
	34	9,45 50	9,47 35	10,52 65	9,98 16	26	
	35	9,45 55	9,47 39	10,52 61	9,98 15	25	
16,60	36	9,45 59	9,47 44	10,52 56	9,98 15	24	73,40
	37	9,45 63	9,47 48	10,52 52	9,98 15	23	
	38	9,45 67	9,47 53	10,52 47	9,98 14	22	
16,65	39	9,45 72	9,47 58	10,52 42	9,98 14	21	73,35
	40	9,45 76	9,47 62	10,52 38	9,98 14	20	
	41	9,45 80	9,47 67	10,52 33	9,98 13	19	
16,70	42	9,45 84	9,47 71	10,52 29	9,98 13	18	73,30
	43	9,45 88	9,47 76	10,52 24	9,98 12	17	
	44	9,45 93	9,47 81	10,52 19	9,98 12	16	
16,75	45	9,45 97	9,47 85	10,52 15	9,98 12	15	73,25
	46	9,46 01	9,47 90	10,52 10	9,98 11	14	
	47	9,46 05	9,47 94	10,52 06	9,98 11	13	
16,80	48	9,46 09	9,47 99	10,52 01	9,98 11	12	73,20
	49	9,46 14	9,48 03	10,51 97	9,98 10	11	
	50	9,46 18	9,48 08	10,51 92	9,98 10	10	
16,85	51	9,46 22	9,48 13	10,51 87	9,98 09	9	73,15
	52	9,46 26	9,48 17	10,51 83	9,98 09	8	
	53	9,46 30	9,48 22	10,51 78	9,98 09	7	
16,90	54	9,46 34	9,48 26	10,51 74	9,98 08	6	73,10
	55	9,46 39	9,48 31	10,51 69	9,98 08	5	
	56	9,46 43	9,48 35	10,51 65	9,98 08	4	
16,95	57	9,46 47	9,48 40	10,51 60	9,98 07	3	73,05
	58	9;46 51	9,48 44	10,51 56	9,98 07	2	
	59	9,46 55	9,48 49	10,51 51	9,98 06	1	
17,00	0	9,46 59	9,48 53	10,51 47	9,98 06	0	73,00
Grad	Min.	lg cos	lg cot	lg tan	lg sin	Min.	Grad

17° 0' → 17° 30'   73° 0' → 72° 30'

Grad	Min.	lg sin	lg tan	lg cot	lg cos	Min.	Grad
17,00	0	9,46 59	9,48 53	10,51 47	9,98 06	0	73,00
	1	9,46 63	9,48 58	10,51 42	9,98 06	59	
	2	9,46 68	9,48 62	10,51 38	9,98 05	58	
17,05	3	9,46 72	9,48 67	10,51 33	9,98 05	57	72,95
	4	9,46 76	9,48 71	10,51 29	9,98 04	56	
	5	9,46 80	9,48 76	10,51 24	9,98 04	55	
17,10	6	9,46 84	9,48 80	10,51 20	9,98 04	54	72,90
	7	9,46 88	9,48 85	10,51 15	9,98 03	53	
	8	9,46 92	9,48 89	10,51 11	9,98 03	52	
17,15	9	9,46 96	9,48 94	10,51 06	9,98 02	51	72,85
	10	9,47 00	9,48 98	10,51 02	9,98 02	50	
	11	9,47 05	9,49 03	10,50 97	9,98 02	49	
17,20	12	9,47 09	9,49 07	10,50 93	9,98 01	48	72,80
	13	9,47 13	9,49 12	10,50 88	9,98 01	47	
	14	9,47 17	9,49 16	10,50 84	9,98 01	46	
17,25	15	9,47 21	9,49 21	10,50 79	9,98 00	45	72,75
	16	9,47 25	9,49 25	10,50 75	9,98 00	44	
	17	9,47 29	9,49 30	10,50 70	9,97 99	43	
17,30	18	9,47 33	9,49 34	10,50 66	9,97 99	42	72,70
	19	9,47 37	9,49 39	10,50 61	9,97 99	41	
	20	9,47 41	9,49 43	10,50 57	9,97 98	40	
17,35	21	9,47 45	9,49 47	10,50 53	9,97 98	39	72,65
	22	9,47 49	9,49 52	10,50 48	9,97 97	38	
	23	9,47 53	9,49 56	10,50 44	9,97 97	37	
17,40	24	9,47 57	9,49 61	10,50 39	9,97 97	36	72,60
	25	9,47 61	9,49 65	10,50 35	9,97 96	35	
	26	9,47 65	9,49 70	10,50 30	9,97 96	34	
17,45	27	9,47 69	9,49 74	10,50 26	9,97 95	33	72,55
	28	9,47 73	9,49 78	10,50 22	9,97 95	32	
	29	9,47 77	9,49 83	10,50 17	9,97 95	31	
17,50	30	9,47 81	9,49 87	10,50 13	9,97 94	30	72,50
Grad	Min.	lg cos	lg cot	lg tan	lg sin	Min.	Grad

17° 30′ → 18° 0′   **72° 30′ → 72° 0′**

Grad	Min.	lg sin	lg tan	lg cot	lg cos	Min.	Grad
17,50	30	9,47 81	9,49 87	10,50 13	9,97 94	30	72,50
	31	9,47 85	9,49 92	10,50 08	9,97 94	29	
	32	9,47 89	9,49 96	10,50 04	9,97 93	28	
17,55	33	9,47 93	9,50 00	10,50 00	9,97 93	27	72,45
	34	9,47 97	9,50 05	10,49 95	9,97 93	26	
	35	9,48 01	9,50 09	10,49 91	9,97 92	25	
17,60	36	9,48 05	9,50 14	10,49 86	9,97 92	24	72,40
	37	9,48 09	9,50 18	10,49 82	9,97 91	23	
	38	9,48 13	9,50 22	10,49 78	9,97 91	22	
17,65	39	9,48 17	9,50 27	10,49 73	9,97 91	21	72,35
	40	9,48 21	9,50 31	10,49 69	9,97 90	20	
	41	9,48 25	9,50 35	10,49 65	9,97 90	19	
17,70	42	9,48 29	9,50 40	10,49 60	9,97 89	18	72,30
	43	9,48 33	9,50 44	10,49 56	9,97 89	17	
	44	9,48 37	9,50 49	10,49 51	9,97 89	16	
17,75	45	9,48 41	9,50 53	10,49 47	9,97 88	15	72,25
	46	9,48 45	9,50 57	10,49 43	9,97 88	14	
	47	9,48 49	9,50 62	10 49 38	9,97 87	13	
17,80	48	9,48 53	9,50 66	10,49 34	9,97 87	12	72,20
	49	9,48 57	9,50 70	10,49 30	9,97 87	11	
	50	9,48 61	9,50 75	10,49 25	9,97 86	10	
17,85	51	9,48 65	9,50 79	10,49 21	9,97 86	9	72,15
	52	9,48 69	9,50 83	10,49 17	9,97 85	8	
	53	9,48 73	9,50 88	10,49 12	9,97 85	7	
17,90	54	9,48 76	9,50 92	10,49 08	9,97 85	6	72,10
	55	9,48 80	9,50 96	10,49 04	9,97 84	5	
	56	9,48 84	9,51 01	10,48 99	9,97 84	4	
17,95	57	9,48 88	9,51 05	10,48 95	9,97 83	3	72,05
	58	9,48 92	9,51 09	10,48 91	9,97 83	2	
	59	9,48 96	9,51 13	10,48 87	9,97 82	1	
18,00	0	9,49 00	9,51 18	10,48 82	9,97 82	0	72,00
Grad	Min.	lg cos	lg cot	lg tan	lg sin	Min.	Grad

18° 0' → 18° 30'   72° 0' → 71° 30'

Grad	Min.	lg sin	lg tan	lg cot	lg cos	Min.	Grad
18,00	0	9,49 00	9,51 18	10,48 82	9,97 82	0	72,00
	1	9,49 04	9,51 22	10,48 78	9,97 82	59	
	2	9,49 08	9,51 26	10,48 74	9,97 81	58	
18,05	3	9,49 11	9,51 31	10,48 69	9,97 81	57	71,95
	4	9,49 15	9,51 35	10,48 65	9,97 80	56	
	5	9,49 19	9,51 39	10,48 61	9,97 80	55	
18,10	6	9,49 23	9,51 43	10,48 57	9,97 80	54	71,90
	7	9,49 27	9,51 48	10,48 52	9,97 79	53	
	8	9,49 31	9,51 52	10,48 48	9,97 79	52	
18,15	9	9,49 35	9,51 56	10,48 44	9,97 78	51	71,85
	10	9,49 39	9,51 61	10,48 39	9,97 78	50	
	11	9,49 42	9,51 65	10,48 35	9,97 78	49	
18,20	12	9,49 46	9,51 69	10,48 31	9,97 77	48	71,80
	13	9,49 50	9,51 73	10,48 27	9,97 77	47	
	14	9,49 54	9,51 78	10,48 22	9,97 76	46	
18,25	15	9,49 58	9,51 82	10,48 18	9,97 76	45	71,75
	16	9,49 62	9,51 86	10,48 14	9,97 75	44	
	17	9,49 65	9,51 90	10,48 10	9,97 75	43	
18,30	18	9,49 69	9,51 95	10,48 05	9,97 75	42	71,70
	19	9,49 73	9,51 99	10,48 01	9,97 74	41	
	20	9,49 77	9,52 03	10,47 97	9,97 74	40	
18,35	21	9,49 81	9,52 07	10,47 93	9,97 73	39	71,65
	22	9,49 84	9,52 12	10,47 88	9,97 73	38	
	23	9,49 88	9,52 16	10,47 84	9,97 73	37	
18,40	24	9,49 92	9,52 20	10,47 80	9,97 72	36	71,60
	25	9,49 96	9,52 24	10,47 76	9,97 72	35	
	26	9,50 00	9,52 28	10,47 72	9,97 71	34	
18,45	27	9,50 03	9,52 33	10,47 67	9,97 71	33	71,55
	28	9,50 07	9,52 37	10,47 63	9,97 70	32	
	29	9,50 11	9,52 41	10,47 59	9,97 70	31	
18,50	30	9,50 15	9,52 45	10,47 55	9,97 70	30	71,50
Grad	Min.	lg cos	lg cot	lg tan	lg sin	Min.	Grad

18° 30′ → 19° 0′   71° 30′ → 71° 0′

Grad	Min.	lg sin	lg tan	lg cot	lg cos	Min.	Grad
18,50	30	9,50 15	9,52 45	10,47 55	9,97 70	30	71,50
	31	9,50 19	9,52 49	10,47 51	9,97 69	29	
	32	9,50 22	9,52 54	10,47 46	9,97 69	28	
18,55	33	9,50 26	9,52 58	10,47 42	9,97 68	27	71,45
	34	9,50 30	9,52 62	10,47 38	9,97 68	26	
	35	9,50 34	9,52 66	10,47 34	9,97 67	25	
18,60	36	9,50 37	9,52 70	10,47 30	9,97 67	24	71,40
	37	9,50 41	9,52 75	10,47 25	9,97 67	23	
	38	9,50 45	9,52 79	10,47 21	9,97 66	22	
18,65	39	9,50 49	9,52 83	10,47 17	9,97 66	21	71,35
	40	9,50 52	9,52 87	10,47 13	9,97 65	20	
	41	9,50 56	9,52 91	10,47 09	9,97 65	19	
18,70	42	9,50 60	9,52 95	10,47 05	9,97 64	18	71,30
	43	9,50 64	9,53 00	10,47 00	9,97 64	17	
	44	9,50 67	9,53 04	10,46 96	9,97 64	16	
18,75	45	9,50 71	9,53 08	10,46 92	9,97 63	15	71,25
	46	9,50 75	9,53 12	10,46 88	9,97 63	14	
	47	9,50 78	9,53 16	10,46 84	9,97 62	13	
18,80	48	9,50 82	9,53 20	10,46 80	9,97 62	12	71,20
	49	9,50 86	9,53 24	10,46 76	9,97 61	11	
	50	9,50 90	9,53 29	10,46 71	9,97 61	10	
18,85	51	9,50 93	9,53 33	10,46 67	9,97 61	9	71,15
	52	9,50 97	9,53 37	10,46 63	9,97 60	8	
	53	9,51 01	9,53 41	10,46 59	9,97 60	7	
18,90	54	9,51 04	9,53 45	10,46 55	9,97 59	6	71,10
	55	9,51 08	9,53 49	10,46 51	9,97 59	5	
	56	9,51 12	9,53 53	10,46 47	9,97 58	4	
18,95	57	9,51 15	9,53 57	10,46 43	9,97 58	3	71,05
	58	9,51 19	9,53 62	10,46 38	9,97 58	2	
	59	9,51 23	9,53 66	10,46 34	9,97 57	1	
19,00	0	9,51 26	9,53 70	10,46 30	9,97 57	0	71,00
Grad	Min.	lg cos	lg cot	lg tan	lg sin	Min.	Grad

19° 0′ → 19° 30′   **71° 0′ → 70° 30′**

Grad	Min.	lg sin	lg tan	lg cot	lg cos	Min.	Grad
19,00	0	9,51 26	9,53 70	10,46 30	9,97 57	0	**71,00**
	1	9,51 30	9,53 74	10,46 26	9,97 56	59	
	2	9,51 34	9,53 78	10,46 22	9,97 56	58	
19,05	3	9,51 37	9,53 82	10,46 18	9,97 55	57	**70,95**
	4	9,51 41	9,53 86	10,46 14	9,97 55	56	
	5	9,51 45	9,53 90	10,46 10	9,97 55	55	
19,10	6	9,51 48	9,53 94	10,46 06	9,97 54	54	**70,90**
	7	9,51,52	9,53 98	10,46 02	9,97 54	53	
	8	9,51 56	9,54 02	10,45 98	9,97 53	52	
19,15	9	9,51 59	9,54 07	10,45 93	9,97 53	51	**70,85**
	10	9,51 63	9,54 11	10,45 89	9,97 52	50	
	11	9,51 67	9,54 15	10,45 85	9,97 52	49	
19,20	12	9,51 70	9,54 19	10,45 81	9,97 51	48	**70,80**
	13	9,51 74	9,54 23	10,45 77	9,97 51	47	
	14	9,51 77	9,54 27	10,45 73	9,97 51	46	
19,25	15	9,51 81	9,54 31	10,45 69	9,97 50	45	**70,75**
	16	9,51 85	9,54 35	10,45 65	9,97 50	44	
	17	9,51 88	9,54 39	10,45 61	9,97 49	43	
19,30	18	9,51 92	9,54 43	10,45 57	9,97 49	42	**70,70**
	19	9,51 96	9,54 47	10,45 53	9,97 48	41	
	20	9,51 99	9,54 51	10,45 49	9,97 48	40	
19,35	21	9,52 03	9,54 55	10,45 45	9,97 47	39	**70,65**
	22	9,52 06	9,54 59	10,45 41	9,97 47	38	
	23	9,52 10	9,54 63	10,45 37	9,97 47	37	
19,40	24	9,52 13	9,54 67	10,45 33	9,97 46	36	**70,60**
	25	9,52 17	9,54 71	10,45 29	9,97 46	35	
	26	9,52 21	9,54 75	10,45 25	9,97 45	34	
19,45	27	9,52 24	9,54 79	10,45 21	9,97 45	33	**70,55**
	28	9,52 28	9,54 83	10,45 17	9,97 44	32	
	29	9,52 31	9,54 87	10,45 13	9,97 44	31	
19,50	30	9,52 35	9,54 91	10,45 09	9,97 43	30	**70,50**
Grad	Min.	lg cos	lg cot	lg tan	lg sin	Min.	Grad

19° 30′ → 20° 0′ **70° 30′ → 70° 0′**

Grad	Min.	lg sin	lg tan	lg cot	lg cos	Min.	Grad
19,50	30	9,52 35	9,54 91	10,45 09	9,97 43	30	70,50
	31	9,52 39	9,54 96	10,45 04	9,97 43	29	
	32	9,52 42	9,55 00	10,45 00	9,97 43	28	
19,55	33	9,52 46	9,55 04	10,44 96	9,97 42	27	70,45
	34	9,52 49	9,55 08	10,44 92	9,97 42	26	
	35	9,52 53	9,55 12	10,44 88	9,97 41	25	
19,60	36	9,52 56	9,55 16	10,44 84	9,97 41	24	70,40
	37	9,52 60	9,55 20	10,44 80	9,97 40	23	
	38	9,52 63	9,55 24	10,44 76	9,97 40	22	
19,65	39	9,52 67	9,55 28	10,44 72	9,97 39	21	70,35
	40	9,52 70	9,55 31	10,44 69	9,97 39	20	
	41	9,52 74	9,55 35	10,44 65	9,97 39	19	
19,70	42	9,52 78	9,55 39	10,44 61	9,97 38	18	70,30
	43	9,52 81	9,55 43	10,44 57	9,97 38	17	
	44	9,52 85	9,55 47	10,44 53	9,97 37	16	
19,75	45	9,52 88	9,55 51	10,44 49	9,97 37	15	70,25
	46	9,52 92	9,55 55	10,44 45	9,97 36	14	
	47	9,52 95	9,55 59	10,44 41	9,97 36	13	
19,80	48	9,52 99	9,55 63	10,44 37	9,97 35	12	70,20
	49	9,53 02	9,55 67	10,44 33	9,97 35	11	
	50	9,53 06	9,55 71	10,44 29	9,97 34	10	
19,85	51	9,53 09	9,55 75	10,44 25	9,97 34	9	70,15
	52	9,53 13	9,55 79	10,44 21	9,97 34	8	
	53	9,53 16	9,55 83	10,44 17	9,97 33	7	
19,90	54	9,53 20	9,55 87	10,44 13	9,97 33	6	70,10
	55	9,53 23	9,55 91	10,44 09	9,97 32	5	
	56	9,53 27	9,55 95	10,44 05	9,97 32	4	
19,95	57	9,53 30	9,55 99	10,44 01	9,97 31	3	70,05
	58	9,53 34	9,56 03	10,43 97	9,97 31	2	
	59	9,53 37	9,56 07	10,43 93	9,97 30	1	
20,00	0	9,53 41	9,56 11	10,43 89	9,97 30	0	70,00
Grad	Min.	lg cos	lg cot	lg tan	lg sin	Min.	Grad

20° 0' → 20° 30'   70° 0' → 69° 30'

Grad	Min.	lg sin	lg tan	lg cot	lg cos	Min.	Grad
20,00	0	9,53 41	9,56 11	10,43 89	9,97 30	0	70,00
	1	9,53 44	9,56 15	10,43 85	9,97 29	59	
	2	9,53 47	9,56 19	10,43 81	9,97 29	58	
20,05	3	9,53 51	9,56 22	10,43 78	9,97 28	57	69,95
	4	9,53 54	9,56 26	10,43 74	9,97 28	56	
	5	9,53 58	9,56 30	10,43 70	9,97 28	55	
20,10	6	9,53 61	9,56 34	10,43 66	9,97 27	54	69,90
	7	9,53 65	9,56 38	10,43 62	9,97 27	53	
	8	9,53 68	9,56 42	10,43 58	9,97 26	52	
20,15	9	9,53 72	9,56 46	10,43 54	9,97 26	51	69,85
	10	9,53 75	9,56 50	10,43 50	9,97 25	50	
	11	9,53 79	9,56 54	10,43 46	9,97 25	49	
20,20	12	9,53 82	9,56 58	10,43 42	9,97 24	48	69,80
	13	9,53 85	9,56 62	10,43 38	9,97 24	47	
	14	9,53 89	9,56 65	10,43 35	9,97 23	46	
20,25	15	9,53 92	9,56 69	10,43 31	9,97 23	45	69,75
	16	9,53 96	9,56 73	10,43 27	9,97 22	44	
	17	9,53 99	9,56 77	10,43 23	9,97 22	43	
20,30	18	9,54 02	9,56 81	10,43 19	9,97 22	42	69,70
	19	9,54 06	9,56 85	10,43 15	9,97 21	41	
	20	9,54 09	9,56 89	10,43 11	9,97 21	40	
20,35	21	9,54 13	9,56 93	10,43 07	9,97 20	39	69,65
	22	9,54 16	9,56 96	10,43 04	9,97 20	38	
	23	9,54 20	9,57 00	10,43 00	9,97 19	37	
20,40	24	9,54 23	9,57 04	10,42 96	9,97 19	36	69,60
	25	9,54 26	9,57 08	10,42 92	9,97 18	35	
	26	9,54 30	9,57 12	10,42 88	9,97 18	34	
20,45	27	9,54 33	9,57 16	10,42 84	9,97 17	33	69,55
	28	9,54 36	9,57 20	10,42 80	9,97 17	32	
	29	9,54 40	9,57 24	10,42 76	9,97 16	31	
20,50	30	9,54 43	9,57 27	10,42 73	9,97 16	30	69,50
Grad	Min.	lg cos	lg cot	lg tan	lg sin	Min.	Grad

20° 30′ → 21° 0′   69° 30′ → 69° 0′

Grad	Min.	lg sin	lg tan	lg cot	lg cos	Min.	Grad
20,50	30	9,54 43	9,57 27	10,42 73	9,97 16	30	69,50
	31	9,54 47	9,57 31	10,42 69	9,97 15	29	
	32	9,54 50	9,57 35	10,42 65	9,97 15	28	
20,55	33	9,54 53	9,57 39	10,42 61	9,97 14	27	69,45
	34	9,54 57	9,57 43	10,42 57	9,97 14	26	
	35	9,54 60	9,57 47	10,42 53	9,97 14	25	
20,60	36	9,54 63	9,57 50	10,42 50	9,97 13	24	69,40
	37	9,54 67	9,57 54	10,42 46	9,97 13	23	
	38	9,54 70	9,57 58	10,42 42	9,97 12	22	
20,65	39	9,54 74	9,57 62	10,42 38	9,97 12	21	69,35
	40	9,54 77	9,57 66	10,42 34	9,97 11	20	
	41	9,54 80	9,57 70	10,42 30	9,97 11	19	
20,70	42	9,54 84	9,57 73	10,42 27	9,97 10	18	69,30
	43	9,54 87	9,57 77	10,42 23	9,97 10	17	
	44	9,54 90	9,57 81	10,42 19	9,97 09	16	
20,75	45	9,54 94	9,57 85	10,42 15	9,97 09	15	69,25
	46	9,54 97	9,57 89	10,42 11	9,97 08	14	
	47	9,55 00	9,57 92	10,42 08	9,97 08	13	
20,80	48	9,55 04	9,57 96	10,42 04	9,97 07	12	69,20
	49	9,55 07	9,58 00	10,42 00	9,97 07	11	
	50	9,55 10	9,58 04	10,41 96	9,97 06	10	
20,85	51	9,55 14	9,58 08	10,41 92	9,97 06	9	69,15
	52	9,55 17	9,58 11	10,41 89	9,97 05	8	
	53	9,55 20	9,58 15	10,41 85	9,97 05	7	
20,90	54	9,55 23	9,58 19	10,41 81	9,97 04	6	69,10
	55	9,55 27	9,58 23	10,41 77	9,97 04	5	
	56	9,55 30	9,58 27	10,41 73	9,97 03	4	
20,95	57	9,55 33	9,58 30	10,41 70	9,97 03	3	69,05
	58	9,55 37	9,58 34	10,41 66	9,97 02	2	
	59	9,55 40	9,58 38	10,41 62	9,97 02	1	
21,00	0	9,55 43	9,58 42	10,41 58	9,97 02	0	69,00
Grad	Min.	lg cos	lg cot	lg tan	lg sin	Min.	Grad

21° 0' → 21° 30'   69° 0' → 68° 30'

Grad	Min.	lg sin	lg tan	lg cot	lg cos	Min.	Grad
21,00	0	9,55 43	9,58 42	10,41 58	9,97 02	0	69,00
	1	9,55 47	9,58 46	10,41 54	9,97 01	59	
	2	9,55 50	9,58 49	10,41 51	9,97 01	58	
21,05	3	9,55 53	9,58 53	10,41 47	9,97 00	57	68,95
	4	9,55 56	9,58 57	10,41 43	9,97 00	56	
	5	9,55 60	9,58 61	10,41 39	9,96 99	55	
21,10	6	9,55 63	9,58 64	10,41 36	9,96 99	54	68,90
	7	9,55 66	9,58 68	10,41 32	9,96 98	53	
	8	9,55 70	9,58 72	10,41 28	9,96 98	52	
21,15	9	9,55 73	9,58 76	10,41 24	9,96 97	51	68,85
	10	9,55 76	9,58 79	10,41 21	9,96 97	50	
	11	9,55 79	9,58 83	10,41 17	9,96 96	49	
21,20	12	9,55 83	9,58 87	10,41 13	9,96 96	48	68,80
	13	9,55 86	9,58 91	10,41 09	9,96 95	47	
	14	9,55 89	9,58 94	10,41 06	9,96 95	46	
21,25	15	9,55 92	9,58 98	10,41 02	9,96 94	45	68,75
	16	9,55 96	9,59 02	10,40 98	9,96 94	44	
	17	9,55 99	9,59 06	10,40 94	9,96 93	43	
21,30	18	9,56 02	9,59 09	10,40 91	9,96 93	42	68,70
	19	9,56 05	9,59 13	10,40 87	9,96 92	41	
	20	9,56 09	9,59 17	10,40 83	9,96 92	40	
21,35	21	9,56 12	9,59 21	10,40 79	9,96 91	39	68,65
	22	9,56 15	9,59 24	10,40 76	9,96 91	38	
	23	9,56 18	9,59 28	10,40 72	9,96 90	37	
21,40	24	9,56 21	9,59 32	10,40 68	9,96 90	36	68,60
	25	9,56 25	9,59 35	10,40 65	9,96 89	35	
	26	9,56 28	9,59 39	10,40 61	9,96 89	34	
21,45	27	9,56 31	9,59 43	10,40 57	9,96 88	33	68,55
	28	9,56 34	9,59 47	10,40 53	9,96 88	32	
	29	9,56 38	9,59 50	10,40 50	9,96 87	31	
21,50	30	9,56 41	9,59 54	10,40 46	9,96 87	30	68,50
Grad	Min.	lg cos	lg cot	lg tan	lg sin	Min.	Grad

21° 30' → 22° 0' 68° 30' → 68° 0'

Grad	Min.	lg sin	lg tan	lg cot	lg cos	Min.	Grad
21,50	30	9,56 41	9,59 54	10,40 46	9,96 87	30	68,50
	31	9,56 44	9,59 58	10,40 42	9,96 86	29	
	32	9,56 47	9,59 61	10,40 39	9,96 86	28	
21,55	33	9,56 50	9,59 65	10,40 35	9,96 85	27	68,45
	34	9,56 54	9,59 69	10,40 31	9,96 85	26	
	35	9,56 57	9,59 72	10,40 28	9,96 84	25	
21,60	36	9,56 60	9,59 76	10,40 24	9,96 84	24	68,40
	37	9,56 63	9,59 80	10,40 20	9,96 83	23	
	38	9,56 66	9,59 84	10,40 16	9,96 83	22	
21,65	39	9,56 70	9,59 87	10,40 13	9,96 82	21	68,35
	40	9,56 73	9,59 91	10,40 09	9,96 82	20	
	41	9,56 76	9,59 95	10,40 05	9,96 81	19	
21,70	42	9,56 79	9,59 98	10,40 02	9,96 81	18	68,30
	43	9,56 82	9,60 02	10,39 98	9,96 80	17	
	44	9,56 85	9,60 06	10,39 94	9,96 80	16	
21,75	45	9,56 89	9,60 09	10,39 91	9,96 79	15	68,25
	46	9,56 92	9,60 13	10,39 87	9,96 79	14	
	47	9,56 95	9,60 17	10,39 83	9,96 78	13	
21,80	48	9,56 98	9,60 20	10,39 80	9,96 78	12	68,20
	49	9,57 01	9,60 24	10,39 76	9,96 77	11	
	50	9,57 04	9,60 28	10,39 72	9,96 77	10	
21,85	51	9,57 08	9,60 31	10,39 69	9,96 76	9	68,15
	52	9,57 11	9,60 35	10,39 65	9,96 76	8	
	53	9,57 14	9,60 39	10,39 61	9,96 75	7	
21,90	54	9,57 17	9,60 42	10,39 58	9,96 75	6	68,10
	55	9,57 20	9,60 46	10,39 54	9,96 74	5	
	56	9,57 23	9,60 50	10,39 50	9,96 74	4	
21,95	57	9,57 26	9,60 53	10,39 47	9,96 73	3	68,05
	58	9,57 29	9,60 57	10,39 43	9,96 73	2	
	59	9,57 33	9,60 60	10,39 40	9,96 72	1	
22,00	0	9,57 36	9,60 64	10,39 36	9,96 72	0	68,00
Grad	Min.	lg cos	lg cot	lg tan	lg sin	Min.	Grad

22° 0' → 22° 30'   68° 0' → 67° 30'

Grad	Min.	lg sin	lg tan	lg cot	lg cos	Min.	Grad
22,00	0	9,57 36	9,60 64	10,39 36	9,96 72	0	68,00
	1	9,57 39	9,60 68	10,39 32	9,96 71	59	
	2	9,57 42	9,60 71	10,39 29	9,96 71	58	
22,05	3	9,57 45	9,60 75	10,39 25	9,96 70	57	67,95
	4	9,57 48	9,60 79	10,39 21	9,96 70	56	
	5	9,57 51	9,60 82	10,39 18	9,96 69	55	
22,10	6	9,57 54	9,60 86	10,39 14	9,96 69	54	67,90
	7	9,57 58	9,60 90	10,39 10	9,96 68	53	
	8	9,57 61	9,60 93	10,39 07	9,96 68	52	
22,15	9	9,57 64	9,60 97	10,39 03	9,96 67	51	67,85
	10	9,57 67	9,61 00	10,39 00	9,96 67	50	
	11	9,57 70	9,61 04	10,38 96	9,96 66	49	
22,20	12	9,57 73	9,61 08	10,38 92	9,96 66	48	67,80
	13	9,57 76	9,61 11	10,38 89	9,96 65	47	
	14	9,57 79	9,61 15	10,38 85	9,96 64	46	
22,25	15	9,57 82	9,61 18	10,38 82	9,96 64	45	67,75
	16	9,57 85	9,61 22	10,38 78	9,96 63	44	
	17	9,57 89	9,61 26	10,38 74	9,96 63	43	
22,30	18	9,57 92	9,61 29	10,38 71	9,96 62	42	67,70
	19	9,57 95	9,61 33	10,38 67	9,96 62	41	
	20	9,57 98	9,61 36	10,38 64	9,96 61	40	
22,35	21	9,58 01	9,61 40	10,38 60	9,96 61	39	67,65
	22	9,58 04	9,61 44	10,38 56	9,96 60	38	
	23	9,58 07	9,61 47	10,38 53	9,96 60	37	
22,40	24	9,58 10	9,61 51	10,38 49	9,96 59	36	67,60
	25	9,58 13	9,61 54	10,38 46	9,96 59	35	
	26	9,58 16	9,61 58	10,38 42	9,96 58	34	
22,45	27	9,58 19	9,61 62	10,38 38	9,96 58	33	67,55
	28	9,58 22	9,61 65	10,38 35	9,96 57	32	
	29	9,58 25	9,61 69	10,38 31	9,96 57	31	
22,50	30	9,58 28	9,61 72	10,38 28	9,96 56	30	67,50
Grad	Min.	lg cos	lg cot	lg tan	lg sin	Min.	Grad

22° 30′ → 23° 0′ 67° 30′ → 67° 0′

Grad	Min.	lg sin	lg tan	lg cot	lg cos	Min.	Grad
22,50	30	9,58 28	9,61 72	10,38 28	9,96 56	30	67,50
	31	9,58 31	9,61 76	10,38 24	9,96 56	29	
	32	9,58 34	9,61 79	10,38 21	9,96 55	28	
22,55	33	9,58 38	9,61 83	10,38 17	9,96 55	27	67,45
	34	9,58 41	9,61 87	10,38 13	9,96 54	26	
	35	9,58 44	9,61 90	10,38 10	9,96 54	25	
22,60	36	9,58 47	9,61 94	10,38 06	9,96 53	24	67,40
	37	9,58 50	9,61 97	10,38 03	9,96 52	23	
	38	9,58 53	9,62 01	10,37 99	9,96 52	22	
22,65	39	9,58 56	9,62 04	10,37 96	9,96 51	21	67,35
	40	9,58 59	9,62 08	10,37 92	9,96 51	20	
	41	9,58 62	9,62 11	10,37 89	9,96 50	19	
22,70	42	9,58 65	9,62 15	10,37 85	9,96 50	18	67,30
	43	9,58 68	9,62 19	10,37 81	9,96 49	17	
	44	9,58 71	9,62 22	10,37 78	9,96 49	16	
22,75	45	9,58 74	9,62 26	10,37 74	9,96 48	15	67,25
	46	9,58 77	9,62 29	10,37 71	9,96 48	14	
	47	9,58 80	9,62 33	10,37 67	9,96 47	13	
22,80	48	9,58 83	9,62 36	10,37 64	9,96 47	12	67,20
	49	9,58 86	9,62 40	10,37 60	9,96 46	11	
	50	9,58 89	9,62 43	10,37 57	9,96 46	10	
22,85	51	9,58 92	9,62 47	10,37 53	9,96 45	9	67,15
	52	9,58 95	9,62 50	10,37 50	9,96 45	8	
	53	9,58 98	9,62 54	10,37 46	9,96 44	7	
22,90	54	9,59 01	9,62 57	10,37 43	9,96 43	6	67,10
	55	9,59 04	9,62 61	10,37 39	9,96 43	5	
	56	9,59 07	9,62 64	10,37 36	9,96 42	4	
22,95	57	9,59 10	9,62 68	10,37 32	9,96 42	3	67,05
	58	9,59 13	9,62 71	10,37 29	9,96 41	2	
	59	9,59 16	9,62 75	10,37 25	9,96 41	1	
23,00	0	9,59 19	9,62 79	10,37 21	9,96 40	0	67,00
Grad	Min.	lg cos	lg cot	lg tan	lg sin	Min.	Grad

23° 0' → 23° 30'   67° 0' → 66° 30'

Grad	Min.	lg sin	lg tan	lg cot	lg cos	Min.	Grad
23,00	0	9,59 19	9,62 79	10,37 21	9,96 40	0	67,00
	1	9,59 22	9,62 82	10,37 18	9,96 40	59	
	2	9,59 25	9,62 86	10,37 14	9,96 39	58	
23,05	3	9,59 28	9,62 89	10,37 11	9,96 39	57	66,95
	4	9,59 31	9,62 93	10,37 07	9,96 38	56	
	5	9,59 34	9,62 96	10,37 04	9,96 38	55	
23,10	6	9,59 37	9,63 00	10,37 00	9,96 37	54	66,90
	7	9,59 40	9,63 03	10,36 97	9,96 36	53	
	8	9,59 43	9,63 07	10,36 93	9,96 36	52	
23,15	9	9,59 45	9,63 10	10,36 90	9,96 35	51	66,85
	10	9,59 48	9,63 14	10,36 86	9,96 35	50	
	11	9,59 51	9,63 17	10,36 83	9,96 34	49	
23,20	12	9,59 54	9,63 21	10,36 79	9,96 34	48	66,80
	13	9,59 57	9,63 24	10,36 76	9,96 33	47	
	14	9,59 60	9,63 28	10,36 72	9,96 33	46	
23,25	15	9,59 63	9,63 31	10,36 69	9,96 32	45	66,75
	16	9,59 66	9,63 34	10,36 66	9,96 32	44	
	17	9,59 69	9,63 38	10,36 62	9,96 31	43	
23,30	18	9,59 72	9,63 41	10,36 59	9,96 31	42	66,70
	19	9,59 75	9,63 45	10,36 55	9,96 30	41	
	20	9,59 78	9,63 48	10,36 52	9,96 29	40	
23,35	21	9,59 81	9,63 52	10,36 48	9,96 29	39	66,65
	22	9,59 84	9,63 55	10,36 45	9,96 28	38	
	23	9,59 87	9,63 59	10,36 41	9,96 28	37	
23,40	24	9,59 90	9,63 62	10,36 38	9,96 27	36	66,60
	25	9,59 92	9,63 66	10,36 34	9,96 27	35	
	26	9,59 95	9,63 69	10,36 31	9,96 26	34	
23,45	27	9,59 98	9,63 73	10,36 27	9,96 26	33	66,55
	28	9,60 01	9,63 76	10,36 24	9,96 25	32	
	29	9,60 04	9,63 80	10,36 20	9,96 25	31	
23,50	30	9,60 07	9,63 83	10,36 17	9,96 24	30	66,50
Grad	Min.	lg cos	lg cot	lg tan	lg sin	Min.	Grad

23° 30' → 24° 0'   66° 30' → 66° 0'

Grad	Min.	lg sin	lg tan	lg cot	lg cos	Min.	Grad
23,50	30	9,60 07	9,63 83	10,36 17	9,96 24	30	**66,50**
	31	9,60 10	9,63 86	10,36 14	9,96 23	29	
	32	9,60 13	9,63 90	10,36 10	9,96 23	28	
23,55	33	9,60 16	9,63 93	10,36 07	9,96 22	27	**66,45**
	34	9,60 19	9,63 97	10,36 03	9,96 22	26	
	35	9,60 21	9,64 00	10,36 00	9,96 21	25	
23,60	36	9,60 24	9,64 04	10,35 96	9,96 21	24	**66,40**
	37	9,60 27	9,64 07	10,35 93	9,96 20	23	
	38	9,60 30	9,64 11	10,35 89	9,96 20	22	
23,65	39	9,60 33	9,64 14	10,35 86	9,96 19	21	**66,35**
	40	9,60 36	9,64 17	10,35 83	9,96 18	20	
	41	9,60 39	9,64 21	10,35 79	9,96 18	19	
23,70	42	9,60 42	9,64 24	10,35 76	9,96 17	18	**66,30**
	43	9,60 45	9,64 28	10,35 72	9,96 17	17	
	44	9,60 47	9,64 31	10,35 69	9,96 16	16	
23,75	45	9,60 50	9,64 35	10,35 65	9,96 16	15	**66,25**
	46	9,60 53	9,64 38	10,35 62	9,96 15	14	
	47	9,60 56	9,64 41	10,35 59	9,96 15	13	
23,80	48	9,60 59	9,64 45	10,35 55	9,96 14	12	**66,20**
	49	9,60 62	9,64 48	10,35 52	9,96 13	11	
	50	9,60 65	9,64 52	10,35 48	9,96 13	10	
23,85	51	9,60 68	9,64 55	10,35 45	9,96 12	9	**66,15**
	52	9,60 70	9,64 59	10,35 41	9,96 12	8	
	53	9,60 73	9,64 62	10,35 38	9,96 11	7	
23,90	54	9,60 76	9,64 65	10,35 35	9,96 11	6	**66,10**
	55	9,60 79	9,64 69	10,35 31	9,96 10	5	
	56	9,60 82	9,64 72	10,35 28	9,96 10	4	
23,95	57	9,60 85	9,64 76	10,35 24	9,96 09	3	**66,05**
	58	9,60 87	9,64 79	10,35 21	9,96 08	2	
	59	9,60 90	9,64 82	10,35 18	9,96 08	1	
24,00	0	9,60 93	9,64 86	10,35 14	9,96 07	0	**66,00**
Grad	Min.	lg cos	lg cot	lg tan	lg sin	Min.	Grad

24° 0' → 24° 30'   66° 0' → 65° 30'

Grad	Min.	lg sin	lg tan	lg cot	lg cos	Min.	Grad
24,00	0	9,60 93	9,64 86	10,35 14	9,96 07	0	66,00
	1	9,60 96	9,64 89	10,35 11	9,96 07	59	
	2	9,60 99	9,64 93	10,35 07	9,96 06	58	
24,05	3	9,61 02	9,64 96	10,35 04	9,96 06	57	65,95
	4	9,61 04	9,64 99	10,35 01	9,96 05	56	
	5	9,61 07	9,65 03	10,34 97	9,96 04	55	
24,10	6	9,61 10	9,65 06	10,34 94	9,96 04	54	65,90
	7	9,61 13	9,65 10	10,34 90	9,96 03	53	
	8	9,61 16	9,65 13	10,34 87	9,96 03	52	
24,15	9	9,61 19	9,65 16	10,34 84	9,96 02	51	65,85
	10	9,61 21	9,65 20	10,34 80	9,96 02	50	
	11	9,61 24	9,65 23	10,34 77	9,96 01	49	
24,20	12	9,61 27	9,65 27	10,34 73	9,96 01	48	65,80
	13	9,61 30	9,65 30	10,34 70	9,96 00	47	
	14	9,61 33	9,65 33	10,34 67	9,95 99	46	
24,25	15	9,61 35	9,65 37	10,34 63	9,95 99	45	65,75
	16	9,61 38	9,65 40	10,34 60	9,95 98	44	
	17	9,61 41	9,65 43	10,34 57	9,95 98	43	
24,30	18	9,61 44	9,65 47	10,34 53	9,95 97	42	65,70
	19	9,61 47	9,65 50	10,34 50	9,95 97	41	
	20	9,61 49	9,65 53	10,34 47	9,95 96	40	
24,35	21	9,61 52	9,65 57	10,34 43	9,95 95	39	65,65
	22	9,61 55	9,65 60	10,34 40	9,95 95	38	
	23	9,61 58	9,65 64	10,34 36	9,95 94	37	
24,40	24	9,61 61	9,65 67	10,34 33	9,95 94	36	65,60
	25	9,61 63	9,65 70	10,34 30	9,95 93	35	
	26	9,61 66	9,65 74	10,34 26	9,95 93	34	
24,45	27	9,61 69	9,65 77	10,34 23	9,95 92	33	65,55
	28	9,61 72	9,65 80	10,34 20	9,95 91	32	
	29	9,61 74	9,65 84	10,34 16	9,95 91	31	
24,50	30	9,61 77	9,65 87	10,34 13	9,95 90	30	65,50
Grad	Min.	lg cos	lg cot	lg tan	lg sin	Min.	Grad

24° 30′ → 25° 0′   65° 30′ → 65° 0′

Grad	Min.	lg sin	lg tan	lg cot	lg cos	Min.	Grad
24,50	30	9,61 77	9,65 87	10,34 13	9,95 90	30	65,50
	31	9,61 80	9,65 90	10,34 10	9,95 90	29	
	32	9,61 83	9,65 94	10,34 06	9,95 89	28	
24,55	33	9,61 86	9,65 97	10,34 03	9,95 88	27	65,45
	34	9,61 88	9,66 00	10,34 00	9,95 88	26	
	35	9,61 91	9,66 04	10,33 96	9,95 87	25	
24,60	36	9,61 94	9,66 07	10,33 93	9,95 87	24	65,40
	37	9,61 97	9,66 10	10,33 90	9,95 86	23	
	38	9,61 99	9,66 14	10,33 86	9,95 86	22	
24,65	39	9,62 02	9,66 17	10,33 83	9,95 85	21	65,35
	40	9,62 05	9,66 20	10,33 80	9,95 84	20	
	41	9,62 08	9,66 24	10,33 76	9,95 84	19	
24,70	42	9,62 10	9,66 27	10,33 73	9,95 83	18	65,30
	43	9,62 13	9,66 30	10,33 70	9,95 83	17	
	44	9,62 16	9,66 34	10,33 66	9,95 82	16	
24,75	45	9,62 19	9,66 37	10,33 63	9,95 82	15	65,25
	46	9,62 21	9,66 40	10,33 60	9,95 81	14	
	47	9,62 24	9,66 44	10,33 56	9,95 80	13	
24,80	48	9,62 27	9,66 47	10,33 53	9,95 80	12	65,20
	49	9,62 30	9,66 50	10,33 50	9,95 79	11	
	50	9,62 32	9,66 54	10,33 46	9,95 79	10	
24,85	51	9,62 35	9,66 57	10,33 43	9,95 78	9	65,15
	52	9,62 38	9,66 60	10,33 40	9,95 77	8	
	53	9,62 40	9,66 64	10,33 36	9,95 77	7	
24,90	54	9,62 43	9,66 67	10,33 33	9,95 76	6	65,10
	55	9,62 46	9,66 70	10,33 30	9,95 76	5	
	56	9,62 49	9,66 74	10,33 26	9,95 75	4	
24,95	57	9,62 51	9,66 77	10,33 23	9,95 75	3	65,05
	58	9,62 54	9,66 80	10,33 20	9,95 74	2	
	59	9,62 57	9,66 83	10,33 17	9,95 73	1	
25,00	0	9,62 59	9,66 87	10,33 13	9,95 73	0	65,00
Grad	Min.	lg cos	lg cot	lg tan	lg sin	Min.	Grad

25° 0′ → 25° 30′   65° 0′ → 64° 30′

Grad	Min.	lg sin	lg tan	lg cot	lg cos	Min.	Grad
25,00	0	9,62 59	9,66 87	10,33 13	9,95 73	0	**65,00**
	1	9,62 62	9,66 90	10,33 10	9,95 72	59	
	2	9,62 65	9,66 93	10,33 07	9,95 72	58	
25,05	3	9,62 68	9,66 97	10,33 03	9,95 71	57	64,95
	4	9,62 70	9,67 00	10,33 00	9,95 70	56	
	5	9,62 73	9,67 03	10,32 97	9,95 70	55	
25,10	6	9,62 76	9,67 06	10,32 94	9,95 69	54	64,90
	7	9,62 78	9,67 10	10,32 90	9,95 69	53	
	8	9,62 81	9,67 13	10,32 87	9,95 68	52	
25,15	9	9,62 84	9,67 16	10,32 84	9,95 67	51	64,85
	10	9,62 86	9,67 20	10,32 80	9,95 67	50	
	11	9,62 89	9,67 23	10,32 77	9,95 66	49	
25,20	12	9,62 92	9,67 26	10,32 74	9,95 66	48	64,80
	13	9,62 95	9,67 29	10,32 71	9,95 65	47	
	14	9,62 97	9,67 33	10,32 67	9,95 64	46	
25,25	15	9,63 00	9,67 36	10,32 64	9,95 64	45	64,75
	16	9,63 03	9,67 39	10,32 61	9,95 63	44	
	17	9,63 05	9,67 43	10,32 57	9,95 63	43	
25,30	18	9,63 08	9,67 46	10,32 54	9,95 62	42	64,70
	19	9,63 11	9,67 49	10,32 51	9,95 61	41	
	20	9,63 13	9,67 52	10,32 48	9,95 61	40	
25,35	21	9,63 16	9,67 56	10,32 44	9,95 60	39	64,65
	22	9,63 19	9,67 59	10,32 41	9,95 60	38	
	23	9,63 21	9,67 62	10,32 38	9,95 59	37	
25,40	24	9,63 24	9,67 65	10,32 35	9,95 58	36	64,60
	25	9,63 27	9,67 69	10,32 31	9,95 58	35	
	26	9,63 29	9,67 72	10,32 28	9,95 57	34	
25,45	27	9,63 32	9,67 75	10,32 25	9,95 57	33	64,55
	28	9,63 35	9,67 78	10,32 22	9,95 56	32	
	29	9,63 37	9,67 82	10,32 18	9,95 55	31	
25,50	30	9,63 40	9,67 85	10,32 15	9,95 55	30	**64,50**
Grad	Min.	lg cos	lg cot	lg tan	lg sin	Min.	Grad

25° 30′ → 26° 0′   64° 30′ → 64° 0′

Grad	Min.	lg sin	lg tan	lg cot	lg cos	Min.	Grad
25,50	30	9,63 40	9,67 85	10,32 15	9,95 55	30	64,50
	31	9,63 42	9,67 88	10,32 12	9,95 54	29	
	32	9,63 45	9,67 91	10,32 09	9,95 54	28	
25,55	33	9,63 48	9,67 95	10,32 05	9,95 53	27	64,45
	34	9,63 50	9,67 98	10,32 02	9,95 52	26	
	35	9,63 53	9,68 01	10,31 99	9,95 52	25	
25,60	36	9,63 56	9,68 04	10,31 96	9,95 51	24	64,40
	37	9,63 58	9,68 08	10,31 92	9,95 51	23	
	38	9,63 61	9,68 11	10,31 89	9,95 50	22	
25,65	39	9,63 64	9,68 14	10,31 86	9,95 49	21	64,35
	40	9,63 66	9,68 17	10,31 83	9,95 49	20	
	41	9,63 69	9,68 21	10,31 79	9,95 48	19	
25,70	42	9,63 71	9,68 24	10,31 76	9,95 48	18	64,30
	43	9,63 74	9,68 27	10,31 73	9,95 47	17	
	44	9,63 77	9,68 30	10,31 70	9,95 46	16	
25,75	45	9,63 79	9,68 34	10,31 66	9,95 46	15	64,25
	46	9,63 82	9,68 37	10,31 63	9,95 45	14	
	47	9,63 85	9,68 40	10,31 60	9,95 45	13	
25,80	48	9,63 87	9,68 43	10,31 57	9,95 44	12	64,20
	49	9,63 90	9,68 46	10,31 54	9,95 43	11	
	50	9,63 92	9,68 50	10,31 50	9,95 43	10	
25,85	51	9,63 95	9,68 53	10,31 47	9,95 42	9	64,15
	52	9,63 98	9,68 56	10,31 44	9,95 42	8	
	53	9,64 00	9,68 59	10,31 41	9,95 41	7	
25,90	54	9,64 03	9,68 63	10,31 37	9,95 40	6	64,10
	55	9,64 05	9,68 66	10,31 34	9,95 40	5	
	56	9,64 08	9,68 69	10,31 31	9,95 39	4	
25,95	57	9,64 11	9,68 72	10,31 28	9,95 38	3	64,05
	58	9,64 13	9,68 75	10,31 25	9,95 38	2	
	59	9,64 16	9,68 79	10,31 21	9,95 37	1	
26,00	0	9,64 18	9,68 82	10,31 18	9,95 37	0	64,00
Grad	Min.	lg cos	lg cot	lg tan	lg sin	Min.	Grad

26° 0′ → 26° 30′   64° 0′ → 63° 30′

Grad	Min.	lg sin	lg tan	lg cot	lg cos	Min.	Grad
26,00	0	9,64 18	9,68 82	10,31 18	9,95 37	0	64,00
	1	9,64 21	9,68 85	10,31 15	9,95 36	59	
	2	9,64 24	9,68 88	10,31 12	9,95 35	58	
26,05	3	9,64 26	9,68 91	10,31 09	9,95 35	57	63,95
	4	9,64 29	9,68 95	10,31 05	9,95 34	56	
	5	9,64 31	9,68 98	10,31 02	9,95 34	55	
26,10	6	9,64 34	9,69 01	10,30 99	9,95 33	54	63,90
	7	9,64 37	9,69 04	10,30 96	9,95 32	53	
	8	9,64 39	9,69 07	10,30 93	9,95 32	52	
26,15	9	9,64 42	9,69 11	10,30 89	9,95 31	51	63,85
	10	9,64 44	9,69 14	10,30 86	9,95 30	50	
	11	9,64 47	9,69 17	10,30 83	9,95 30	49	
26,20	12	9,64 49	9,69 20	10,30 80	9,95 29	48	63,80
	13	9,64 52	9,69 23	10,30 77	9,95 29	47	
	14	9,64 54	9,69 27	10,30 73	9,95 28	46	
26,25	15	9,64 57	9,69 30	10,30 70	9,95 27	45	63,75
	16	9,64 60	9,69 33	10,30 67	9,95 27	44	
	17	9,64 62	9,69 36	10,30 64	9,95 26	43	
26,30	18	9,64 65	9,69 39	10,30 61	9,95 25	42	63,70
	19	9,64 67	9,69 42	10,30 58	9,95 25	41	
	20	9,64 70	9,69 46	10,30 54	9,95 24	40	
26,35	21	9,64 72	9,69 49	10,30 51	9,95 24	39	63,65
	22	9,64 75	9,69 52	10,30 48	9,95 23	38	
	23	9,64 77	9,69 55	10,30 45	9,95 22	37	
26,40	24	9,64 80	9,69 58	10,30 42	9,95 22	36	63,60
	25	9,64 83	9,69 62	10,30 38	9,95 21	35	
	26	9,64 85	9,69 65	10,30 35	9,95 20	34	
26,45	27	9,64 88	9,69 68	10,30 32	9,95 20	33	63,55
	28	9,64 90	9,69 71	10,30 29	9,95 19	32	
	29	9,64 93	9,69 74	10,30 26	9,95 19	31	
26,50	30	9,64 95	9,69 77	10,30 23	9,95 18	30	63,50
Grad	Min.	lg cos	lg cot	lg tan	lg sin	Min.	Grad

26° 30′ → 27° 0′   63° 30′ → 63° 0′

Grad	Min.	lg sin	lg tan	lg cot	lg cos	Min.	Grad
26,50	30	9,64 95	9,69 77	10,30 23	9,95 18	30	63,50
	31	9,64 98	9,69 81	10,30 19	9,95 17	29	
	32	9,65 00	9,69 84	10,30 16	9,95 17	28	
26,55	33	9,65 03	9,69 87	10,30 13	9,95 16	27	63,45
	34	9,65 05	9,69 90	10,30 10	9,95 15	26	
	35	9,65 08	9,69 93	10,30 07	9,95 15	25	
26,60	36	9,65 10	9,69 96	10,30 04	9,95 14	24	63,40
	37	9,65 13	9,69 99	10,30 01	9,95 13	23	
	38	9,65 15	9,70 03	10,29 97	9,95 13	22	
26,65	39	9,65 18	9,70 06	10,29 94	9,95 12	21	63,35
	40	9,65 21	9,70 09	10,29 91	9,95 12	20	
	41	9,65 23	9,70 12	10,29 88	9,95 11	19	
26,70	42	9,65 26	9,70 15	10,29 85	9,95 10	18	63,30
	43	9,65 28	9,70 18	10,29 82	9,95 10	17	
	44	9,65 31	9,70 22	10,29 78	9,95 09	16	
26,75	45	9,65 33	9,70 25	10,29 75	9,95 08	15	63,25
	46	9,65 36	9,70 28	10,29 72	9,95 08	14	
	47	9,65 38	9,70 31	10,29 69	9,95 07	13	
26,80	48	9,65 41	9,70 34	10,29 66	9,95 06	12	63,20
	49	9,65 43	9,70 37	10,29 63	9,95 06	11	
	50	9,65 46	9,70 40	10,29 60	9,95 05	10	
26,85	51	9,65 48	9,70 43	10,29 57	9,95 05	9	63,15
	52	9,65 51	9,70 47	10,29 53	9,95 04	8	
	53	9,65 53	9,70 50	10,29 50	9,95 03	7	
26,90	54	9,65 56	9,70 53	10,29 47	9,95 03	6	63,10
	55	9,65 58	9,70 56	10,29 44	9,95 02	5	
	56	9,65 61	9,70 59	10,29 41	9,95 01	4	
26,95	57	9,65 63	9,70 62	10,29 38	9,95 01	3	63,05
	58	9,65 66	9,70 65	10,29 35	9,95 00	2	
	59	9,65 68	9,70 69	10,29 31	9,94 99	1	
27,00	0	9,65 70	9,70 72	10,29 28	9,94 99	0	63,00
Grad	Min.	lg cos	lg cot	lg tan	lg sin	Min.	Grad

27° 0′ → 27° 30′   63° 0′ → 62° 30′

Grad	Min.	lg sin	lg tan	lg cot	lg cos	Min.	Grad
27,00	0	9,65 70	9,70 72	10,29 28	9,94 99	0	63,00
	1	9,65 73	9,70 75	10,29 25	9,94 98	59	
	2	9,65 75	9,70 78	10,29 22	9,94 98	58	
27,05	3	9,65 78	9,70 81	10,29 19	9,94 97	57	62,95
	4	9,65 80	9,70 84	10,29 16	9,94 96	56	
	5	9,65 83	9,70 87	10,29 13	9,94 96	55	
27,10	6	9,65 85	9,70 90	10,29 10	9,94 95	54	62,90
	7	9,65 88	9,70 93	10,29 07	9,94 94	53	
	8	9,65 90	9,70 97	10,29 03	9,94 94	52	
27,15	9	9,65 93	9,71 00	10,29 00	9,94 93	51	62,85
	10	9,65 95	9,71 03	10,28 97	9,94 92	50	
	11	9,65 98	9,71 06	10,28 94	9,94 92	49	
27,20	12	9,66 00	9,71 09	10,28 91	9,94 91	48	62,80
	13	9,66 03	9,71 12	10,28 88	9,94 90	47	
	14	9,66 05	9,71 15	10,28 85	9,94 90	46	
27,25	15	9,66 07	9,71 18	10,28 82	9,94 89	45	62,75
	16	9,66 10	9,71 21	10,28 79	9,94 88	44	
	17	9,66 12	9,71 25	10,28 75	9,94 88	43	
27,30	18	9,66 15	9,71 28	10,28 72	9,94 87	42	62,70
	19	9,66 17	9,71 31	10,28 69	9,94 86	41	
	20	9,66 20	9,71 34	10,28 66	9,94 86	40	
27,35	21	9,66 22	9,71 37	10,28 63	9,94 85	39	62,65
	22	9,66 25	9,71 40	10,28 60	9,94 85	38	
	23	9,66 27	9,71 43	10,28 57	9,94 84	37	
27,40	24	9,66 29	9,71 46	10,28 54	9,94 83	36	62,60
	25	9,66 32	9,71 49	10,28 51	9,94 83	35	
	26	9,66 34	9,71 52	10,28 48	9,94 82	34	
27,45	27	9,66 37	9,71 56	10,28 44	9,94 81	33	62,55
	28	9,66 39	9,71 59	10,28 41	9,94 81	32	
	29	9,66 42	9,71 62	10,28 38	9,94 80	31	
27,50	30	9,66 44	9,71 65	10,28 35	9,94 79	30	62,50
Grad	Min.	lg cos	lg cot	lg tan	lg sin	Min.	Grad

27° 30' → 28° 0'   62° 30' → 62° 0'

Grad	Min.	lg sin	lg tan	lg cot	lg cos	Min.	Grad
27,50	30	9,66 44	9,71 65	10,28 35	9,94 79	30	62,50
	31	9,66 46	9,71 68	10,28 32	9,94 79	29	
	32	9,66 49	9,71 71	10,28 29	9,94 78	28	
27,55	33	9,66 51	9,71 74	10,28 26	9,94 77	27	62,45
	34	9,66 54	9,71 77	10,28 23	9,94 77	26	
	35	9,66 56	9,71 80	10,28 20	9,94 76	25	
27,60	36	9,66 59	9,71 83	10,28 17	9,94 75	24	62,40
	37	9,66 61	9,71 86	10,28 14	9,94 75	23	
	38	9,66 63	9,71 89	10,28 11	9,94 74	22	
27,65	39	9,66 66	9,71 92	10,28 08	9,94 73	21	62,35
	40	9,66 68	9,71 96	10,28 04	9,94 73	20	
	41	9,66 71	9,71 99	10,28 01	9,94 72	19	
27,70	42	9,66 73	9,72 02	10,27 98	9,94 71	18	62,30
	43	9,66 75	9,72 05	10,27 95	9,94 71	17	
	44	9,66 78	9,72 08	10,27 92	9,94 70	16	
27,75	45	9,66 80	9,72 11	10,27 89	9,94 69	15	62,25
	46	9.66 83	9,72 14	10,27 86	9,94 69	14	
	47	9,66 85	9,72 17	10,27 83	9,94 68	13	
27,80	48	9,66 87	9,72 20	10,27 80	9,94 67	12	62,20
	49	9,66 90	9,72 23	10,27 77	9,94 67	11	
	50	9,66 92	9,72 26	10,27 74	9,94 66	10	
27,85	51	9,66 95	9,72 29	10,27 71	9,94 65	9	62,15
	52	9,66 97	9,72 32	10,27 68	9,94 65	8	
	53	9,66 99	9,72 35	10,27 65	9,94 64	7	
27,90	54	9,67 02	9,72 38	10,27 62	9,94 63	6	62,10
	55	9,67 04	9,72 41	10,27 59	9,94 63	5	
	56	9,67 07	9,72 45	10,27 55	9,94 62	4	
27,95	57	9,67 09	9,72 48	10,27 52	9,94 61	3	62,05
	58	9,67 11	9,72 51	10,27 49	9,94 61	2	
	59	9,67 14	9,72 54	10,27 46	9,94 60	1	
28,00	0	9,67 16	9,72 57	10,27 43	9,94 59	0	62,00
Grad	Min.	lg cos	lg cot	lg tan	lg sin	Min.	Grad

28° 0' → 28° 30' 62° 0' → 61° 30'

Grad	Min.	lg sin	lg tan	lg cot	lg cos	Min.	Grad
28,00	0	9,67 16	9,72 57	10,27 43	9,94 59	0	62,00
	1	9,67 18	9,72 60	10,27 40	9,94 59	59	
	2	9,67 21	9,72 63	10,27 37	9,94 58	58	
28,05	3	9,67 23	9,72 66	10,27 34	9,94 57	57	61,95
	4	9,67 26	9,72 69	10,27 31	9,94 57	56	
	5	9,67 28	9,72 72	10,27 28	9,94 56	55	
28,10	6	9,67 30	9,72 75	10,27 25	9,94 55	54	61,90
	7	9,67 33	9,72 78	10,27 22	9,94 55	53	
	8	9,67 35	9,72 81	10,27 19	9,94 54	52	
28,15	9	9,67 37	9,72 84	10,27 16	9,94 53	51	61,85
	10	9,67 40	9,72 87	10,27 13	9,94 53	50	
	11	9,67 42	9,72 90	10,27 10	9,94 52	49	
28,20	12	9,67 44	9,72 93	10,27 07	9,94 51	48	61,80
	13	9,67 47	9,72 96	10,27 04	9,94 51	47	
	14	9,67 49	9,72 99	10,27 01	9,94 50	46	
28,25	15	9,67 52	9,73 02	10,26 98	9,94 49	45	61,75
	16	9,67 54	9,73 05	10,26 95	9,94 49	44	
	17	9,67 56	9,73 08	10,26 92	9,94 48	43	
28,30	18	9,67 59	9,73 11	10,26 89	9,94 47	42	61,70
	19	9,67 61	9,73 14	10,26 86	9,94 47	41	
	20	9,67 63	9,73 17	10,26 83	9,94 46	40	
28,35	21	9,67 66	9,73 20	10,26 80	9,94 45	39	61,65
	22	9,67 68	9,73 24	10,26 76	9,94 44	38	
	23	9,67 70	9,73 27	10,26 73	9,94 44	37	
28,40	24	9,67 73	9,73 30	10,26 70	9,94 43	36	61,60
	25	9,67 75	9,73 33	10,26 67	9,94 42	35	
	26	9,67 77	9,73 36	10,26 64	9,94 42	34	
28,45	27	9,67 80	9,73 39	10,26 61	9,94 41	33	61,55
	28	9,67 82	9,73 42	10,26 58	9,94 40	32	
	29	9,67 84	9,73 45	10,26 55	9,94 40	31	
28,50	30	9,67 87	9,73 48	10,26 52	9,94 39	30	61,50
Grad	Min.	lg cos	lg cot	lg tan	lg sin	Min.	Grad

28° 30' → 29° 0' 61° 30' → 61° 0'

Grad	Min.	lg sin	lg tan	lg cot	lg cos	Min.	Grad
28,50	30	9,67 87	9,73 48	10,26 52	9,94 39	30	**61,50**
	31	9,67 89	9,73 51	10,26 49	9,94 38	29	
	32	9,67 91	9,73 54	10,26 46	9,94 38	28	
28,55	33	9,67 94	9,73 57	10,26 43	9,94 37	27	**61,45**
	34	9,67 96	9,73 60	10,26 40	9,94 36	26	
	35	9,67 98	9,73 63	10,26 37	9,94 36	25	
28,60	36	9,68 01	9,73 66	10,26 34	9,94 35	24	**61,40**
	37	9,68 03	9,73 69	10,26 31	9,94 34	23	
	38	9,68 05	9,73 72	10,26 28	9,94 33	22	
28,65	39	9,68 08	9,73 75	10,26 25	9,94 33	21	**61,35**
	40	9,68 10	9,73 78	10,26 22	9,94 32	20	
	41	9,68 12	9,73 81	10,26 19	9,94 31	19	
28,70	42	9,68 14	9,73 84	10,26 16	9,94 31	18	**61,30**
	43	9,68 17	9,73 87	10,26 13	9,94 30	17	
	44	9,68 19	9,73 90	10,26 10	9,94 29	16	
28,75	45	9,68 21	9,73 93	10,26 07	9,94 29	15	**61,25**
	46	9,68 24	9,73 96	10,26 04	9,94 28	14	
	47	9,68 26	9,73 99	10,26 01	9,94 27	13	
28,80	48	9,68 28	9,74 02	10,25 98	9,94 27	12	**61,20**
	49	9,68 31	9,74 05	10,25 95	9,94 26	11	
	50	9,68 33	9,74 08	10,25 92	9,94 25	10	
28,85	51	9,68 35	9,74 11	10,25 89	9,94 24	9	**61,15**
	52	9,68 37	9,74 14	10,25 86	9,94 24	8	
	53	9,68 40	9,74 17	10,25 83	9,94 23	7	
28,90	54	9,68 42	9,74 20	10,25 80	9,94 22	6	**61,10**
	55	9,68 44	9,74 23	10,25 77	9,94 22	5	
	56	9,68 47	9,74 26	10,25 74	9,94 21	4	
28,95	57	9,68 49	9,74 29	10,25 71	9,94 20	3	**61,05**
	58	9,68 51	9,74 32	10,25 68	9,94 20	2	
	59	9,68 53	9,74 35	10,25 65	9,94 19	1	
29,00	0	9,68 56	9,74 38	10,25 62	9,94 18	0	**61,00**
Grad	Min.	lg cos	lg cot	lg tan	lg sin	Min.	Grad

29° 0' → 29° 30'   61° 0' → 60° 30'

Grad	Min.	lg sin	lg tan	lg cot	lg cos	Min.	Grad
29,00	0	9,68 56	9,74 38	10,25 62	9,94 18	0	**61,00**
	1	9,68 58	9,74 40	10,25 60	9,94 17	59	
	2	9,68 60	9,74 43	10,25 57	9,94 17	58	
29,05	3	9,68 63	9,74 46	10,25 54	9,94 16	57	**60,95**
	4	9,68 65	9,74 49	10,25 51	9,94 15	56	
	5	9,68 67	9,74 52	10,25 48	9,94 15	55	
29,10	6	9,68 69	9,74 55	10,25 45	9,94 14	54	**60,90**
	7	9,68 72	9,74 58	10,25 42	9,94 13	53	
	8	9,68 74	9,74 61	10,25 39	9,94 13	52	
29,15	9	9,68 76	9,74 64	10,25 36	9,94 12	51	**60,85**
	10	9,68 78	9,74 67	10,25 33	9,94 11	50	
	11	9,68 81	9,74 70	10,25 30	9,94 10	49	
29,20	12	9,68 83	9,74 73	10,25 27	9,94 10	48	**60,80**
	13	9,68 85	9,74 76	10,25 24	9,94 09	47	
	14	9,68 87	9,74 79	10,25 21	9,94 08	46	
29,25	15	9,68 90	9,74 82	10,25 18	9,94 08	45	**60,75**
	16	9,68 92	9,74 85	10,25 15	9,94 07	44	
	17	9,68 94	9,74 88	10,25 12	9,94 06	43	
29,30	18	9,68 96	9,74 91	10,25 09	9,94 06	42	**60,70**
	19	9,68 99	9,74 94	10,25 06	9,94 05	41	
	20	9,69 01	9,74 97	10,25 03	9,94 04	40	
29,35	21	9,69 03	9,75 00	10,25 00	9,94 03	39	**60,65**
	22	9,69 05	9,75 03	10,24 97	9,94 03	38	
	23	9,69 08	9,75 06	10,24 94	9,94 02	37	
29,40	24	9,69 10	9,75 09	10,24 91	9,94 01	36	**60,60**
	25	9,69 12	9,75 12	10,24 88	9,94 01	35	
	26	9,69 14	9,75 15	10,24 85	9,94 00	34	
29,45	27	9,69 17	9,75 18	10,24 82	9,93 99	33	**60,55**
	28	9,69 19	9,75 21	10,24 79	9,93 98	32	
	29	9,69 21	9,75 23	10,24 77	9,93 98	31	
29,50	30	9,69 23	9,75 26	10,24 74	9,93 97	30	**60,50**
Grad	Min.	lg cos	lg cot	lg tan	lg sin	Min.	Grad

29° 30′ → 30° 0′   60° 30′ → 60° 0′

Grad	Min.	lg sin	lg tan	lg cot	lg cos	Min.	Grad
29,50	30	9,69 23	9,75 26	10,24 74	9,93 97	30	60,50
	31	9,69 26	9,75 29	10,24 71	9,93 96	29	
	32	9,69 28	9,75 32	10,24 68	9,93 96	28	
29,55	33	9,69 30	9,75 35	10,24 65	9,93 95	27	60,45
	34	9,69 32	9,75 38	10,24 62	9,93 94	26	
	35	9,69 35	9,75 41	10,24 59	9,93 93	25	
29,60	36	9,69 37	9,75 44	10,24 56	9,93 93	24	60,40
	37	9,69 39	9,75 47	10,24 53	9,93 92	23	
	38	9,69 41	9,75 50	10,24 50	9,93 91	22	
29,65	39	9,69 43	9,75 53	10,24 47	9,93 91	21	60,35
	40	9,69 46	9,75 56	10,24 44	9,93 90	20	
	41	9,69 48	9,75 59	10,24 41	9,93 89	19	
29,70	42	9,69 50	9,75 62	10,24 38	9,93 88	18	60,30
	43	9,69 52	9,75 65	10,24 35	9,93 88	17	
	44	9,69 55	9,75 68	10,24 32	9,93 87	16	
29,75	45	9,69 57	9,75 71	10,24 29	9,93 86	15	60,25
	46	9,69 59	9,75 73	10,24 27	9,93 85	14	
	47	9,69 61	9,75 76	10,24 24	9,93 85	13	
29,80	48	9,69 63	9,75 79	10,24 21	9,93 84	12	60,20
	49	9,69 66	9,75 82	10,24 18	9,93 83	11	
	50	9,69 68	9,75 85	10,24 15	9,93 83	10	
29,85	51	9,69 70	9,75 88	10,24 12	9,93 82	9	60,15
	52	9,69 72	9,75 91	10,24 09	9,93 81	8	
	53	9,69 74	9,75 94	10,24 06	9,93 80	7	
29,90	54	9,69 77	9,75 97	10,24 03	9,93 80	6	60,10
	55	9,69 79	9,76 00	10,24 00	9,93 79	5	
	56	9,69 81	9,76 03	10,23 97	9,93 78	4	
29,95	57	9,69 83	9,76 06	10,23 94	9,93 77	3	60,05
	58	9,69 85	9,76 09	10,23 91	9,93 77	2	
	59	9,69 88	9,76 11	10,23 89	9,93 76	1	
30,00	0	9,69 90	9,76 14	10,23 86	9,93 75	0	60,00
Grad	Min.	lg cos	lg cot	lg tan	lg sin	Min.	Grad

30° 0′ → 30° 30′ 60° 0′ → 59° 30′

Grad	Min.	lg sin	lg tan	lg cot	lg cos	Min.	Grad
30,00	0	9,69 90	9,76 14	10,23 86	9,93 75	0	60,00
	1	9,69 92	9,76 17	10,23 83	9,93 75	59	
	2	9,69 94	9,76 20	10,23 80	9,93 74	58	
30,05	3	9,69 96	9,76 23	10,23 77	9,93 73	57	59,95
	4	9,69 98	9,76 26	10,23 74	9,93 72	56	
	5	9,70 01	9,76 29	10,23 71	9,93 72	55	
30,10	6	9,70 03	9,76 32	10,23 68	9,93 71	54	59,90
	7	9,70 05	9,76 35	10,23 65	9,93 70	53	
	8	9,70 07	9,76 38	10,23 62	9,93 69	52	
30,15	9	9,70 09	9,76 41	10,23 59	9,93 69	51	59,85
	10	9,70 12	9,76 44	10,23 56	9,93 68	50	
	11	9,70 14	9,76 46	10,23 54	9,93 67	49	
30,20	12	9,70 16	9,76 49	10,23 51	9,93 67	48	59,80
	13	9,70 18	9,76 52	10,23 48	9,93 66	47	
	14	9,70 20	9,76 55	10,23 45	9,93 65	46	
30,25	15	9,70 22	9,76 58	10,23 42	9,93 64	45	59,75
	16	9,70 25	9,76 61	10,23 39	9,93 64	44	
	17	9,70 27	9,76 64	10,23 36	9,93 63	43	
30,30	18	9,70 29	9,76 67	10,23 33	9,93 62	42	59,70
	19	9,70 31	9,76 70	10,23 30	9,93 61	41	
	20	9,70 33	9,76 73	10,23 27	9,93 61	40	
30,35	21	9,70 35	9,76 75	10,23 25	9,93 60	39	59,65
	22	9,70 37	9,76 78	10,23 22	9,93 59	38	
	23	9,70 40	9,76 81	10,23 19	9,93 58	37	
30,40	24	9,70 42	9,76 84	10,23 16	9,93 58	36	59,60
	25	9,70 44	9,76 87	10,23 13	9,93 57	35	
	26	9,70 46	9,76 90	10,23 10	9,93 56	34	
30,45	27	9,70 48	9,76 93	10,23 07	9,93 55	33	59,55
	28	9,70 50	9,76 96	10,23 04	9,93 55	32	
	29	9,70 53	9,76 99	10,23 01	9,93 54	31	
30,50	30	9,70 55	9,77 01	10,22 99	9,93 53	30	59,50
Grad	Min.	lg cos	lg cot	lg tan	lg sin	Min.	Grad

30° 30′ → 31° 0′   **59° 30′ → 59° 0′**

Grad	Min.	lg sin	lg tan	lg cot	lg cos	Min.	Grad
30,50	30	9,70 55	9,77 01	10,22 99	9,93 53	30	59,50
	31	9,70 57	9,77 04	10,22 96	9,93 52	29	
	32	9,70 59	9,77 07	10,22 93	9,93 52	28	
30,55	33	9,70 61	9,77 10	10,22 90	9,93 51	27	59,45
	34	9,70 63	9,77 13	10,22 87	9,93 50	26	
	35	9,70 65	9,77 16	10,22 84	9,93 49	25	
30,60	36	9,70 68	9,77 19	10,22 81	9,93 49	24	59,40
	37	9,70 70	9,77 22	10,22 78	9,93 48	23	
	38	9,70 72	9,77 25	10,22 75	9,93 47	22	
30,65	39	9,70 74	9,77 27	10,22 73	9,93 46	21	59,35
	40	9,70 76	9,77 30	10,22 70	9,93 46	20	
	41	9,70 78	9,77 33	10,22 67	9,93 45	19	
30,70	42	9,70 80	9,77 36	10,22 64	9,93 44	18	59,30
	43	9,70 82	9,77 39	10,22 61	9,93 43	17	
	44	9,70 85	9,77 42	10,22 58	9,93 43	16	
30,75	45	9,70 87	9,77 45	10,22 55	9,93 42	15	59,25
	46	9,70 89	9,77 48	10,22 52	9,93 41	14	
	47	9,70 91	9,77 50	10,22 50	9,93 40	13	
30,80	48	9,70 93	9,77 53	10,22 47	9,93 40	12	59,20
	49	9,70 95	9,77 56	10,22 44	9,93 39	11	
	50	9,70 97	9,77 59	10,22 41	9,93 38	10	
30,85	51	9,70 99	9,77 62	10,22 38	9,93 37	9	59,15
	52	9,71 02	9,77 65	10,22 35	9,93 37	8	
	53	9,71 04	9,77 68	10,22 32	9,93 36	7	
30,90	54	9,71 06	9,77 71	10,22 29	9,93 35	6	59,10
	55	9,71 08	9,77 73	10,22 27	9,93 34	5	
	56	9,71 10	9,77 76	10,22 24	9,93 34	4	
30,95	57	9,71 12	9,77 79	10,22 21	9,93 33	3	59,05
	58	9,71 14	9,77 82	10,22 18	9,93 32	2	
	59	9,71 16	9,77 85	10,22 15	9,93 31	1	
31,00	0	9,71 18	9,77 88	10,22 12	9,93 31	0	59,00
Grad	Min.	lg cos	lg cot	lg tan	lg sin	Min.	Grad

31° 0′ → 31° 30′ 59° 0′ → 58° 30′

Grad	Min.	lg sin	lg tan	lg cot	lg cos	Min.	Grad
31,00	0	9,71 18	9,77 88	10,22 12	9,93 31	0	**59,00**
	1	9,71 20	9,77 91	10,22 09	9,93 30	59	
	2	9,71 23	9,77 93	10,22 07	9,93 29	58	
31,05	3	9,71 25	9,77 96	10,22 04	9,93 28	57	**58,95**
	4	9,71 27	9,77 99	10,22 01	9,93 28	56	
	5	9,71 29	9,78 02	10,21 98	9,93 27	55	
31,10	6	9,71 31	9,78 05	10,21 95	9,93 26	54	**58,90**
	7	9,71 33	9,78 08	10,21 92	9,93 25	53	
	8	9,71 35	9,78 11	10,21 89	9,93 25	52	
31,15	9	9,71 37	9,78 13	10,21 87	9,93 24	51	**58,85**
	10	9,71 39	9,78 16	10,21 84	9,93 23	50	
	11	9,71 41	9,78 19	10,21 81	9,93 22	49	
31,20	12	9,71 44	9,78 22	10,21 78	9,93 22	48	**58,80**
	13	9,71 46	9,78 25	10,21 75	9,93 21	47	
	14	9,71 48	9,78 28	10,21 72	9,93 20	46	
31,25	15	9,71 50	9,78 31	10,21 69	9,93 19	45	**58,75**
	16	9,71 52	9,78 33	10,21 67	9,93 18	44	
	17	9,71 54	9,78 36	10,21 64	9,93 18	43	
31,30	18	9,71 56	9,78 39	10,21 61	9,93 17	42	**58,70**
	19	9,71 58	9,78 42	10,21 58	9,93 16	41	
	20	9,71 60	9,78 45	10,21 55	9,93 15	40	
31,35	21	9,71 62	9,78 48	10,21 52	9,93 15	39	**58,65**
	22	9,71 64	9,78 50	10,21 50	9,93 14	38	
	23	9,71 66	9,78 53	10,21 47	9,93 13	37	
31,40	24	9,71 68	9,78 56	10,21 44	9,93 12	36	**58,60**
	25	9,71 71	9,78 59	10,21 41	9,93 12	35	
	26	9,71 73	9,78 62	10,21 38	9,93 11	34	
31,45	27	9,71 75	9,78 65	10,21 35	9,93 10	33	**58,55**
	28	9,71 77	9,78 68	10,21 32	9,93 09	32	
	29	9,71 79	9,78 70	10,21 30	9,93 08	31	
31,50	30	9,71 81	9,78 73	10,21 27	9,93 08	30	**58,50**
Grad	Min.	lg cos	lg cot	lg tan	lg sin	Min.	Grad

31° 30′ → 32° 0′   58° 30′ → 58° 0′

Grad	Min.	lg sin	lg tan	lg cot	lg cos	Min.	Grad
31,50	30	9,71 81	9,78 73	10,21 27	9,93 08	30	58,50
	31	9,71 83	9,78 76	10,21 24	9,93 07	29	
	32	9,71 85	9,78 79	10,21 21	9,93 06	28	
31,55	33	9,71 87	9,78 82	10,21 18	9,93 05	27	58,45
	34	9,71 89	9,78 85	10,21 15	9,93 05	26	
	35	9,71 91	9,78 87	10,21 13	9,93 04	25	
31,60	36	9,71 93	9,78 90	10,21 10	9,93 03	24	58,40
	37	9,71 95	9,78 93	10,21 07	9,93 02	23	
	38	9,71 97	9,78 96	10,21 04	9,93 01	22	
31,65	39	9,71 99	9,78 99	10,21 01	9,93 01	21	58,35
	40	9,72 01	9,79 02	10,20 98	9,93 00	20	
	41	9,72 03	9,79 04	10,20 96	9,92 99	19	
31,70	42	9,72 05	9,79 07	10,20 93	9,92 98	18	58,30
	43	9,72 08	9,79 10	10,20 90	9,92 98	17	
	44	9,72 10	9,79 13	10,20 87	9,92 97	16	
31,75	45	9,72 12	9,79 16	10,20 84	9,92 96	15	58,25
	46	9,72 14	9,79 18	10,20 82	9,92 95	14	
	47	9,72 16	9,79 21	10,20 79	9,92 94	13	
31,80	48	9,72 18	9,79 24	10,20 76	9,92 94	12	58,20
	49	9,72 20	9,79 27	10,20 73	9,92 93	11	
	50	9,72 22	9,79 30	10,20 70	9,92 92	10	
31,85	51	9,72 24	9,79 33	10,20 67	9,92 91	9	58,15
	52	9,72 26	9,79 35	10,20 65	9,92 91	8	
	53	9,72 28	9,79 38	10,20 62	9,92 90	7	
31,90	54	9,72 30	9,79 41	10,20 59	9,92 89	6	58,10
	55	9,72 32	9,79 44	10,20 56	9,92 88	5	
	56	9,72 34	9,79 47	10,20 53	9,92 87	4	
31,95	57	9,72 36	9,79 49	10,20 51	9,92 87	3	58,05
	58	9,72 38	9,79 52	10,20 48	9,92 86	2	
	59	9,72 40	9,79 55	10,20 45	9,92 85	1	
32,00	0	9,72 42	9,79 58	10,20 42	9,92 84	0	58,00
Grad	Min.	lg cos	lg cot	lg tan	lg sin	Min.	Grad

32° 0′ → 32° 30′ 58° 0′ → 57° 30′

Grad	Min.	lg sin	lg tan	lg cot	lg cos	Min.	Grad
32,00	0	9,72 42	9,79 58	10,20 42	9,92 84	0	**58,00**
	1	9,72 44	9,79 61	10,20 39	9,92 83	59	
	2	9,72 46	9,79 64	10,20 36	9,92 83	58	
32,05	3	9,72 48	9,79 66	10,20 34	9,92 82	57	**57,95**
	4	9,72 50	9,79 69	10,20 31	9,92 81	56	
	5	9,72 52	9,79 72	10,20 28	9,92 80	55	
32,10	6	9,72 54	9,79 75	10,20 25	9,92 79	54	**57,90**
	7	9,72 56	9,79 78	10,20 22	9,92 79	53	
	8	9,72 58	9,79 80	10,20 20	9,92 78	52	
32,15	9	9,72 60	9,79 83	10,20 17	9,92 77	51	**57,85**
	10	9,72 62	9,79 86	10,20 14	9,92 76	50	
	11	9,72 64	9,79 89	10,20 11	9,92 75	49	
32,20	12	9,72 66	9,79 92	10,20 08	9,92 75	48	**57,80**
	13	9,72 68	9,79 94	10,20 06	9,92 74	47	
	14	9,72 70	9,79 97	10,20 03	9,92 73	46	
32,25	15	9,72 72	9,80 00	10,20 00	9,92 72	45	**57,75**
	16	9,72 74	9,80 03	10,19 97	9,92 72	44	
	17	9,72 76	9,80 06	10,19 94	9,92 71	43	
32,30	18	9,72 78	9,80 08	10,19 92	9,92 70	42	**57,70**
	19	9,72 80	9,80 11	10,19 89	9,92 69	41	
	20	9,72 82	9,80 14	10,19 86	9,92 68	40	
32,35	21	9,72 84	9,80 17	10,19 83	9,92 68	39	**57,65**
	22	9,72 86	9,80 20	10,19 80	9,92 67	38	
	23	9,72 88	9,80 22	10,19 78	9,92 66	37	
32,40	24	9,72 90	9,80 25	10,19 75	9,92 65	36	**57,60**
	25	9,72 92	9,80 28	10,19 72	9,92 64	35	
	26	9,72 94	9,80 31	10,19 69	9,92 64	34	
32,45	27	9,72 96	9,80 34	10,19 66	9,92 63	33	**57,55**
	28	9,72 98	9,80 36	10,19 64	9,92 62	32	
	29	9,73 00	9,80 39	10,19 61	9,92 61	31	
32,50	30	9,73 02	9,80 42	10,19 58	9,92 60	30	**57,50**
Grad	Min.	lg cos	lg cot	lg tan	lg sin	Min.	Grad

32° 30' → 33° 0'   57° 30' → 57° 0'

Grad	Min.	lg sin	lg tan	lg cot	lg cos	Min.	Grad
32,50	30	9,73 02	9,80 42	10,19 58	9,92 60	30	**57,50**
	31	9,73 04	9,80 45	10,19 55	9,92 59	29	
	32	9,73 06	9,80 47	10,19 53	9,92 59	28	
32,55	33	9,73 08	9,80 50	10,19 50	9,92 58	27	**57,45**
	34	9,73 10	9,80 53	10,19 47	9,92 57	26	
	35	9,73 12	9,80 56	10,19 44	9,92 56	25	
32,60	36	9,73 14	9,80 59	10,19 41	9,92 55	24	**57,40**
	37	9,73 16	9,80 61	10,19 39	9,92 55	23	
	38	9,73 18	9,80 64	10,19 36	9,92 54	22	
32,65	39	9,73 20	9,80 67	10,19 33	9,92 53	21	**57,35**
	40	9,73 22	9,80 70	10,19 30	9,92 52	20	
	41	9,73 24	9,80 72	10,19 28	9,92 51	19	
32,70	42	9,73 26	9,80 75	10,19 25	9,92 51	18	**57,30**
	43	9,73 28	9,80 78	10,19 22	9,92 50	17	
	44	9,73 30	9,80 81	10,19 19	9,92 49	16	
32,75	45	9,73 32	9,80 84	10,19 16	9,92 48	15	**57,25**
	46	9,73 34	9,80 86	10,19 14	9,92 47	14	
	47	9,73 36	9,80 89	10,19 11	9,92 47	13	
32,80	48	9,73 38	9,80 92	10,19 08	9,92 46	12	**57,20**
	49	9,73 40	9,80 95	10,19 05	9,92 45	11	
	50	9,73 42	9,80 97	10,19 03	9,92 44	10	
32,85	51	9,73 44	9,81 00	10,19 00	9,92 43	9	**57,15**
	52	9,73 45	9,81 03	10,18 97	9,92 42	8	
	53	9,73 47	9,81 06	10,18 94	9,92 42	7	
32,90	54	9,73 49	9,81 09	10,18 91	9,92 41	6	**57,10**
	55	9,73 51	9,81 11	10,18 89	9,92 40	5	
	56	9,73 53	9,81 14	10,18 86	9,92 39	4	
32,95	57	9,73 55	9,81 17	10,18 83	9,92 38	3	**57,05**
	58	9,73 57	9,81 20	10,18 80	9,92 38	2	
	59	9,73 59	9,81 22	10,18 78	9,92 37	1	
33,00	0	9,73 61	9,81 25	10,18 75	9,92 36	0	**57,00**
Grad	Min.	lg cos	lg cot	lg tan	lg sin	Min.	Grad

33° 0′ → 33° 30′   57° 0′ → 56° 30′

Grad	Min.	lg sin	lg tan	lg cot	lg cos	Min.	Grad
33,00	0	9,73 61	9,81 25	10,18 75	9,92 36	0	**57,00**
	1	9,73 63	9,81 28	10,18 72	9,92 35	59	
	2	9,73 65	9,81 31	10,18 69	9,92 34	58	
33,05	3	9,73 67	9,81 33	10,18 67	9,92 33	57	**56,95**
	4	9,73 69	9,81 36	10,18 64	9,92 33	56	
	5	9,73 71	9,81 39	10,18 61	9,92 32	55	
33,10	6	9,73 73	9,81 42	10,18 58	9,92 31	54	**56,90**
	7	9,73 75	9,81 45	10,18 55	9,92 30	53	
	8	9,73 77	9,81 47	10,18 53	9,92 29	52	
33,15	9	9,73 79	9,81 50	10,18 50	9,92 29	51	**56,85**
	10	9,73 80	9,81 53	10,18 47	9,92 28	50	
	11	9,73 82	9,81 56	10,18 44	9,92 27	49	
33,20	12	9,73 84	9,81 58	10,18 42	9,92 26	48	**56,80**
	13	9,73 86	9,81 61	10,18 39	9,92 25	47	
	14	9,73 88	9,81 64	10,18 36	9,92 24	46	
33,25	15	9,73 90	9,81 67	10,18 33	9,92 24	45	**56,75**
	16	9,73 92	9,81 69	10,18 31	9,92 23	44	
	17	9,73 94	9,81 72	10,18 28	9,92 22	43	
33,30	18	9,73 96	9,81 75	10,18 25	9,92 21	42	**56,70**
	19	9,73 98	9,81 78	10,18 22	9,92 20	41	
	20	9,74 00	9,81 80	10,18 20	9,92 19	40	
33,35	21	9,74 02	9,81 83	10,18 17	9,92 19	39	**56,65**
	22	9,74 04	9,81 86	10,18 14	9,92 18	38	
	23	9,74 06	9,81 89	10,18 11	9,92 17	37	
33,40	24	9,74 07	9,81 91	10,18 09	9,92 16	36	**56,60**
	25	9,74 09	9,81 94	10,18 06	9,92 15	35	
	26	9,74 11	9,81 97	10,18 03	9,92 14	34	
33,45	27	9,74 13	9,82 00	10,18 00	9,92 14	33	**56,55**
	28	9,74 15	9,82 02	10,17 98	9,92 13	32	
	29	9,74 17	9,82 05	10,17 95	9,92 12	31	
33,50	30	9,74 19	9,82 08	10,17 92	9,92 11	30	**56,50**
Grad	Min.	lg cos	lg cot	lg tan	lg sin	Min.	Grad

33° 30′ → 34° 0′ 56° 30′ → 56° 0′

Grad	Min.	lg sin	lg tan	lg cot	lg cos	Min.	Grad
33,50	30	9,74 19	9,82 08	10,17 92	9,92 11	30	56,50
	31	9,74 21	9,82 11	10,17 89	9,92 10	29	
	32	9,74 23	9,82 13	10,17 87	9,92 09	28	
33,55	33	9,74 25	9,82 16	10,17 84	9,92 09	27	56,45
	34	9,74 27	9,82 19	10,17 81	9,92 08	26	
	35	9,74 28	9,82 22	10,17 78	9,92 07	25	
33,60	36	9,74 30	9,82 24	10,17 76	9,92 06	24	56,40
	37	9,74 32	9,82 27	10,17 73	9,92 05	23	
	38	9,74 34	9,82 30	10,17 70	9,92 04	22	
33,65	39	9,74 36	9,82 33	10,17 67	9,92 04	21	56,35
	40	9,74 38	9,82 35	10,17 65	9,92 03	20	
	41	9,74 40	9,82 38	10,17 62	9,92 02	19	
33,70	42	9,74 42	9,82 41	10,17 59	9,92 01	18	56,30
	43	9,74 44	9,82 43	10,17 57	9,92 00	17	
	44	9,74 45	9,82 46	10,17 54	9,91 99	16	
33,75	45	9,74 47	9,82 49	10,17 51	9,91 98	15	56,25
	46	9,74 49	9,82 52	10,17 48	9,91 98	14	
	47	9,74 51	9,82 54	10,17 46	9,91 97	13	
33,80	48	9,74 53	9,82 57	10,17 43	9,91 96	12	56,20
	49	9,74 55	9,82 60	10,17 40	9,91 95	11	
	50	9,74 57	9,82 63	10,17 37	9,91 94	10	
33,85	51	9,74 59	9,82 65	10,17 35	9,91 93	9	56,15
	52	9,74 61	9,82 68	10,17 32	9,91 93	8	
	53	9,74 62	9,82 71	10,17 29	9,91 92	7	
33,90	54	9,74 64	9,82 74	10,17 26	9,91 91	6	56,10
	55	9,74 66	9,82 76	10,17 24	9,91 90	5	
	56	9,74 68	9,82 79	10,17 21	9,91 89	4	
33,95	57	9,74 70	9,82 82	10,17 18	9,91 88	3	56,05
	58	9,74 72	9,82 84	10,17 16	9,91 87	2	
	59	9,74 74	9,82 87	10,17 13	9,91 87	1	
34,00	0	9,74 76	9,82 90	10,17 10	9,91 86	0	56,00
Grad	Min.	lg cos	lg cot	lg tan	lg sin	Min.	Grad

34° 0' → 34° 30'   56° 0' → 55° 30'

Grad	Min.	lg sin	lg tan	lg cot	lg cos	Min.	Grad
34,00	0	9,74 76	9,82 90	10,17 10	9,91 86	0	**56,00**
	1	9,74 77	9,82 93	10,17 07	9,91 85	59	
	2	9,74 79	9,82 95	10,17 05	9,91 84	58	
34,05	3	9,74 81	9,82 98	10,17 02	9,91 83	57	**55,95**
	4	9,74 83	9,83 01	10,16 99	9,91 82	56	
	5	9,74 85	9,83 03	10,16 97	9,91 81	55	
34,10	6	9,74 87	9,83 06	10,16 94	9,91 81	54	**55,90**
	7	9,74 89	9,83 09	10,16 91	9,91 80	53	
	8	9,74 91	9,83 12	10,16 88	9,91 79	52	
34,15	9	9,74 92	9,83 14	10,16 86	9,91 78	51	**55,85**
	10	9,74 94	9,83 17	10,16 83	9,91 77	50	
	11	9,74 96	9,83 20	10,16 80	9,91 76	49	
34,20	12	9,74 98	9,83 23	10,16 77	9,91 75	48	**55,80**
	13	9,75 00	9,83 25	10,16 75	9,91 75	47	
	14	9,75 02	9,83 28	10,16 72	9,91 74	46	
34,25	15	9,75 04	9,83 31	10,16 69	9,91 73	45	**55,75**
	16	9,75 05	9,83 33	10,16 67	9,91 72	44	
	17	9,75 07	9,83 36	10,16 64	9,91 71	43	
34,30	18	9,75 09	9,83 39	10,16 61	9,91 70	42	**55,70**
	19	9,75 11	9,83 42	10,16 58	9,91 69	41	
	20	9,75 13	9,83 44	10,16 56	9,91 69	40	
34,35	21	9,75 15	9,83 47	10,16 53	9,91 68	39	**55,65**
	22	9,75 17	9,83 50	10,16 50	9,91 67	38	
	23	9,75 18	9,83 52	10,16 48	9,91 66	37	
34,40	24	9,75 20	9,83 55	10,16 45	9,91 65	36	**55,60**
	25	9,75 22	9,83 58	10,16 42	9,91 64	35	
	26	9,75 24	9,83 61	10,16 39	9,91 63	34	
34,45	27	9,75 26	9,83 63	10,16 37	9,91 63	33	**55,55**
	28	9,75 28	9,83 66	10,16 34	9,91 62	32	
	29	9,75 29	9,83 69	10,16 31	9,91 61	31	
34,50	30	9,75 31	9,83 71	10,16 29	9,91 60	30	**55,50**
Grad	Min.	lg cos	lg cot	lg tan	lg sin	Min.	Grad

34° 30' → 35° 0' 55° 30' → 55° 0'

Grad	Min.	lg sin	lg tan	lg cot	lg cos	Min.	Grad
34,50	30	9,75 31	9,83 71	10,16 29	9,91 60	30	55,50
	31	9,75 33	9,83 74	10,16 26	9,91 59	29	
	32	9,75 35	9,83 77	10,16 23	9,91 58	28	
34,55	33	9,75 37	9,83 79	10,16 21	9,91 57	27	55,45
	34	9,75 39	9,83 82	10,16 18	9,91 56	26	
	35	9,75 40	9,83 85	10,16 15	9,91 56	25	
34,60	36	9,75 42	9,83 88	10,16 12	9,91 55	24	55,40
	37	9,75 44	9,83 90	10,16 10	9,91 54	23	
	38	9,75 46	9,83 93	10,16 07	9,91 53	22	
34,65	39	9,75 48	9,83 96	10,16 04	9,91 52	21	55,35
	40	9,75 50	9,83 98	10,16 02	9,91 51	20	
	41	9,75 51	9,84 01	10,15 99	9,91 50	19	
34,70	42	9,75 53	9,84 04	10,15 96	9,91 49	18	55,30
	43	9,75 55	9,84 06	10,15 94	9,91 49	17	
	44	9,75 57	9,84 09	10,15 91	9,91 48	16	
34,75	45	9,75 59	9,84 12	10,15 88	9,91 47	15	55,25
	46	9,75 61	9,84 15	10,15 85	9,91 46	14	
	47	9,75 62	9,84 17	10,15 83	9,91 45	13	
34,80	48	9,75 64	9,84 20	10,15 80	9,91 44	12	55,20
	49	9,75 66	9,84 23	10,15 77	9,91 43	11	
	50	9,75 68	9,84 25	10,15 75	9,91 42	10	
34,85	51	9,75 70	9,84 28	10,15 72	9,91 42	9	55,15
	52	9,75 71	9,84 31	10,15 69	9,91 41	8	
	53	9,75 73	9,84 33	10,15 67	9,91 40	7	
34,90	54	9,75 75	9,84 36	10,15 64	9,91 39	6	55,10
	55	9,75 77	9,84 39	10,15 61	9,91 38	5	
	56	9,75 79	9,84 42	10,15 58	9,91 37	4	
34,95	57	9,75 80	9,84 44	10,15 56	9,91 36	3	55,05
	58	9,75 82	9,84 47	10,15 53	9,91 35	2	
	59	9,75 84	9,84 50	10,15 50	9,91 35	1	
35,00	0	9,75 86	9,84 52	10,15 48	9,91 34	0	55,00
Grad	Min.	lg cos	lg cot	lg tan	lg sin	Min.	Grad

35° 0′ → 35° 30′   55° 0′ → 54° 30′

Grad	Min.	lg sin	lg tan	lg cot	lg cos	Min.	Grad
35,00	0	9,75 86	9,84 52	10,15 48	9,91 34	0	55,00
	1	9,75 88	9,84 55	10,15 45	9,91 33	59	
	2	9,75 90	9,84 58	10,15 42	9,91 32	58	
35,05	3	9,75 91	9,84 60	10,15 40	9,91 31	57	54,95
	4	9,75 93	9,84 63	10,15 37	9,91 30	56	
	5	9,75 95	9,84 66	10,15 34	9,91 29	55	
35,10	6	9,75 97	9,84 68	10,15 32	9,91 28	54	54,90
	7	9,75 99	9,84 71	10,15 29	9,91 27	53	
	8	9,76 00	9,84 74	10,15 26	9,91 27	52	
35,15	9	9,76 02	9,84 76	10,15 24	9,91 26	51	54,85
	10	9,76 04	9,84 79	10,15 21	9,91 25	50	
	11	9,76 06	9,84 82	10,15 18	9,91 24	49	
35,20	12	9,76 07	9,84 84	10,15 16	9,91 23	48	54,80
	13	9,76 09	9,84 87	10,15 13	9,91 22	47	
	14	9,76 11	9,84 90	10,15 10	9,91 21	46	
35,25	15	9,76 13	9,84 93	10,15 07	9,91 20	45	54,75
	16	9,76 15	9,84 95	10,15 05	9,91 19	44	
	17	9,76 16	9,84 98	10,15 02	9,91 19	43	
35,30	18	9,76 18	9,85 01	10,14 99	9,91 18	42	54,70
	19	9,76 20	9,85 03	10,14 97	9,91 17	41	
	20	9,76 22	9,85 06	10,14 94	9,91 16	40	
35,35	21	9,76 24	9,85 09	10,14 91	9,91 15	39	54,65
	22	9,76 25	9,85 11	10,14 89	9,91 14	38	
	23	9,76 27	9,85 14	10,14 86	9,91 13	37	
35,40	24	9,76 29	9,85 17	10,14 83	9,91 12	36	54,60
	25	9,76 31	9,85 19	10,14 81	9,91 11	35	
	26	9,76 32	9,85 22	10,14 78	9,91 10	34	
35,45	27	9,76 34	9,85 25	10,14 75	9,91 10	33	54,55
	28	9,76 36	9,85 27	10,14 73	9,91 09	32	
	29	9,76 38	9,85 30	10,14 70	9,91 08	31	
35,50	30	9,76 40	9,85 33	10,14 67	9,91 07	30	54,50
Grad	Min.	lg cos	lg cot	lg tan	lg sin	Min.	Grad

35° 30' → 36° 0'   54° 30' → 54° 0'

Grad	Min.	lg sin	lg tan	lg cot	lg cos	Min.	Grad
35,50	30	9,76 40	9,85 33	10,14 67	9,91 07	30	54,50
	31	9,76 41	9,85 35	10,14 65	9,91 06	29	
	32	9,76 43	9,85 38	10,14 62	9,91 05	28	
35,55	33	9,76 45	9,85 41	10,14 59	9,91 04	27	54,45
	34	9,76 47	9,85 43	10,14 57	9,91 03	26	
	35	9,76 48	9,85 46	10,14 54	9,91 02	25	
35,60	36	9,76 50	9,85 49	10,14 51	9,91 01	24	54,40
	37	9,76 52	9,85 51	10,14 49	9,91 01	23	
	38	9,76 54	9,85 54	10,14 46	9,91 00	22	
35,65	39	9,76 55	9,85 57	10,14 43	9,90 99	21	54,35
	40	9,76 57	9,85 59	10,14 41	9,90 98	20	
	41	9,76 59	9,85 62	10,14 38	9,90 97	19	
35,70	42	9,76 61	9,85 65	10,14 35	9,90 96	18	54,30
	43	9,76 62	9,85 67	10,14 33	9,90 95	17	
	44	9,76 64	9,85 70	10,14 30	9,90 94	16	
35,75	45	9,76 66	9,85 73	10,14 27	9,90 93	15	54,25
	46	9,76 68	9,85 75	10,14 25	9,90 92	14	
	47	9,76 69	9,85 78	10,14 22	9,90 91	13	
35,80	48	9,76 71	9,85 81	10,14 19	9,90 91	12	54,20
	49	9,76 73	9,85 83	10,14 17	9,90 90	11	
	50	9,76 75	9,85 86	10,14 14	9,90 89	10	
35,85	51	9,76 76	9,85 89	10,14 11	9,90 88	9	54,15
	52	9,76 78	9,85 91	10,14 09	9,90 87	8	
	53	9,76 80	9,85 94	10,14 06	9,90 86	7	
35,90	54	9,76 82	9,85 97	10,14 03	9,90 85	6	54,10
	55	9,76 83	9,85 99	10,14 01	9,90 84	5	
	56	9,76 85	9,86 02	10,13 98	9,90 83	4	
35,95	57	9,76 87	9,86 05	10,13 95	9,90 82	3	54,05
	58	9,76 89	9,86 07	10,13 93	9,90 81	2	
	59	9,76 90	9,86 10	10,13 90	9,90 80	1	
36,00	0	9,76 92	9,86 13	10,13 87	9,90 80	0	54,00
Grad	Min.	lg cos	lg cot	lg tan	lg sin	Min.	Grad

36° 0' → 36° 30'   54° 0' → 53° 30'

Grad	Min.	lg sin	lg tan	lg cot	lg cos	Min.	Grad
36,00	0	9,76 92	9,86 13	10,13 87	9,90 80	0	**54,00**
	1	9,76 94	9,86 15	10,13 85	9,90 79	59	
	2	9,76 96	9,86 18	10,13 82	9,90 78	58	
36,05	3	9,76 97	9,86 21	10,13 79	9,90 77	57	**53,95**
	4	9,76 99	9,86 23	10,13 77	9,90 76	56	
	5	9,77 01	9,86 26	10,13 74	9,90 75	55	
36,10	6	9,77 03	9,86 29	10,13 71	9,90 74	54	**53,90**
	7	9,77 04	9,86 31	10,13 69	9,90 73	53	
	8	9,77 06	9,86 34	10,13 66	9,90 72	52	
36,15	9	9,77 08	9,86 37	10,13 63	9,90 71	51	**53,85**
	10	9,77 10	9,86 39	10,13 61	9,90 70	50	
	11	9,77 11	9,86 42	10,13 58	9,90 69	49	
36,20	12	9,77 13	9,86 44	10,13 56	9,90 69	48	**53,80**
	13	9,77 15	9,86 47	10,13 53	9,90 68	47	
	14	9,77 16	9,86 50	10,13 50	9,90 67	46	
36,25	15	9,77 18	9,86 52	10,13 48	9,90 66	45	**53,75**
	16	9,77 20	9,86 55	10,13 45	9,90 65	44	
	17	9,77 22	9,86 58	10,13 42	9,90 64	43	
36,30	18	9,77 23	9,86 60	10,13 40	9,90 63	42	**53,70**
	19	9,77 25	9,86 63	10,13 37	9,90 62	41	
	20	9,77 27	9,86 66	10,13 34	9,90 61	40	
36,35	21	9,77 28	9,86 68	10,13 32	9,90 60	39	**53,65**
	22	9,77 30	9,86 71	10,13 29	9,90 59	38	
	23	9,77 32	9,86 74	10,13 26	9,90 58	37	
36,40	24	9,77 34	9,86 76	10,13 24	9,90 57	36	**53,60**
	25	9,77 35	9,86 79	10,13 21	9,90 56	35	
	26	9,77 37	9,86 82	10,13 18	9,90 56	34	
36,45	27	9,77 39	9,86 84	10,13 16	9,90 55	33	**53,55**
	28	9,77 40	9,86 87	10,13 13	9,90 54	32	
	29	9,77 42	9,86 89	10,13 11	9,90 53	31	
36,50	30	9,77 44	9,86 92	10,13 08	9,90 52	30	**53,50**
Grad	Min.	lg cos	lg cot	lg tan	lg sin	Min.	Grad

36° 30' → 37° 0'   53° 30' → 53° 0'

Grad	Min.	lg sin	lg tan	lg cot	lg cos	Min.	Grad
36,50	30	9,77 44	9,86 92	10,13 08	9,90 52	30	53,50
	31	9,77 46	9,86 95	10,13 05	9,90 51	29	
	32	9,77 47	9,86 97	10,13 03	9,90 50	28	
36,55	33	9,77 49	9,87 00	10,13 00	9,90 49	27	53,45
	34	9,77 51	9,87 03	10,12 97	9,90 48	26	
	35	9,77 52	9,87 05	10,12 95	9,90 47	25	
36,60	36	9,77 54	9,87 08	10,12 92	9,90 46	24	53,40
	37	9,77 56	9,87 11	10,12 89	9,90 45	23	
	38	9,77 58	9,87 13	10,12 87	9,90 44	22	
36,65	39	9,77 59	9,87 16	10,12 84	9,90 43	21	53,35
	40	9,77 61	9,87 18	10,12 82	9,90 42	20	
	41	9,77 63	9,87 21	10,12 79	9,90 41	19	
36,70	42	9,77 64	9,87 24	10,12 76	9,90 41	18	53,30
	43	9,77 66	9,87 26	10,12 74	9,90 40	17	
	44	9,77 68	9,87 29	10,12 71	9,90 39	16	
36,75	45	9,77 69	9,87 32	10,12 68	9,90 38	15	53,25
	46	9,77 71	9,87 34	10,12 66	9,90 37	14	
	47	9,77 73	9,87 37	10,12 63	9,90 36	13	
36,80	48	9,77 74	9,87 40	10,12 60	9,90 35	12	53,20
	49	9,77 76	9,87 42	10,12 58	9,90 34	11	
	50	9,77 78	9,87 45	10,12 55	9,90 33	10	
36,85	51	9,77 80	9,87 47	10,12 53	9,90 32	9	53,15
	52	9,77 81	9,87 50	10,12 50	9,90 31	8	
	53	9,77 83	9,87 53	10,12 47	9,90 30	7	
36,90	54	9,77 85	9,87 55	10,12 45	9,90 29	6	53,10
	55	9,77 86	9,87 58	10,12 42	9,90 28	5	
	56	9,77 88	9,87 61	10,12 39	9,90 27	4	
36,95	57	9,77 90	9,87 63	10,12 37	9,90 26	3	53,05
	58	9,77 91	9,87 66	10,12 34	9,90 25	2	
	59	9,77 93	9,87 69	10,12 31	9,90 24	1	
37,00	0	9,77 95	9,87 71	10,12 29	9,90 23	0	53,00
Grad	Min.	lg cos	lg cot	lg tan	lg sin	Min.	Grad

37° 0′ → 37° 30′   53° 0′ → 52° 30′

Grad	Min.	lg sin	lg tan	lg cot	lg cos	Min.	Grad
37,00	0	9,77 95	9,87 71	10,12 29	9,90 23	0	**53,00**
	1	9,77 96	9,87 74	10,12 26	9,90 23	59	
	2	9,77 98	9,87 76	10,12 24	9,90 22	58	
37,05	3	9,78 00	9,87 79	10,12 21	9,90 21	57	**52,95**
	4	9,78 01	9,87 82	10,12 18	9,90 20	56	
	5	9,78 03	9,87 84	10,12 16	9,90 19	55	
37,10	6	9,78 05	9,87 87	10,12 13	9,90 18	54	**52,90**
	7	9,78 06	9,87 90	10,12 10	9,90 17	53	
	8	9,78 08	9,87 92	10,12 08	9,90 16	52	
37,15	9	9,78 10	9,87 95	10,12 05	9,90 15	51	**52,85**
	10	9,78 11	9,87 97	10,12 03	9,90 14	50	
	11	9,78 13	9,88 00	10,12 00	9,90 13	49	
37,20	12	9,78 15	9,88 03	10,11 97	9,90 12	48	**52,80**
	13	9,78 16	9,88 05	10,11 95	9,90 11	47	
	14	9,78 18	9,88 08	10,11 92	9,90 10	46	
37,25	15	9,78 20	9,88 11	10,11 89	9,90 09	45	**52,75**
	16	9,78 21	9,88 13	10,11 87	9,90 08	44	
	17	9,78 23	9,88 16	10,11 84	9,90 07	43	
37,30	18	9,78 25	9,88 18	10,11 82	9,90 06	42	**52,70**
	19	9,78 26	9,88 21	10,11 79	9,90 05	41	
	20	9,78 28	9,88 24	10,11 76	9,90 04	40	
37,35	21	9,78 30	9,88 26	10,11 74	9,90 03	39	**26,65**
	22	9,78 31	9,88 29	10,11 71	9,90 02	38	
	23	9,78 33	9,88 31	10,11 69	9,90 01	37	
37,40	24	9,78 35	9,88 34	10,11 66	9,90 00	36	**52,60**
	25	9,78 36	9,88 37	10,11 63	9,90 00	35	
	26	9,78 38	9,88 39	10,11 61	9,89 99	34	
37,45	27	9,78 40	9,88 42	10,11 58	9,89 98	33	**52,55**
	28	9,78 41	9,88 45	10,11 55	9,89 97	32	
	29	9,78 43	9,88 47	10,11 53	9,89 96	31	
37,50	30	9,78 44	9,88 50	10,11 50	9,89 95	30	**52,50**
Grad	Min.	lg cos	lg cot	lg tan	lg sin	Min.	Grad

37° 30′ → 38° 0′ 52° 30′ → 52° 0′

Grad	Min.	lg sin	lg tan	lg cot	lg cos	Min.	Grad
37,50	30	9,78 44	9,88 50	10,11 50	9,89 95	30	52,50
	31	9,78 46	9,88 52	10,11 48	9,89 94	29	
	32	9,78 48	9,88 55	10,11 45	9,89 93	28	
37,55	33	9,78 49	9,88 58	10,11 42	9,89 92	27	52,45
	34	9,78 51	9,88 60	10,11 40	9,89 91	26	
	35	9,78 53	9,88 63	10,11 37	9,89 90	25	
37,60	36	9,78 54	9,88 65	10,11 35	9,89 89	24	52,40
	37	9,78 56	9,88 68	10,11 32	9,89 88	23	
	38	9,78 58	9,88 71	10,11 29	9,89 87	22	
37,65	39	9,78 59	9,88 73	10,11 27	9,89 86	21	52,35
	40	9,78 61	9,88 76	10,11 24	9,89 85	20	
	41	9,78 63	9,88 79	10,11 21	9,89 84	19	
37,70	42	9,78 64	9,88 81	10,11 19	9,89 83	18	52,30
	43	9,78 66	9,88 84	10,11 16	9,89 82	17	
	44	9,78 67	9,88 86	10,11 14	9,89 81	16	
37,75	45	9,78 69	9,88 89	10,11 11	9,89 80	15	52,25
	46	9,78 71	9,88 92	10,11 08	9,89 79	14	
	47	9,78 72	9,88 94	10,11 06	9,89 78	13	
37,80	48	9,78 74	9,88 97	10,11 03	9,89 77	12	52,20
	49	9,78 76	9,88 99	10,11 01	9,89 76	11	
	50	9,78 77	9,89 02	10,10 98	9,89 75	10	
37,85	51	9,78 79	9,89 05	10,10 95	9,89 74	9	52,15
	52	9,78 80	9,89 07	10,10 93	9,89 73	8	
	53	9,78 82	9,89 10	10,10 90	9,89 72	7	
37,90	54	9,78 84	9,89 12	10,10 88	9,89 71	6	52,10
	55	9,78 85	9,89 15	10,10 85	9,89 70	5	
	56	9,78 87	9,89 18	10,10 82	9,89 69	4	
37,95	57	9,78 89	9,89 20	10,10 80	9,89 68	3	52,05
	58	9,78 90	9,89 23	10,10 77	9,89 67	2	
	59	9,78 92	9,89 25	10,10 75	9,89 66	1	
38,00	0	9,78 93	9,89 28	10,10 72	9,89 65	0	52,00
Grad	Min.	lg cos	lg cot	lg tan	lg sin	Min.	Grad

38° 0' → 38° 30'   52° 0' → 51° 30'

Grad	Min.	lg sin	lg tan	lg cot	lg cos	Min.	Grad
38,00	0	9,78 93	9,89 28	10,10 72	9,89 65	0	**52,00**
	1	9,78 95	9,89 31	10,10 69	9,89 64	59	
	2	9,78 97	9,89 33	10,10 67	9,89 63	58	
38,05	3	9,78 98	9,89 36	10,10 64	9,89 62	57	**51,95**
	4	9,79 00	9,89 39	10,10 61	9,89 61	56	
	5	9,79 01	9,89 41	10,10 59	9,89 60	55	
38,10	6	9,79 03	9,89 44	10,10 56	9,89 59	54	**51,90**
	7	9,79 05	9,89 46	10,10 54	9,89 58	53	
	8	9,79 06	9,89 49	10,10 51	9,89 57	52	
38,15	9	9,79 08	9,89 52	10,10 48	9,89 56	51	**51,85**
	10	9,79 10	9,89 54	10,10 46	9,89 55	50	
	11	9,79 11	9,89 57	10,10 43	9,89 54	49	
38,20	12	9,79 13	9,89 59	10,10 41	9,89 53	48	**41,80**
	13	9,79 14	9,89 62	10,10 38	9,89 52	47	
	14	9,79 16	9,89 65	10,10 35	9,89 51	46	
38,25	15	9,79 18	9,89 67	10,10 33	9,89 50	45	**51,75**
	16	9,79 19	9,89 70	10,10 30	9,89 49	44	
	17	9,79 21	9,89 72	10,10 28	9,89 48	43	
38,30	18	9,79 22	9,89 75	10,10 25	9,89 47	42	**51,70**
	19	9,79 24	9,89 78	10,10 22	9,89 46	41	
	20	9,79 26	9,89 80	10,10 20	9,89 45	40	
38,35	21	9,79 27	9,89 83	10,10 17	9,89 44	39	**51,65**
	22	9,79 29	9,89 85	10,10 15	9,89 43	38	
	23	9,79 30	9,89 88	10,10 12	9,89 42	37	
38,40	24	9,79 32	9,89 90	10,10 10	9,89 41	36	**51,60**
	25	9,79 34	9,89 93	10,10 07	9,89 40	35	
	26	9,79 35	9,89 96	10,10 04	9,89 39	34	
38,45	27	9,79 37	9,89 98	10,10 02	9,89 38	33	**51,55**
	28	9,79 38	9,90 01	10,09 99	9,89 37	32	
	29	9,79 40	9,90 03	10,09 97	9,89 36	31	
38,50	30	9,79 41	9,90 06	10,09 94	9,89 35	30	**51,50**
Grad	Min.	lg cos	lg cot	lg tan	lg sin	Min.	Grad

38° 30' → 39° 0'   51° 30' → 51° 0'

Grad	Min.	lg sin	lg tan	lg cot	lg cos	Min.	Grad
38,50	30	9,79 41	9,90 06	10,09 94	9,89 35	30	51,50
	31	9,79 43	9,90 09	10,09 91	9,89 34	29	
	32	9,79 45	9,90 11	10,09 89	9,89 33	28	
38,55	33	9,79 46	9,90 14	10,09 86	9,89 32	27	51,45
	34	9,79 48	9,90 16	10,09 84	9,89 31	26	
	35	9,79 49	9,90 19	10,09 81	9,89 30	25	
38,60	36	9,79 51	9,90 22	10,09 78	9,89 29	24	51,40
	37	9,79 53	9,90 24	10,09 76	9,89 28	23	
	38	9,79 54	9,90 27	10,09 73	9,89 27	22	
38,65	39	9,79 56	9,90 29	10,09 71	9,89 26	21	51,35
	40	9,79 57	9,90 32	10,09 68	9,89 25	20	
	41	9,79 59	9,90 35	10,09 65	9,89 24	19	
38,70	42	9,79 60	9,90 37	10,09 63	9,89 23	18	51,30
	43	9,79 62	9,90 40	10,09 60	9,89 22	17	
	44	9,79 64	9,90 42	10,09 58	9,89 21	16	
38,75	45	9,79 65	9,90 45	10,09 55	9,89 20	15	51,25
	46	9,79 67	9,90 47	10,09 53	9,89 19	14	
	47	9,79 68	9,90 50	10,09 50	9,89 18	13	
38,80	48	9,79 70	9,90 53	10,09 47	9,89 17	12	51,20
	49	9,79 72	9,90 55	10,09 45	9,89 16	11	
	50	9,79 73	9,90 58	10,09 42	9,89 15	10	
38,85	51	9,79 75	9,90 60	10,09 40	9,89 14	9	51,15
	52	9,79 76	9,90 63	10,09 37	9,89 13	8	
	53	9,79 78	9,90 66	10,09 34	9,89 12	7	
38,90	54	9,79 79	9,90 68	10,09 32	9,89 11	6	51,10
	55	9,79 81	9,90 71	10,09 29	9,89 10	5	
	56	9,79 83	9,90 73	10,09 27	9,89 09	4	
38,95	57	9,79 84	9,90 76	10,09 24	9,89 08	3	51,05
	58	9,79 86	9,90 79	10,09 21	9,89 07	2	
	59	9,79 87	9,90 81	10,09 19	9,89 06	1	
39,00	0	9,79 89	9,90 84	10,09 16	9,89 05	0	51,00
Grad	Min.	lg cos	lg cot	lg tan	lg sin	Min.	Grad

39° 0' → 39° 30' 51° 0' → 50° 30'

Grad	Min.	lg sin	lg tan	lg cot	lg cos	Min.	Grad
39,00	0	9,79 89	9,90 84	10,09 16	9,89 05	0	**51,00**
	1	9,79 90	9,90 86	10,09 14	9,89 04	59	
	2	9,79 92	9,90 89	10,09 11	9,89 03	58	
39,05	3	9,79 93	9,90 91	10,09 09	9,89 02	57	**50,95**
	4	9,79 95	9,90 94	10,09 06	9,89 01	56	
	5	9,79 97	9,90 97	10,09 03	9,89 00	55	
39,10	6	9,79 98	9,90 99	10,09 01	9,88 99	54	**50,90**
	7	9,80 00	9,91 02	10,08 98	9,88 98	53	
	8	9,80 01	9,91 04	10,08 96	9,88 97	52	
39,15	9	9,80 03	9,91 07	10,08 93	9,88 96	51	**50,85**
	10	9,80 04	9,91 10	10,08 90	9,88 95	50	
	11	9,80 06	9,91 12	10,08 88	9,88 94	49	
39,20	12	9,80 07	9,91 15	10,08 85	9,88 93	48	**50,80**
	13	9,80 09	9,91 17	10,08 83	9,88 92	47	
	14	9,80 10	9,91 20	10,08 80	9,88 91	46	
39,25	15	9,80 12	9,91 22	10,08 78	9,88 90	45	**50,75**
	16	9,80 14	9,91 25	10,08 75	9,88 89	44	
	17	9,80 15	9,91 28	10,08 72	9,88 88	43	
39,30	18	9,80 17	9,91 30	10,08 70	9,88 87	42	**50,70**
	19	9,80 18	9,91 33	10,08 67	9,88 85	41	
	20	9,80 20	9,91 35	10,08 65	9,88 84	40	
39,35	21	9,80 21	9,91 38	10,08 62	9,88 83	39	**50,65**
	22	9,80 23	9,91 40	10,08 60	9,88 82	38	
	23	9,80 24	9,91 43	10,08 57	9,88 81	37	
39,40	24	9,80 26	9,91 46	10,08 54	9,88 80	36	**50,60**
	25	9,80 27	9,91 48	10,08 52	9,88 79	35	
	26	9,80 29	9,91 51	10,08 49	9,88 78	34	
39,45	27	9,80 31	9,91 53	10,08 47	9,88 77	33	**50,55**
	28	9,80 32	9,91 56	10,08 44	9,88 76	32	
	29	9,80 34	9,91 58	10,08 42	9,88 75	31	
39,50	30	9,80 35	9,91 61	10,08 39	9,88 74	30	**50,50**
Grad	Min.	lg cos	lg cot	lg tan	lg sin	Min.	Grad

39° 30′ → 40° 0′   50° 30′ → 50° 0′

Grad	Min.	lg sin	lg tan	lg cot	lg cos	Min.	Grad
39,50	30	9,80 35	9,91 61	10,08 39	9,88 74	30	50,50
	31	9,80 37	9,91 64	10,08 36	9,88 73	29	
	32	9,80 38	9,91 66	10,08 34	9,88 72	28	
39,55	33	9,80 40	9,91 69	10,08 31	9,88 71	27	50,45
	34	9,80 41	9,91 71	10,08 29	9,88 70	26	
	35	9,80 43	9,91 74	10,08 26	9,88 69	25	
39,60	36	9,80 44	9,91 76	10,08 24	9,88 68	24	50,40
	37	9,80 46	9,91 79	10,08 21	9,88 67	23	
	38	9,80 47	9,91 82	10,08 18	9,88 66	22	
39,65	39	9,80 49	9,91 84	10,08 16	9,88 65	21	50,35
	40	9,80 50	9,91 87	10,08 13	9,88 64	20	
	41	9,80 52	9,91 89	10,08 11	9,88 63	19	
39,70	42	9,80 53	9,91 92	10,08 08	9,88 62	18	50,30
	43	9,80 55	9,91 94	10,08 06	9,88 60	17	
	44	9,80 56	9,91 97	10,08 03	9,88 59	16	
39,75	45	9,80 58	9,92 00	10,08 00	9,88 58	15	50,25
	46	9,80 60	9,92 02	10,07 98	9,88 57	14	
	47	9,80 61	9,92 05	10,07 95	9,88 56	13	
39,80	48	9,80 63	9,92 07	10,07 93	9,88 55	12	50,20
	49	9,80 64	9,92 10	10,07 90	9,88 54	11	
	50	9,80 66	9,92 12	10,07 88	9,88 53	10	
39,85	51	9,80 67	9,92 15	10,07 85	9,88 52	9	50,15
	52	9,80 69	9,92 18	10,07 82	9,88 51	8	
	53	9,80 70	9,92 20	10,07 80	9,88 50	7	
39,90	54	9,80 72	9,92 23	10,07 77	9,88 49	6	50,10
	55	9,80 73	9,92 25	10,07 75	9,88 48	5	
	56	9,80 75	9,92 28	10,07 72	9,88 47	4	
39,95	57	9,80 76	9,92 30	10,07 70	9,88 46	3	50,05
	58	9,80 78	9,92 33	10,07 67	9,88 45	2	
	59	9,80 79	9,92 36	10,07 64	9,88 44	1	
40,00	0	9,80 81	9,92 38	10,07 62	9,88 43	0	50,00
Grad	Min.	lg cos	lg cot	lg tan	lg sin	Min.	Grad

40° 0′ → 40° 30′   50° 0′ → 49° 30′

Grad	Min.	lg sin	lg tan	lg cot	lg cos	Min.	Grad
40,00	0	9,80 81	9,92 38	10,07 62	9,88 43	0	**50,00**
	1	9,80 82	9,92 41	10,07 59	9,88 41	59	
	2	9,80 84	9,92 43	10,07 57	9,88 40	58	
40,05	3	9,80 85	9,92 46	10,07 54	9,88 39	57	49,95
	4	9,80 87	9,92 48	10,07 52	9,88 38	56	
	5	9,80 88	9,92 51	10,07 49	9,88 37	55	
40,10	6	9,80 90	9,92 54	10,07 46	9,88 36	54	49,90
	7	9,80 91	9,92 56	10,07 44	9,88 35	53	
	8	9,80 93	9,92 59	10,07 41	9,88 34	52	
40,15	9	9,80 94	9,92 61	10,07 39	9,88 33	51	49,85
	10	9,80 96	9,92 64	10,07 36	9,88 32	50	
	11	9,80 97	9,92 66	10,07 34	9,88 31	49	
40,20	12	9,80 99	9,92 69	10,07 31	9,88 30	48	49,80
	13	9,81 00	9,92 71	10,07 29	9,88 29	47	
	14	9,81 02	9,92 74	10,07 26	9,88 28	46	
40,25	15	9,81 03	9,92 77	10,07 23	9,88 27	45	49,75
	16	9,81 05	9,92 79	10,07 21	9,88 25	44	
	17	9,81 06	9,92 82	10,07 18	9,88 24	43	
40,30	18	9,81 08	9,92 84	10,07 16	9,88 23	42	49,70
	19	9,81 09	9,92 87	10,07 13	9,88 22	41	
	20	9,81 11	9,92 89	10,07 11	9,88 21	40	
40,35	21	9,81 12	9,92 92	10,07 08	9,88 20	39	49,65
	22	9,81 14	9,92 95	10,07 05	9,88 19	38	
	23	9,81 15	9,92 97	10,07 03	9,88 18	37	
40,40	24	9,81 17	9,93 00	10,07 00	9,88 17	36	49,60
	25	9,81 18	9,93 02	10,06 98	9,88 16	35	
	26	9,81 20	9,93 05	10,06 95	9,88 15	34	
40,45	27	9,81 21	9,93 07	10,06 93	9,88 14	33	49,55
	28	9,81 22	9,93 10	10,06 90	9,88 13	32	
	29	9,81 24	9,93 12	10,06 88	9,88 12	31	
40,50	30	9,81 25	9,93 15	10,06 85	9,88 10	30	49,50
Grad	Min.	lg cos	lg cot	lg tan	lg sin	Min.	Grad

40° 30' → 41° 0' 49° 30' → 49° 0'

Grad	Min.	lg sin	lg tan	lg cot	lg cos	Min.	Grad
40,50	30	9,81 25	9,93 15	10,06 85	9,88 10	30	49,50
	31	9,81 27	9,93 18	10,06 82	9,88 09	29	
	32	9,81 28	9,93 20	10,06 80	9,88 08	28	
40,55	33	9,81 30	9,93 23	10,06 77	9,88 07	27	49,45
	34	9,81 31	9,93 25	10,06 75	9,88 06	26	
	35	9,81 33	9,93 28	10,06 72	9,88 05	25	
40,60	36	9,81 34	9,93 30	10,06 70	9,88 04	24	49,40
	37	9,81 36	9,93 33	10,06 67	9,88 03	23	
	38	9,81 37	9,93 35	10,06 65	9,88 02	22	
40,65	39	9,81 39	9,93 38	10,06 62	9,88 01	21	49,35
	40	9,81 40	9,93 41	10,06 59	9,88 00	20	
	41	9,81 42	9,93 43	10,06 57	9,87 99	19	
40,70	42	9,81 43	9,93 46	10,06 54	9,87 97	18	49,30
	43	9,81 45	9,93 48	10,06 52	9,87 96	17	
	44	9,81 46	9,93 51	10,06 49	9,87 95	16	
40,75	45	9,81 48	9,93 53	10,06 47	9,87 94	15	49,25
	46	9,81 49	9,93 56	10,06 44	9,87 93	14	
	47	9,81 50	9,93 58	10,06 42	9,87 92	13	
40,80	48	9,81 52	9,93 61	10,06 39	9,87 91	12	49,20
	49	9,81 53	9,93 64	10,06 36	9,87 90	11	
	50	9,81 55	9,93 66	10,06 34	9,87 89	10	
40,85	51	9,81 56	9,93 69	10,06 31	9,87 88	9	49,15
	52	9,81 58	9,93 71	10,06 29	9,87 87	8	
	53	9,81 59	9,93 74	10,06 26	9,87 85	7	
40,90	54	9,81 61	9,93 76	10,06 24	9,87 84	6	49,10
	55	9,81 62	9,93 79	10,06 21	9,87 83	5	
	56	9,81 64	9,93 81	10,06 19	9,87 82	4	
40,95	57	9,81 65	9,93 84	10,06 16	9,87 81	3	49,05
	58	9,81 67	9,93 87	10,06 13	9,87 80	2	
	59	9,81 68	9,93 89	10,06 11	9,87 79	1	
41,00	0	9,81 69	9,93 92	10,06 08	9,87 78	0	49,00
Grad	Min.	lg cos	lg cot	lg tan	lg sin	Min.	Grad

41° 0' → 41° 30'   49° 0' → 48° 30'

Grad	Min.	lg sin	lg tan	lg cot	lg cos	Min.	Grad
41,00	0	9,81 69	9,93 92	10,06 08	9,87 78	0	49,00
	1	9,81 71	9,93 94	10,06 06	9,87 77	59	
	2	9,81 72	9,93 97	10,06 03	9,87 76	58	
41,05	3	9,81 74	9,93 99	10,06 01	9,87 75	57	48,95
	4	9,81 75	9,94 02	10,05 98	9,87 73	56	
	5	9,81 77	9,94 04	10,05 96	9,87 72	55	
41,10	6	9,81 78	9,94 07	10,05 93	9,87 71	54	48,90
	7	9,81 80	9,94 09	10,05 91	9,87 70	53	
	8	9,81 81	9,94 12	10,05 88	9,87 69	52	
41,15	9	9,81 82	9,94 15	10,05 85	9,87 68	51	48,85
	10	9,81 84	9,94 17	10,05 83	9,87 67	50	
	11	9,81 85	9,94 20	10,05 80	9,87 66	49	
41,20	12	9,81 87	9,94 22	10,05 78	9,87 65	48	48,80
	13	9,81 88	9,94 25	10,05 75	9,87 63	47	
	14	9,81 90	9,94 27	10,05 73	9,87 62	46	
41,25	15	9,81 91	9,94 30	10,05 70	9,87 61	45	48,75
	16	9,81 93	9,94 32	10,05 68	9,87 60	44	
	17	9,81 94	9,94 35	10,05 65	9,87 59	43	
41,30	18	9,81 95	9,94 38	10,05 62	9,87 58	42	48,70
	19	9,81 97	9,94 40	10,05 60	9,87 57	41	
	20	9,81 98	9,94 43	10,05 57	9,87 56	40	
41,35	21	9,82 00	9,94 45	10,05 55	9,87 55	39	48,65
	22	9,82 01	9,94 48	10,05 52	9,87 53	38	
	23	9,82 03	9,94 50	10,05 50	9,87 52	37	
41,40	24	9,82 04	9,94 53	10,05 47	9,87 51	36	48,60
	25	9,82 05	9,94 55	10,05 45	9,87 50	35	
	26	9,82 07	9,94 58	10,05 42	9,87 49	34	
41,45	27	9,82 08	9,94 60	10,05 40	9,87 48	33	48,55
	28	9,82 10	9,94 63	10,05 37	9,87 47	32	
	29	9,82 11	9,94 66	10,05 34	9,87 46	31	
41,50	30	9,82 13	9,94 68	10,05 32	9,87 45	30	48,50
Grad	Min.	lg cos	lg cot	lg tan	lg sin	Min.	Grad

41° 30' → 42° 0' 48° 30' → 48° 0'

Grad	Min.	lg sin	lg tan	lg cot	lg cos	Min.	Grad
41,50	30	9,82 13	9,94 68	10,05 32	9,87 45	30	48,50
	31	9,82 14	9,94 71	10,05 29	9,87 43	29	
	32	9,82 15	9,94 73	10,05 27	9,87 42	28	
41,55	33	9,82 17	9,94 76	10,05 24	9,87 41	27	48,45
	34	9,82 18	9,94 78	10,05 22	9,87 40	26	
	35	9,82 20	9,94 81	10,05 19	9,87 39	25	
41,60	36	9,82 21	9,94 83	10,05 17	9,87 38	24	48,40
	37	9,82 23	9,94 86	10,05 14	9,87 37	23	
	38	9,82 24	9,94 88	10,05 12	9,87 36	22	
41,65	39	9,82 25	9,94 91	10,05 09	9,87 34	21	48,35
	40	9,82 27	9,94 94	10,05 06	9,87 33	20	
	41	9,82 28	9,94 96	10,05 04	9,87 32	19	
41,70	42	9,82 30	9,94 99	10,05 01	9,87 31	18	48,30
	43	9,82 31	9,95 01	10,04 99	9,87 30	17	
	44	9,82 33	9,95 04	10,04 96	9,87 29	16	
41,75	45	9,82 34	9,95 06	10,04 94	9,87 28	15	48,25
	46	9,82 35	9,95 09	10,04 91	9,87 27	14	
	47	9,82 37	9,95 11	10,04 89	9,87 25	13	
41,80	48	9,82 38	9,95 14	10,04 86	9,87 24	12	48,20
	49	9,82 40	9,95 16	10,04 84	9,87 23	11	
	50	9,82 41	9,95 19	10,04 81	9,87 22	10	
41,85	51	9,82 42	9,95 22	10,04 78	9,87 21	9	48,15
	52	9,82 44	9,95 24	10,04 76	9,87 20	8	
	53	9,82 45	9,95 27	10,04 73	9,87 19	7	
41,90	54	9,82 47	9,95 29	10,04 71	9,87 18	6	48,10
	55	9,82 48	9,95 32	10,04 68	9,87 16	5	
	56	9,82 49	9,95 34	10,04 66	9,87 15	4	
41,95	57	9,82 51	9,95 37	10,04 63	9,87 14	3	48,05
	58	9,82 52	9,95 39	10,04 61	9,87 13	2	
	59	9,82 54	9,95 42	10,04 58	9,87 12	1	
42,00	0	9,82 55	9,95 44	10,04 56	9,87 11	0	48,00
Grad	Min.	lg cos	lg cot	lg tan	lg sin	Min.	Grad

42° 0' → 42° 30'   48° 0' → 47° 30'

Grad	Min.	lg sin	lg tan	lg cot	lg cos	Min.	Grad
42,00	0	9,82 55	9,95 44	10,04 56	9,87 11	0	48,00
	1	9,82 57	9,95 47	10,04 53	9,87 10	59	
	2	9,82 58	9,95 49	10,04 51	9,87 08	58	
42,05	3	9,82 59	9,95 52	10,04 48	9,87 07	57	47,95
	4	9,82 61	9,95 55	10,04 45	9,87 06	56	
	5	9,82 62	9,95 57	10,04 43	9,87 05	55	
42,10	6	9,82 64	9,95 60	10,04 40	9,87 04	54	47,90
	7	9,82 65	9,95 62	10,04 38	9,87 03	53	
	8	9,82 66	9,95 65	10,04 35	9,87 02	52	
42,15	9	9,82 68	9,95 67	10,04 33	9,87 00	51	47,85
	10	9,82 69	9,95 70	10,04 30	9,86 99	50	
	11	9,82 70	9,95 72	10,04 28	9,86 98	49	
42,20	12	9,82 72	9,95 75	10,04 25	9,86 97	48	47,80
	13	9,82 73	9,95 77	10,04 23	9,86 96	47	
	14	9,82 75	9,95 80	10,04 20	9,86 95	46	
42,25	15	9,82 76	9,95 82	10,04 18	9,86 94	45	47,75
	16	9,82 77	9,95 85	10,04 15	9,86 92	44	
	17	9,82 79	9,95 88	10,04 12	9,86 91	43	
42,30	18	9,82 80	9,95 90	10,04 10	9,86 90	42	47,70
	19	9,82 82	9,95 93	10,04 07	9,86 89	41	
	20	9,82 83	9,95 95	10,04 05	9,86 88	40	
42,35	21	9,82 84	9,95 98	10,04 02	9,86 87	39	47,65
	22	9,82 86	9,96 00	10,04 00	9,86 86	38	
	23	9,82 87	9,96 03	10,03 97	9,86 84	37	
42,40	24	9,82 89	9,96 05	10,03 95	9,86 83	36	47,60
	25	9,82 90	9,96 08	10,03 92	9,86 82	35	
	26	9,82 91	9,96 10	10,03 90	9,86 81	34	
42,45	27	9,82 93	9,96 13	10,03 87	9,86 80	33	47,55
	28	9,82 94	9,96 15	10,03 85	9,86 79	32	
	29	9,82 95	9,96 18	10,03 82	9,86 77	31	
42,50	30	9,82 97	9,96 21	10,03 79	9,86 76	30	47,50
Grad	Min.	lg cos	lg cot	lg tan	lg sin	Min.	Grad

42° 30′ → 43° 0′   47° 30′ → 47° 0′

Grad	Min.	lg sin	lg tan	lg cot	lg cos	Min.	Grad
42,50	30	9,82 97	9,96 21	10,03 79	9,86 76	30	47,50
	31	9,82 98	9,96 23	10,03 77	9,86 75	29	
	32	9,83 00	9,96 26	10,03 74	9,86 74	28	
42,55	33	9,83 01	9,96 28	10,03 72	9,86 73	27	47,45
	34	9,83 02	9,96 31	10,03 69	9,86 72	26	
	35	9,83 04	9,96 33	10,03 67	9,86 71	25	
42,60	36	9,83 05	9,96 36	10,03 64	9,86 69	24	47,40
	37	9,83 06	9,96 38	10,03 62	9,86 68	23	
	38	9,83 08	9,96 41	10,03 59	9,86 67	22	
42,65	39	9,83 09	9,96 43	10,03 57	9,86 66	21	47,35
	40	9,83 11	9,96 46	10,03 54	9,86 65	20	
	41	9,83 12	9,96 48	10,03 52	9,86 64	19	
42,70	42	9,83 13	9,96 51	10,03 49	9,86 62	18	47,30
	43	9,83 15	9,96 53	10,03 47	9,86 61	17	
	44	9,83 16	9,96 56	10,03 44	9,86 60	16	
42,75	45	9,83 17	9,96 59	10,03 41	9,86 59	15	47,25
	46	9,83 19	9,96 61	10,03 39	9,86 58	14	
	47	9,83 20	9,96 64	10,03 36	9,86 57	13	
42,80	48	9,83 22	9,96 66	10,03 34	9,86 55	12	47,20
	49	9,83 23	9,96 69	10,03 31	9,86 54	11	
	50	9,83 24	9,96 71	10,03 29	9,86 53	10	
42,85	51	9,83 26	9,96 74	10,03 26	9,86 52	9	47,15
	52	9,83 27	9,96 76	10,03 24	9,86 51	8	
	53	9,83 28	9,96 79	10,03 21	9,86 50	7	
42,90	54	9,83 30	9,96 81	10,03 19	9,86 48	6	47,10
	55	9,83 31	9,96 84	10,03 16	9,86 47	5	
	56	9,83 32	9,96 86	10,03 14	9,86 46	4	
42,95	57	9,83 34	9,96 89	10,03 11	9,86 45	3	47,05
	58	9,83 35	9,96 91	10,03 09	9,86 44	2	
	59	9,83 36	9,96 94	10,03 06	9,86 42	1	
43,00	0	9,83 38	9,96 97	10,03 03	9,86 41	0	47,00
Grad	Min.	lg cos	lg cot	lg tan	lg sin	Min.	Grad

43° 0′ → 43° 30′   47° 0′ → 46° 30′

Grad	Min.	lg sin	lg tan	lg cot	lg cos	Min.	Grad
43,00	0	9,83 38	9,96 97	10,03 03	9,86 41	0	**47,00**
	1	9,83 39	9,96 99	10,03 01	9,86 40	59	
	2	9,83 41	9,97 02	10,02 98	9,86 39	58	
43,05	3	9,83 42	9,97 04	10,02 96	9,86 38	57	**46,95**
	4	9,83 43	9,97 07	10,02 93	9,86 37	56	
	5	9,83 45	9,97 09	10,02 91	9,86 35	55	
43,10	6	9,83 46	9,97 12	10,02 88	9,86 34	54	**46,90**
	7	9,83 47	9,97 14	10,02 86	9,86 33	53	
	8	9,83 49	9,97 17	10,02 83	9,86 32	52	
43,15	9	9,83 50	9,97 19	10,02 81	9,86 31	51	**46,85**
	10	9,83 51	9,97 22	10,02 78	9,86 29	50	
	11	9,83 53	9,97 24	10,02 76	9,86 28	49	
43,20	12	9,83 54	9,97 27	10,02 73	9,86 27	48	**46,80**
	13	9,83 55	9,97 29	10,02 71	9,86 26	47	
	14	9,83 57	9,97 32	10,02 68	9,86 25	46	
43,25	15	9,83 58	9,97 35	10,02 65	9,86 24	45	**46,75**
	16	9,83 59	9,97 37	10,02 63	9,86 22	44	
	17	9,83 61	9,97 40	10,02 60	9,86 21	43	
43,30	18	9,83 62	9,97 42	10,02 58	9,86 20	42	**46,70**
	19	9,83 63	9,97 45	10,02 55	9,86 19	41	
	20	9,83 65	9,97 47	10,02 53	9,86 18	40	
43,35	21	9,83 66	9,97 50	10,02 50	9,86 16	39	**46,65**
	22	9,83 67	9,97 52	10,02 48	9,86 15	38	
	23	9,83 69	9,97 55	10,02 45	9,86 14	37	
43,40	24	9,83 70	9,97 57	10,02 43	9,86 13	36	**46,60**
	25	9,83 71	9,97 60	10,02 40	9,86 12	35	
	26	9,83 73	9,97 62	10,02 38	9,86 10	34	
43,45	27	9,83 74	9,97 65	10,02 35	9,86 09	33	**46,55**
	28	9,83 75	9,97 67	10,02 33	9,86 08	32	
	29	9,83 77	9,97 70	10,02 30	9,86 07	31	
43,50	30	9,83 78	9,97 72	10,02 28	9,86 06	30	**46,50**
Grad	Min.	lg cos	lg cot	lg tan	lg sin	Min.	Grad

43° 30′ → 44° 0′   **46° 30′ → 46° 0′**

Grad	Min.	lg sin	lg tan	lg cot	lg cos	Min.	Grad
43,50	30	9,83 78	9,97 72	10,02 28	9,86 06	30	46,50
	31	9,83 79	9,97 75	10,02 25	9,86 04	29	
	32	9,83 81	9,97 78	10,02 22	9,86 03	28	
43,55	33	9,83 82	9,97 80	10,02 20	9,86 02	27	46,45
	34	9,83 83	9,97 83	10,02 17	9,86 01	26	
	35	9,83 85	9,97 85	10,02 15	9,86 00	25	
43,60	36	9,83 86	9,97 88	10,02 12	9,85 98	24	46,40
	37	9,83 87	9,97 90	10,02 10	9,85 97	23	
	38	9,83 89	9,97 93	10,02 07	9,85 96	22	
43,65	39	9,83 90	9,97 95	10,02 05	9,85 95	21	46,35
	40	9,83 91	9,97 98	10,02 02	9,85 94	20	
	41	9,83 93	9,98 00	10,02 00	9,85 92	19	
43,70	42	9,83 94	9,98 03	10,01 97	9,85 91	18	46,30
	43	9,83 95	9,98 05	10,01 95	9,85 90	17	
	44	9,83 97	9,98 08	10,01 92	9,85 89	16	
43,75	45	9,83 98	9,98 10	10,01 90	9,85 88	15	46,25
	46	9,83 99	9,98 13	10,01 87	9,85 86	14	
	47	9,84 01	9,98 16	10,01 84	9,85 85	13	
43,80	48	9,84 02	9,98 18	10,01 82	9,85 84	12	46,20
	49	9,84 03	9,98 21	10,01 79	9,85 83	11	
	50	9,84 05	9,98 23	10,01 77	9,85 82	10	
43,85	51	9,84 06	9,98 26	10,01 74	9,85 80	9	46,15
	52	9,84 07	9,98 28	10,01 72	9,85 79	8	
	53	9,84 09	9,98 31	10,01 69	9,85 78	7	
43,90	54	9,84 10	9,98 33	10,01 67	9,85 77	6	46,10
	55	9,84 11	9,98 36	10,01 64	9,85 75	5	
	56	9,84 12	9,98 38	10,01 62	9,85 74	4	
43,95	57	9,84 14	9,98 41	10,01 59	9,85 73	3	46,05
	58	9,84 15	9,98 43	10,01 57	9,85 72	2	
	59	9,84 16	9,98 46	10,01 54	9,85 71	1	
44,00	0	9,84 18	9,98 48	10,01 52	9,85 69	0	46,00
Grad	Min.	lg cos	lg cot	lg tan	lg sin	Min.	Grad

44° 0' → 44° 30'   46° 0' → 45° 30'

Grad	Min.	lg sin	lg tan	lg cot	lg cos	Min.	Grad
44,00	0	9,84 18	9,98 48	10,01 52	9,85 69	0	**46,00**
	1	9,84 19	9,98 51	10,01 49	9,85 68	59	
	2	9,84 20	9,98 53	10,01 47	9,85 67	58	
44,05	3	9,84 22	9,98 56	10,01 44	9,85 66	57	**45,95**
	4	9,84 23	9,98 58	10,01 42	9,85 64	56	
	5	9,84 24	9,98 61	10,01 39	9,85 63	55	
44,10	6	9,84 26	9,98 64	10,01 36	9,85 62	54	**45,90**
	7	9,84 27	9,98 66	10,01 34	9,85 61	53	
	8	9,84 28	9,98 69	10,01 31	9,85 60	52	
44,15	9	9,84 29	9,98 71	10,01 29	9,85 58	51	**45,85**
	10	9,84 31	9,98 74	10,01 26	9,85 57	50	
	11	9,84 32	9,98 76	10,01 24	9,85 56	49	
44,20	12	9,84 33	9,98 79	10,01 21	9,85 55	48	**45,80**
	13	9,84 35	9,98 81	10,01 19	9,85 53	47	
	14	9,84 36	9,98 84	10,01 16	9,85 52	46	
44,25	15	9,84 37	9,98 86	10,01 14	9,85 51	45	**45,75**
	16	9,84 39	9,98 89	10,01 11	9,85 50	44	
	17	9,84 40	9,98 91	10,01 09	9,85 48	43	
44,30	18	9,84 41	9,98 94	10,01 06	9,85 47	42	**45,70**
	19	9,84 42	9,98 96	10,01 04	9,85 46	41	
	20	9,84 44	9,98 99	10,01 01	9,85 45	40	
44,35	21	9,84 45	9,99 01	10,00 99	9,85 44	39	**45,65**
	22	9,84 46	9,99 04	10,00 96	9,85 42	38	
	23	9,84 48	9,99 07	10,00 93	9,85 41	37	
44,40	24	9,84 49	9,99 09	10,00 91	9,85 40	36	**45,60**
	25	9,84 50	9,99 12	10,00 88	9,85 39	35	
	26	9,84 51	9,99 14	10,00 86	9,85 37	34	
44,45	27	9,84 53	9,99 17	10,00 83	9,85 36	33	**45,55**
	28	9,84 54	9,99 19	10,00 81	9,85 35	32	
	29	9,84 55	9,99 22	10,00 78	9,85 34	31	
44,50	30	9,84 57	9,99 24	10,00 76	9,85 32	30	**45,50**
Grad	Min.	lg cos	lg cot	lg tan	lg sin	Min.	Grad

44° 30′ → 45° 0′   45° 30′ → 45° 0′

Grad	Min.	lg sin	lg tan	lg cot	lg cos	Min.	Grad
44,50	30	9,84 57	9,99 24	10,00 76	9,85 32	30	45,50
	31	9,84 58	9,99 27	10,00 73	9,85 31	29	
	32	9,84 59	9,99 29	10,00 71	9,85 30	28	
44,55	33	9,84 60	9,99 32	10,00 68	9,85 29	27	45,45
	34	9,84 62	9,99 34	10,00 66	9,85 27	26	
	35	9,84 63	9,99 37	10,00 63	9,85 26	25	
44,60	36	9,84 64	9,99 39	10,00 61	9,85 25	24	45,40
	37	9,84 66	9,99 42	10,00 58	9,85 24	23	
	38	9,84 67	9,99 44	10,00 56	9,85 22	22	
44,65	39	9,84 68	9,99 47	10,00 53	9,85 21	21	45,35
	40	9,84 69	9,99 49	10,00 51	9,85 20	20	
	41	9,84 71	9,99 52	10,00 48	9,85 19	19	
44,70	42	9,84 72	9,99 55	10,00 45	9,85 17	18	45,30
	43	9,84 73	9,99 57	10,00 43	9,85 16	17	
	44	9,84 75	9,99 60	10,00 40	9,85 15	16	
44,75	45	9,84 76	9,99 62	10,00 38	9,85 14	15	45,25
	46	9,84 77	9,99 65	10,00 35	9,85 12	14	
	47	9,84 78	9,99 67	10,00 33	9,85 11	13	
44,80	48	9,84 80	9,99 70	10,00 30	9,85 10	12	45,20
	49	9,84 81	9,99 72	10,00 28	9,85 09	11	
	50	9,84 82	9,99 75	10,00 25	9,85 07	10	
44,85	51	9,84 83	9,99 77	10,00 23	9,85 06	9	45,15
	52	9,84 85	9,99 80	10,00 20	9,85 05	8	
	53	9,84 86	9,99 82	10,00 18	9,85 04	7	
44,90	54	9,84 87	9,99 85	10,00 15	9,85 02	6	45,10
	55	9,84 89	9,99 87	10,00 13	9,85 01	5	
	56	9,84 90	9,99 90	10,00 10	9,85 00	4	
44,95	57	9,84 91	9,99 92	10,00 08	9,84 99	3	45,05
	58	9,84 92	9,99 95	10,00 05	9,84 97	2	
	59	9,84 94	9,99 97	10,00 03	9,84 96	1	
45,00	0	9,84 95	10,00 00	10,00 00	9,84 95	0	45,00
Grad	Min.	lg cos	lg cot	lg tan	lg sin	Min.	Grad

Verwandlung der Minuten in Dezimalteile des Grades*

Min.	0	1	2	3	4	5	6	7	8	9
0	0,0000	0167	0333	0500	0667	0833	1000	1167	1333	1500
1	1667	1833	2000	2167	2333	2500	2667	2833	3000	3167
2	3333	3500	3667	3833	4000	4167	4333	4500	4667	4833
3	5000	5167	5333	5500	5667	5833	6000	6167	6333	6500
4	6667	6833	7000	7167	7333	7500	7667	7833	8000	8167
5	8333	8500	8667	8833	9000	9167	9333	9500	9667	9833

Sekunden in Dezimalteile des Grades

Sek.	0	1	2	3	4	5	6	7	8	9
0	0,0000	0003	0006	0008	0011	0014	0017	0019	0022	0025
1	0028	0031	0033	0036	0039	0042	0044	0047	0050	0053
2	0056	0058	0061	0064	0067	0069	0072	0075	0078	0081
3	0083	0086	0089	0092	0094	0097	0100	0103	0106	0108
4	0111	0114	0117	0119	0122	0125	0128	0131	0133	0136
5	0139	0142	0144	0147	0150	0153	0156	0158	0161	0164

Dezimalteile des Grades in Minuten und Sekunden

Grad	1	2	3	4	5	6	7	8	9
0,	6'	12'	18'	24'	30'	36'	42'	48'	54'
0,0	36"	1'12"	1'48"	2'24"	3'	3'36"	4'12"	4'48"	5'24"
0,00	3,6"	7,2"	10,8"	14,4"	18"	21,6"	25,2"	28,8"	32,4"
0,000	0,4"	0,7"	1,1"	1,4"	1,8"	2,2"	2,5"	2,9"	3,2"

*) Siehe auch innere Buchdeckel.

Beispiele:

a_1) 7° 24' = 7,4°;

b_1) 8° 4' = 8° + 0,0667°
  = 8,0667°
  ≈ 8,07°;

c_1) 27° 38' 39" = 27,6333°
  + 0,0108°
  = 27,6441°;

a_2) 5,8° = 5° 48';

b_2) 6,06° = 6° 3' 36"
  ≈ 6° 4';

c_2) 11,009° ≈ 11° 1';

d) 42,96° = 42° 54' + 3' 36"
  = 42° 57' 36"
  ≈ 42° 58'.

III. Zinseszins, Statistik

8. Aufzinsungsfaktoren — 141

9. Abzinsungsfaktoren — 142

10. Vorschüssige Rentenendwertfaktoren S_n — 143

11. Nachschüssige Rentenbarwertfaktoren a_n — 144

12. Allgemeine Sterbetafel — 145

13. Die Exponentfunktion — 148

Erläuterungen zu den Tafeln 11 und 12:

1. Der Rentenendwert r_n (bzw. R_n) einer n mal zu zahlenden Rente R.

a) *Nachschüssig (postnumerando):*

$$r_n = R \cdot \frac{q^n-1}{q-1} = R \cdot s_n;$$

s_n nachschüssiger Rentenendwertfaktor.

b) *Vorschüssig (pränumerando):*

$$R_n = R \cdot \frac{q(q^n-1)}{q-1} = R \cdot S_n;$$

S_n vorschüssiger Rentenendwertfaktor.

$s_n = 1 + q + q^2 + \ldots + q^{n-1}$
$S_n = q + q^2 + q^3 + \ldots + q^n$
$S_n = q + q^2 + q^3 + \ldots + q^{n-1}$ $\boxed{s_n = 1 + S_{n-1}}$

Beispiel: $R = 600$ DM, $p = 3\%$, $n = 11$ Jahre.
a) $r_{11} = R \cdot s_{11} = R \cdot (S_{10} + 1) = 600 \cdot 12{,}80780$ DM $= 7684{,}68$ DM.
b) $R_{11} = R \cdot S_{11} = 600 \cdot 13{,}19203$ DM $= 7684{,}68$ DM.

2. Der Barwert b_n (bzw. B_n) einer n mal zu zahlenden Rente R.

a) *Nachschüssig:*

$$b_n = R \cdot \frac{q^n-1}{q^n(q-1)} = R \cdot \frac{1-\frac{1}{q^n}}{q\left(1-\frac{1}{q}\right)} = R \cdot \frac{v(1-v^n)}{1-v} = R \cdot a_n;$$

a_n nachschüssiger Rentenbarwertfaktor.

b) *Vorschüssig:*

$$B_n = R \cdot \frac{q^n-1}{q^{n-1}(q-1)} = R \cdot \frac{1-\frac{1}{q^n}}{1-\frac{1}{q}} = R \cdot \frac{1-v^n}{1-v} = R \cdot A_n;$$

A_n vorschüssiger Rentenbarwertfaktor.

$A_n = 1 + v + v^2 + \ldots + v^{n-1}$
$a_n = v + v^2 + v^3 + \ldots + v^n$
$a_{n-1} = v + v^2 + v^3 + \ldots + v^{n-1}$ $\boxed{A_n = 1 + a_{n-1}}$

Beispiel: $R = 800$ DM, $p = 4\%$, $n = 20$ Jahre.
a) $b_{20} = R \cdot a_{20} = 800 \cdot 13{,}59033$ DM $= 10872{,}26$ DM.
b) $B_{20} = R \cdot A_{20} = R \cdot (1 + a_{19}) = 800 \cdot 14{,}13394$ DM $= 11307{,}15$ DM.

8. Aufzinsungsfaktoren

n	3%	3½%	4%	4½%	5%	6%	n
1	1,030 00	1,035 00	1,040 00	1,045 00	1,050 00	1,060 00	1
2	1,060 90	1,071 23	1,081 60	1,092 03	1,102 50	1,123 60	2
3	1,092 73	1,108 72	1,124 86	1,141 17	1,157 63	1,191 02	3
4	1,125 51	1,147 52	1,169 86	1,192 52	1,215 51	1,262 48	4
5	1,159 27	1,187 69	1,216 65	1,246 18	1,276 28	1,338 23	5
6	1,194 05	1,229 26	1,265 32	1,302 26	1,340 10	1,418 52	6
7	1,229 87	1,272 28	1,315 93	1,360 86	1,407 10	1,503 63	7
8	1,266 77	1,316 81	1,368 57	1,422 10	1,477 46	1,593 85	8
9	1,304 77	1,362 90	1,423 31	1,486 10	1,551 33	1,689 48	9
10	1,343 92	1,410 60	1,480 24	1,552 97	1,628 89	1,790 85	10
11	1,384 23	1,459 97	1,539 45	1,622 85	1,710 34	1,898 30	11
12	1,425 76	1,511 07	1,601 03	1,695 88	1,795 86	2,012 20	12
13	1,468 53	1,563 96	1,665 07	1,772 20	1,885 65	2,132 93	13
14	1,512 59	1,618 69	1,731 68	1,851 94	1,979 93	2,260 90	14
15	1,557 97	1,675 35	1,800 94	1,935 28	2,078 93	2,396 56	15
16	1,604 71	1,733 99	1,872 98	2,022 37	2,182 87	2,540 35	16
17	1,652 85	1,794 68	1,947 90	2,113 38	2,292 02	2,692 77	17
18	1,702 43	1,857 49	2,025 82	2,208 48	2,406 62	2,854 34	18
19	1,753 51	1,922 50	2,106 85	2,307 86	2,526 95	3,025 60	19
20	1,806 11	1,989 79	2,191 12	2,411 71	2,653 30	3,207 14	20
21	1,860 29	2,059 43	2,278 77	2,520 24	2,785 96	3,399 56	21
22	1,916 10	2,131 51	2,369 92	2,633 65	2,925 26	3,603 54	22
23	1,973 59	2,206 11	2,464 72	2,752 17	3,071 52	3,819 75	23
24	2,032 79	2,283 33	2,563 30	2,876 01	3,225 10	4,048 93	24
25	2,093 78	2,363 24	2,665 84	3,005 43	3,386 35	4,291 87	25
26	2,156 59	2,445 96	2,772 47	3,140 68	3,555 67	4,549 38	26
27	2,221 29	2,531 57	2,883 37	3,282 01	3,733 46	4,822 35	27
28	2,287 93	2,620 17	2,998 70	3,429 70	3,920 13	5,111 69	28
29	2,356 57	2,711 88	3,118 65	3,584 04	4,116 14	5,418 39	29
30	2,427 26	2,806 79	3,243 40	3,745 32	4,321 94	5,743 49	30
35	2,813 86	3,333 59	3,946 09	4,667 35	5,516 02	7,686 09	35
40	3,262 04	3,959 26	4,801 02	5,816 36	7,039 99	10,285 72	40
45	3,781 60	4,702 36	5,841 18	7,248 25	8,985 01	13,764 61	45
50	4,383 91	5,584 93	7,106 68	9,032 64	11,467 40	18,420 15	50
n	3%	3½%	4%	4½%	5%	6%	n

Zinseszinsformel: $k_n = k \cdot q^n$; $q = 1 + \frac{p}{100}$ (Natürliches Rechnen wird nach Möglichkeit bevorzugt).
k Anfangskapital, k_n Endkapital, p Zinsfuß, q Zins- oder Aufzinsungsfaktor, n Jahre.
Beispiel: $k = 5000$ DM, $p = 4\%$, $n = 10$ Jahre. $k_{10} = 5000 \cdot 1{,}48024$ DM $= 7401{,}20$ DM.

9. Abzinsungsfaktoren

n	3%	3½%	4%	4½%	5%	6%	n
1	0,970 87	0,966 18	0,961 54	0,956 94	0,952 38	0,943 40	1
2	0,942 60	0,933 51	0,924 56	0,915 73	0,907 03	0,890 00	2
3	0,915 14	0,901 94	0,889 00	0,876 30	0,863 84	0,839 62	3
4	0,888 49	0,871 44	0,854 80	0,838 56	0,822 70	0,792 09	4
5	0,862 61	0,841 97	0,821 93	0,802 45	0,783 53	0,747 26	5
6	0,837 48	0,813 50	0,790 31	0,767 90	0,746 22	0,704 96	6
7	0,813 09	0,785 99	0,759 92	0,734 83	0,710 68	0,665 06	7
8	0,789 41	0,759 41	0,730 69	0,703 19	0,676 84	0,627 41	8
9	0,766 42	0,733 73	0,702 59	0,672 90	0,644 61	0,591 90	9
10	0,744 09	0,708 92	0,675 56	0,643 93	0,613 91	0,558 39	10
11	0,722 42	0,684 95	0,649 58	0,616 20	0,584 68	0,526 79	11
12	0,701 38	0,661 78	0,624 60	0,589 66	0,556 84	0,496 97	12
13	0,680 95	0,639 40	0,600 57	0,564 27	0,530 32	0,468 84	13
14	0,661 12	0,617 78	0,577 48	0,539 97	0,505 07	0,442 30	14
15	0,641 86	0,596 89	0,555 26	0,516 72	0,481 02	0,417 27	15
16	0,623 17	0,576 71	0,533 91	0,494 47	0,458 11	0,393 65	16
17	0,605 02	0,557 20	0,513 37	0,473 18	0,436 30	0,371 36	17
18	0,587 39	0,538 36	0,493 63	0,452 80	0,415 52	0,350 34	18
19	0,570 29	0,520 16	0,474 64	0,433 30	0,395 73	0,330 51	19
20	0,553 68	0,502 57	0,456 39	0,414 64	0,376 89	0,311 80	20
21	0,537 55	0,485 57	0,438 83	0,396 79	0,358 94	0,294 16	21
22	0,521 89	0,469 15	0,421 96	0,379 70	0,341 85	0,277 51	22
23	0,506 69	0,453 29	0,405 73	0,363 35	0,325 57	0,261 80	23
24	0,491 93	0,437 96	0,390 12	0,347 70	0,310 07	0,246 98	24
25	0,477 61	0,423 15	0,375 12	0,332 73	0,295 30	0,233 00	25
26	0,463 69	0,408 84	0,360 69	0,318 40	0,281 24	0,219 81	26
27	0,450 19	0,395 01	0,346 82	0,304 69	0,267 85	0,207 37	27
28	0,437 08	0,381 65	0,333 48	0,291 57	0,255 09	0,195 63	28
29	0,424 35	0,368 75	0,320 65	0,279 02	0,242 95	0,184 56	29
30	0,411 99	0,356 28	0,308 32	0,267 00	0,231 38	0,174 11	30
35	0,355 38	0,299 98	0,253 42	0,214 25	0,181 29	0,130 11	35
40	0,306 56	0,252 57	0,208 29	0,171 93	0,142 05	0,097 22	40
45	0,264 44	0,212 66	0,171 20	0,137 96	0,111 30	0,072 65	45
50	0,228 11	0,179 05	0,140 71	0,110 71	0,087 20	0,054 29	50
n	3%	3½%	4%	4½%	5%	6%	n

Barwertberechnung: $k = \dfrac{k_n}{q^n} = k_n \cdot v^n$, worin $v = \dfrac{1}{q}$ der *Abzinsungs-* oder *Diskontierungsfaktor* ist.

Beispiel: $k_n = 9000$ DM, $p = 5\%$, $n = 12$ Jahre. $k = 9000 \cdot 0{,}55684$ DM $= 5011{,}56$ DM.

10. Vorschüssige Rentenendwertfaktoren S_n

n	3%	3½%	4%	4½%	5%	6%	n
1	1,030 00	1,035 00	1,040 00	1,045 00	1,050 00	1,060 00	1
2	2,090 90	2,106 23	2,121 60	2,137 03	2,152 50	2,183 60	2
3	3,183 63	3,214 94	3,246 46	3,278 19	3,310 13	3,374 62	3
4	4,309 14	4,362 47	4,416 32	4,470 71	4,525 63	4,637 09	4
5	5,468 41	5,550 15	5,632 98	5,716 89	5,801 91	5,975 32	5
6	6,662 46	6,779 41	6,898 29	7,019 15	7,142 01	7,393 84	6
7	7,892 34	8,051 69	8,214 23	8,380 01	8,549 11	8,897 47	7
8	9,159 11	9,368 50	9,582 80	9,802 11	10,026 56	10,491 32	8
9	10,463 88	10,731 39	11,006 11	11,288 21	11,577 89	12,180 79	9
10	11,807 80	12,141 99	12,486 35	12,841 18	13,206 79	13,971 64	10
11	13,192 03	13,601 96	14,025 81	14,464 03	14,917 13	15,869 94	11
12	14,617 79	15,113 03	15,626 84	16,159 91	16,712 98	17,882 14	12
13	16,086 32	16,676 99	17,291 91	17,932 11	18,598 63	20,015 07	13
14	17,598 91	18,295 68	19,023 59	19,784 05	20,578 56	22,275 97	14
15	19,156 88	19,971 03	20,824 53	21,719 34	22,657 49	24,672 53	15
16	20,761 59	21,705 02	22,697 51	23,741 71	24,840 37	27,212 88	16
17	22,414 44	23,499 69	24,645 41	25,855 08	27,132 38	29,905 65	17
18	24,116 87	25,357 18	26,671 23	28,063 56	29,539 00	32,759 99	18
19	25,870 37	27,279 68	28,778 08	30,371 42	32,065 95	35,785 59	19
20	27,676 49	29,269 47	30,969 20	32,783 14	34,719 25	38,992 73	20
21	29,536 78	31,328 90	33,247 97	35,303 38	37,505 21	42,392 29	21
22	31,452 88	33,460 41	35,617 89	37,937 03	40,430 48	45,995 83	22
23	33,426 47	35,666 53	38,082 60	40,689 20	43,502 00	49,815 58	23
24	35,459 26	37,949 86	40,645 91	43,565 21	46,727 10	53,864 51	24
25	37,553 04	40,313 10	43,311 74	46,570 64	50,113 45	58,156 38	25
26	39,709 63	42,759 06	46,084 21	49,711 32	53,669 13	62,705 77	26
27	41,930 92	45,290 63	48,967 58	52,993 33	57,402 58	67,528 11	27
28	44,218 85	47,910 80	51,966 29	56,423 03	61,322 71	72,639 80	28
29	46,575 42	50,622 68	55,084 94	60,007 07	65,438 85	78,058 19	29
30	49,002 68	53,429 47	58,328 34	63,752,39	69,760 79	83,801 68	30
35	62,275 94	69,007 60	76,598 31	85,163 97	94,836 32	118,120 87	35
40	77,663 30	87,509 54	98,826 54	111,846 69	126,839 76	164,047 68	40
45	95,501 46	109,484 03	125,870 57	145,098 21	167,685 16	225,508 12	45
50	116,180 77	135,582 84	158,773 77	186,535 66	219,815 40	307,756 06	50
n	3%	3½%	4%	4½%	5%	6%	n

Erläuterungen und Beispiele siehe Rückseite der Kartoneinlage Seite 141!

11. Nachschüssige Rentenbarwertfaktoren a_n

n	3%	3½%	4%	4½%	5%	6%	n
1	0,970 87	0,966 18	0,961 54	0,956 94	0,952 38	0,943 40	1
2	1,913 47	1,899 69	1,886 09	1,872 67	1,859 41	1,833 39	2
3	2,828 61	2,801 64	2,775 09	2,748 96	2,723 25	2,673 01	3
4	3,717 10	3,673 08	3,629 90	3,587 53	3,545 95	3,465 11	4
5	4,579 71	4,515 05	4,451 82	4,389 98	4,329 48	4,212 36	5
6	5,417 19	5,328 55	5,242 14	5,157 87	5,075 69	4,917 32	6
7	6,230 28	6,114 54	6,002 05	5,892 70	5,786 37	5,582 38	7
8	7,019 69	6,873 96	6,732 74	6,595 89	6,463 21	6,209 79	8
9	7,786 11	7,607 69	7,435 33	7,268 79	7,107 82	6,801 69	9
10	8,530 20	8,316 61	8,110 90	7,912 72	7,721 73	7,360 09	10
11	9,252 62	9,001 55	8,760 48	8,528 92	8,306 41	7,886 87	11
12	9,954 00	9,663 33	9,385 07	9,118 58	8,863 25	8,383 84	12
13	10,634 96	10,302 74	9,985 65	9,682 85	9,393 57	8,852 68	13
14	11,296 07	10,920 52	10,563 12	10,222 83	9,898 64	9,294 98	14
15	11,937 94	11,517 41	11,118 39	10,739 55	10,379 66	9,712 25	15
16	12,561 10	12,094 12	11,652 30	11,234 02	10,837 77	10,105 90	16
17	13,166 12	12,651 32	12,165 67	11,707 19	11,274 07	10,477 26	17
18	13,753 51	13,189 68	12,659 30	12,159 99	11,689 59	10,827 60	18
19	14,323 80	13,709 84	13,133 94	12,593 29	12,085 32	11,158 12	19
20	14,877 47	14,212 40	13,590 33	13,007 94	12,462 21	11,469 92	20
21	15,415 02	14,697 97	14,029 16	13,404 72	12,821 15	11,764 08	21
22	15,936 92	15,167 12	14,451 12	13,784 42	13,163 00	12,041 58	22
23	16,443 61	15,620 41	14,856 84	14,147 77	13,488 57	12,303 38	23
24	16,935 54	16,058 37	15,246 96	14,495 48	13,798 64	12,550 36	24
25	17,413 15	16,481 51	15,622 08	14,828 21	14,093 94	12,783 36	25
26	17,876 84	16,890 35	15,982 77	15,146 61	14,375 19	13,003 17	26
27	18,327 03	17,285 36	16,329 59	15,451 30	14,643 03	13,210 53	27
28	18,764 11	17,667 02	16,663 06	15,742 87	14,898 13	13,406 16	28
29	19,188 45	18,035 77	16,983 71	16,021 89	15,141 07	13,590 72	29
30	19,600 44	18,392 05	17,292 03	16,288 89	15,372 45	13,764 83	30
35	21,487 22	20,000 66	18,664 61	17,461 01	16,374 19	14,498 25	35
40	23,114 77	21,355 07	19,792 77	18,401 58	17,159 09	15,046 30	40
45	24,518 71	22,495 45	20,720 04	19,156 35	17,774 07	15,455 83	45
50	25,729 76	23,455 62	21,482 18	19,762 01	18,255 93	15,761 86	50
n	3%	3½%	4%	4½%	5%	6%	n

Erläuterungen und Beispiele siehe Rückseite der Kartoneinlage vor Seite 141!

12. Allgemeine Sterbetafel

für die Bundesrepublik Deutschland aus den Jahren 1949/51 bei $p = 4\%$ ($q=1{,}04$).

Männer

x	l_x	D_x	N_x	x	l_x	D_x	N_x
0	100 000	100 000,0	2 221 875,7				
1	93 823	90 214,6	2 121 875,7	36	88 184	21 487,8	406 489,7
2	93 433	86 384,4	2 031 661,1	37	87 930	20 602,0	385 001,9
3	93 203	82 857,5	1 945 276,7	38	87 666	19 750,3	364 399,9
4	93 022	79 515,2	1 862 419,2	39	87 391	18 930,6	344 649,6
5	92 880	76 340,9	1 782 904,0	40	87 102	18 142,5	325 719,0
6	92 768	73 315,5	1 706 563,1	41	86 795	17 383,3	307 576,5
7	92 673	70 424,1	1 633 247,6	42	86 468	16 651,1	290 193,2
8	92 586	67 651,7	1 562 823,5	43	86 120	15 946,8	273 542,1
9	92 513	64 998,7	1 495 171,8	44	85 746	15 267,1	257 595,3
10	92 444	62 451,5	1 430 173,1	45	85 342	14 610,6	242 328,2
11	92 379	60 007,6	1 367 721,6	46	84 902	13 975,7	227 717,6
12	92 315	57 659,9	1 307 714,0	47	84 417	13 361,5	213 741,9
13	92 250	55 402,6	1 250 054,1	48	83 883	12 766,2	200 380,4
14	92 178	53 231,0	1 194 651,5	49	83 294	12 189,2	187 614,2
15	92 097	51 137,8	1 141 420,5	50	82 648	11 629,4	175 425,0
16	92 001	49 120,3	1 090 282,7	51	81 945	11 087,2	163 795,6
17	91 892	47 174,6	1 041 162,4	52	81 186	10 562,3	152 708,4
18	91 767	45 298,9	993 987,8	53	80 371	10 053,6	142 146,1
19	91 625	43 488,9	948 688,9	54	79 497	9 561,9	132 092,5
20	91 466	41 744,2	905 200,0	55	78 562	9 086,5	122 530,6
21	91 294	40 062,5	863 455,8	56	77 560	8 625,4	113 444,1
22	91 113	38 446,0	823 393,3	57	76 490	8 179,1	104 818,7
23	90 924	36 890,6	784 947,3	58	75 352	7 747,7	96 639,6
24	90 730	35 395,6	748 056,7	59	74 141	7 329,6	88 891,9
25	90 531	33 960,0	712 661,1	60	72 852	6 925,3	81 562,3
26	90 329	32 580,8	678 701,1	61	71 474	6 532,7	74 637,0
27	90 125	31 257,2	646 120,3	62	70 003	6 152,6	68 104,3
28	89 922	29 987,2	614 863,1	63	68 437	5 783,6	61 951,7
29	89 720	28 768,7	584 975,9	64	66 772	5 425,9	56 168,1
30	89 518	27 600,2	556 107,2	65	64 999	5 078,4	50 742,2
31	89 314	26 478,0	528 507,0	66	63 110	4 741,5	45 663,8
32	89 104	25 400,0	502 029,0	67	61 104	4 414,2	40 922,3
33	88 887	24 363,0	476 629,0	68	58 985	4 097,1	36 508,1
34	88 662	23 366,9	452 266,0	69	56 751	3 790,4	32 411,0
35	88 428	22 409,4	428 899,1	70	54 394	3 493,2	28 620,6

x	l_x	D_x	N_x	x	l_x	D_x	N_x
71	51 903	3 205,0	25 127,4	86	9 168	314,4	1 136,3
72	49 278	2 925,6	21 922,4	87	7 274	239,8	821,9
73	46 529	2 656,3	18 996,8	88	5 655	179,3	582,1
74	43 666	2 397,3	16 340,5	89	4 294	130,9	402,8
75	40 700	2 148,1	13 943,2	90	3 175	93,1	271,9
76	37 644	1 910,4	11 795,1	91	2 278	64,2	178,8
77	34 524	1 684,8	9 884,7	92	1 589	43,1	114,6
78	31 372	1 472,0	8 199,9	93	1 079	28,1	71,5
79	28 222	1 273,4	6 727,9	94	713	17,9	43,4
80	25 106	1 089,1	5 454,5	95	458	11,0	25,5
81	22 059	920,3	4 365,4	96	286	6,6	14,5
82	19 118	766,8	3 445,1	97	173	3,9	7,9
83	16 324	629,6	2 678,3	98	101	2,2	4,0
84	13 715	508,7	2 048,7	99	57	1,2	1,8
85	11 321	403,7	1 540,0	100	31	0,6	0,6

Frauen

x	l_x	x	l_x	x	l_x	x	l_x
0	100 000	15	93 701	30	92 039	45	88 901
1	95 091	16	93 637	31	91 887	46	88 574
2	94 749	17	93 564	32	91 729	47	88 221
3	94 545	18	93 484	33	91 565	48	87 841
4	94 390	19	93 394	34	91 396	49	87 432
5	94 270	20	93 295	35	91 221	50	86 991
6	94 177	21	93 188	36	91 039	51	86 516
7	94 100	22	93 073	37	90 850	52	86 003
8	94 041	23	92 955	38	90 651	53	85 451
9	93 986	24	92 834	39	90 443	54	84 860
10	93 937	25	92 711	40	90 225	55	84 225
11	93 893	26	92 586	41	89 995	56	83 540
12	93 850	27	92 457	42	89 749	57	82 796
13	93 805	28	92 324	43	89 486	58	81 989
14	93 756	29	92 185	44	89 204	59	81 115
15	93 701	30	92 039	45	88 901	60	80 166

x	l_x	x	l_x	x	l_x	x	l_x
60	80 166	70	63 994	80	31 787	90	4 815
61	79 131	71	61 491	81	28 163	91	3 567
62	77 994	72	58 794	82	24 642	92	2 571
63	76 744	73	55 905	83	21 282	93	1 810
64	75 374	74	52 837	84	18 132	94	1 244
65	73 875	75	49 605	85	15 225	95	834
66	72 232	76	46 226	86	12 582	96	545
67	70 428	77	42 721	87	10 213	97	347
68	68 455	78	39 118	88	8 132	98	215
69	66 312	79	35 457	89	6 335	99	130
70	63 994	80	31 787	90	4 815	100	76

Bezeichnungen:

a) x Alter in Jahren (Eintrittsalter); l_x Anzahl der Lebenden; D_x diskontierte Zahl der Lebenden, $D_x = l_x v^x$; N_x Summe der $D_x = \Sigma D_x$, $d_x = l_x - l_{x+1}$, Anzahl der jährlichen Sterbefälle; C_x diskontierte Zahl der Sterbefälle, $C_x = d_x v^{x+1}$, M_x Summe der C_x,

b) a_x oder A_x (einmalige Nettoprämie), Barwert; P_x Jahresprämie,

c) $w_{s_x} = \dfrac{d_x}{l_x}$ gleich einjährige Sterbewahrscheinlichkeit. $w_{l_x} = \dfrac{l_{x+1}}{l_x}$ einjährige Lebenswahrscheinlichkeit; Probe: $w_{s_x} + w_{l_x} = 1$.

Beispiel: $w_{s_{35}} = \dfrac{334}{88428} = 0{,}0038$; $w_{l_{35}} = \dfrac{88184}{88428} = 0{,}9972$; $w_{s_{35}} + w_{l_{35}} = 1$,

Versicherungsrechnung für den Versicherungsbetrag 1.

1. Leibrente:

a) auf Lebenszeit;

α) sofort beginnend: vorschüssig $a_x = \dfrac{N_x}{D_x}$; nachschüssig $a_x = \dfrac{N_{x+1}}{D_x}$;

β) nach m Jahren beginnend: $a_x = \dfrac{N_{x+m}}{D_x}$;

b) auf m Jahre: $a_{x_n} = a_x - \dfrac{D_{x+n}}{D_x} \cdot a_{x+n} = \dfrac{N_x - N_{x+n}}{D_x}$.

2. Todesfall: $A_x = \dfrac{M_x}{D_x}$; $p_x = \dfrac{M_x}{N_x}$.

3. Erlebensfall: $A_x = \dfrac{D_{x+n}}{D_x}$.

4. Risiko-Prämie: $P_x = w_{s_x} \cdot K$.

13. Die Exponentfunktion

$e^x = x$

x	y	x	y	x	y	x	y	x	y	x	y
−4	0,018	−2,5	0,082	−1	0,368	0,5	1,649	2	7,389	3,5	33,115
−3,5	0,030	−2	0,135	−1,5	0,607	1	2,718	2,5	12,182	4	54,598
−3	0,050	−1,5	0,223	0	1,000	1,5	4,482	3	20,086	4,5	90,017

$y = e^{-x}$

x	y	x	y	x	y	x	y	x	y	x	y
0	0,000	0,25	0,779	0,50	0,607	0,75	0,472	1,00	0,368	3,50	0,030
0,05	0,951	0,30	0,741	0,55	0,577	0,80	0,449	1,50	0,223	4,00	0,018
0,10	0,905	0,35	0,705	0,60	0,549	0,85	0,427	2,00	0,135	4,50	0,011
0,15	0,861	0,40	0,670	0,65	0,522	0,90	0,407	2,50	0,082	5,00	0,007
0,20	0,819	0,45	0,638	0,70	0,497	0,95	0,387	3,00	0,050	5,50	0,004

$x = e^{-\frac{x^2}{2}}$

x	y	x	y	x	y	x	y	x	y	x	y
0	1,000	0,6	0,835	1,2	0,487	1,8	0,198	2,4	0,056	3,0	0,011
0,2	0,980	0,8	0,726	1,4	0,375	2,0	0,135	2,6	0,034	3,2	0,006
0,4	0,923	1,0	0,607	1,6	0,278	2,2	0,890	2,8	0,020	3,4	0,003

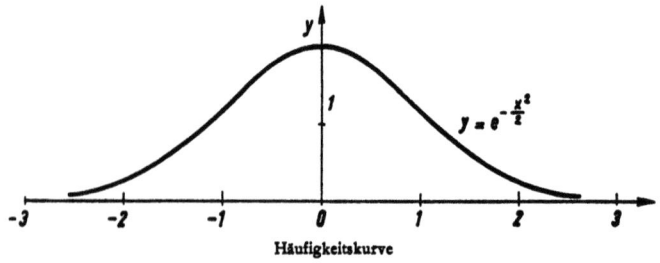

Häufigkeitskurve

IV. Mathematische Tafeln

14. Potenzen, Fakultäten　　　　　　　149

15. Primzahlen, Kehrwerte　　　　　　150

16. Pythagoreische Zahlen　　　　　　151

17. Quader mit ganzzahligen Kanten und Raumdiagonalen　　　　　　　　　152

18. Quadratzahlen　　　　　　　　　153

19. Kubikzahlen　　　　　　　　　　161

20. Quadrat- und Kubikwurzeln　　　171

14. Potenzen, Fakultäten
Die ersten 8 Potenzen der Zahlen von 1 bis 20

n	n^2	n^3	n^4	n^5	n^6	n^7	n^8
1	1	1	1	1	1	1	1
2	4	8	16	32	64	128	256
3	9	27	81	243	729	2 187	6 561
4	16	64	256	1 024	4 096	16 384	65 536
5	25	125	625	3 125	15 625	78 125	390 625
6	36	216	1 296	7 776	46 656	279 936	1 679 616
7	49	343	2 401	16 807	117 649	823 543	5 764 801
8	64	512	4 096	32 768	262 144	2 097 152	16 777 216
9	81	729	6 561	59 049	531 441	4 782 969	43 046 721
10	100	1 000	10 000	100 000	1 000 000	10 000 000	100 000 000
11	121	1 331	14 641	161 051	1 771 561	19 487 171	214 358 881
12	144	1 728	20 736	248 832	2 985 984	35 831 808	429 981 696
13	169	2 197	28 561	371 293	4 826 809	62 748 517	815 730 721
14	196	2 744	38 416	537 824	7 529 536	105 413 504	1 475 789 056
15	225	3 375	50 625	759 375	11 390 625	170 859 375	2 562 890 625
16	256	4 096	65 536	1 048 576	16 777 216	268 435 456	4 294 967 296
17	289	4 913	83 521	1 419 857	24 137 569	410 338 673	6 975 757 441
18	324	5 832	104 976	1 889 568	34 012 224	612 220 032	11 019 960 576
19	361	6 859	130 321	2 476 099	47 045 881	893 871 739	16 983 563 041
20	400	8 000	160 000	3 200 000	64 000 000	1 280 000 000	25 600 000 000

Die 9. bis 12. Potenzen und die Fakultäten der Zahlen von 2 bis 9

n	n^9	n^{10}	n^{11}	n^{12}	n!
2	512	1 024	2 048	4 096	2
3	19 683	59 049	177 147	531 441	6
4	262 144	1 048 576	4 194 304	16 777 216	24
5	1 953 125	9 765 625	48 828 125	244 140 625	120
6	10 077 696	60 466 176	362 797 056	2 176 782 336	720
7	40 353 607	282 475 249	1 977 326 743	13 841 287 201	5 040
8	134 217 728	1 073 741 824	8 589 934 592	68 719 476 736	40 320
9	387 420 489	3 486 784 401	31 381 059 609	282 429 536 481	362 880

15. Primzahlen, Kehrwerte

Die Primzahlen zwischen 1 und 1500

2	97	227	367	509	661	829	**1009**	1171	1327
3	**101**	229	373	521	673	839	1013	1181	1361
5	103	233	379	523	677	853	1019	1187	1367
7	107	239	383	541	683	857	1021	1193	1373
11	109	241	389	547	691	859	1031	**1201**	1381
13	113	251	397	557	**701**	863	1033	1213	1399
17	127	257	**401**	563	709	877	1039	1217	**1409**
19	131	263	409	659	719	881	1049	1223	1423
23	137	269	419	571	727	883	1051	1229	1427
29	139	271	421	577	733	887	1061	1231	1429
31	149	277	431	587	739	**907**	1063	1237	1433
37	151	281	433	593	743	911	1069	1249	1439
41	157	283	439	599	751	919	1087	1259	1447
43	163	293	443	**601**	757	929	1091	1277	1451
47	167	**307**	449	607	761	937	1093	1279	1453
53	173	311	457	613	769	941	1097	1283	1459
59	179	313	461	617	773	947	**1103**	1289	1471
61	181	317	463	619	787	953	1109	1291	1481
67	191	331	467	631	797	967	1117	1297	1483
71	193	337	479	641	**809**	971	1123	**1301**	1487
73	197	347	487	643	811	977	1129	1303	1489
79	199	349	491	647	821	983	1151	1307	1493
83	**211**	353	499	653	823	991	1153	1315	1499
89	223	359	**503**	659	827	997	1163	1321	

Die Kehrwerte der Zahlen von 1 bis 99

n	0	1	2	3	4	5	6	7	8	9
0	—	1,00000	0,50000	0,33333	0,25000	0,20000	0,16667	0,14286	0,12500	0,11111
1	0,10000	0,09091	0,08333	0,07692	0,07143	0,06667	0,06250	0,05882	0,05556	0,05263
2	0,05000	0,04762	0,04545	0,04348	0,04167	0,04000	0,03846	0,03704	0,03571	0,03448
3	0,03333	0,03226	0,03125	0,03030	0,02941	0,02857	0,02778	0,02703	0,02632	0,02564
4	0,02500	0,02439	0,02381	0,02326	0,02273	0,02222	0,02174	0,02128	0,02083	0,02041
5	0,02000	0,01961	0,01923	0,01887	0,01852	0,01818	0,01786	0,01754	0,01724	0,01695
6	0,01667	0,01639	0,01613	0,01587	0,01563	0,01538	0,01515	0,01493	0,01471	0,01449
7	0,01429	0,01408	0,01389	0,01370	0,01351	0,01333	0,01316	0,01299	0,01282	0,01266
8	0,01250	0,01235	0,01220	0,01205	0,01190	0,01176	0,01163	0,01149	0,01136	0,01124
9	0,01111	0,01099	0,01087	0,01075	0,01064	0,01053	0,01042	0,01031	0,01020	0,01010

16. Pythagoreische Zahlen

5	4	3	289	240	161	565	403	396
13	12	5	293	285	68	565	493	276
17	15	8	305	224	207	569	520	231
25	24	7	305	273	136	577	575	48
29	21	20	313	312	25	593	465	368
37	35	12	317	308	75	601	551	240
41	40	9	325	253	204	613	612	35
53	45	28	325	323	36	617	608	105
61	60	11	337	288	175	625	527	336
65	56	33	349	299	180	629	460	429
65	63	16	353	272	225	629	621	100
73	55	48	365	357	76	641	609	200
85	77	36	365	364	27	653	572	315
85	84	13	373	275	252	661	589	300
89	80	39	377	345	152	673	552	385
97	72	65	377	352	135	677	675	52
101	99	20	389	340	189	685	667	156
109	91	60	397	325	228	685	684	37
113	112	15	401	399	40	689	561	400
125	117	44	409	391	120	689	680	111
137	105	88	421	420	29	697	528	455
145	143	24	425	304	297	697	672	185
145	144	17	425	416	87	701	651	260
149	140	51	433	408	145	709	660	259
157	132	85	445	396	203	725	627	364
169	120	119	445	437	84	725	644	333
173	165	52	449	351	280	733	725	108
181	180	19	457	425	168	745	624	407
185	153	104	461	380	261	745	713	216
185	176	57	481	360	319	757	595	468
193	168	95	481	480	31	761	760	39
197	195	28	485	476	93	769	600	481
205	156	133	485	483	44	773	748	195
205	187	84	493	468	155	785	736	273
221	171	140	493	475	132	785	783	56
221	220	21	505	377	336	793	665	432
229	221	60	505	456	217	793	775	168
233	208	105	509	459	220	797	572	555
241	209	120	521	440	279	809	759	280
257	255	32	533	435	308	821	700	429
265	247	96	533	525	92	829	629	540
265	264	23	541	420	341	841	840	41
269	260	69	545	513	184	845	836	123
277	252	115	545	544	33	845	837	116
281	231	160	557	532	165	853	828	205

17. Quader mit ganzzahligen Kanten und Raumdiagonalen

a	b	c	D	a	b	c	D	a	b	c	D
1	2	2	3	1	8	32	33	2	21	42	47
2	3	6	7	4	7	32		6	18	43	
1	4	8	9	4	17	28		6	27	38	
4	4	7		7	16	28		11	18	42	
2	6	9	11	8	8	31		18	21	38	
6	6	7		8	20	25		18	27	34	
3	4	12	13	17	20	20		4	9	48	49
2	5	14	15	1	18	30	35	4	33	36	
2	10	11		6	10	33		9	32	36	
8	9	12	17	6	17	30		12	24	41	
1	12	12		15	18	26		12	31	36	
1	6	18	19	3	8	36	37	15	24	40	
6	10	15		3	24	28		23	24	36	
6	6	17		8	24	27		14	31	38	51
4	5	20	21	12	21	28		12	27	44	53
4	8	19		2	19	34	39	18	26	45	55
4	13	16		2	26	29		17	32	44	57
8	11	16		10	14	35		9	22	54	59
3	6	22	23	13	14	34		24	36	43	61
3	14	18		14	22	29		26	38	43	63
6	13	18		19	22	26		25	36	48	65
9	12	20	25	4	12	39	41	22	33	54	67
12	15	16		4	24	33		16	37	56	69
2	7	26	27	9	24	32		19	42	54	71
2	10	25		12	24	31		33	44	48	73
2	14	23		23	24	24		10	41	62	75
3	12	24		2	9	42	43	23	44	64	81
7	14	22		2	18	39		24	45	68	85
9	18	18		6	7	42		30	55	66	91
10	10	23		7	30	30		42	50	69	95
12	12	21		9	18	38		31	58	74	99
3	16	24	29	18	25	30		40	60	87	113
11	12	24		4	28	35	45	30	45	106	119
12	16	21		5	8	44		74	82	97	147
5	6	30	31	8	19	40		33	56	156	169
6	14	27		13	16	40		50	114	123	175
6	21	22		16	20	37		82	114	141	199
14	18	21		20	28	29		83	120	144	205

18. Quadratzahlen

n	n²	n	n²	n	n²	n	n²
		35	1 225	70	4 900	105	11 025
1	1	36	1 296	71	5 041	106	11 236
2	4	37	1 369	72	5 184	107	11 449
3	9	38	1 444	73	5 329	108	11 664
4	16	39	1 521	74	5 476	109	11 881
5	25	40	1 600	75	5 625	110	12 100
6	36	41	1 681	76	5 776	111	12 321
7	49	42	1 764	77	5 929	112	12 544
8	64	43	1 849	78	6 084	113	12 769
9	81	44	1 936	79	6 241	114	12 996
10	100	45	2 025	80	6 400	115	13 225
11	121	46	2 116	81	6 561	116	13 456
12	144	47	2 209	82	6 724	117	13 689
13	169	48	2 304	83	6 889	118	13 924
14	196	49	2 401	84	7 056	119	14 161
15	225	50	2 500	85	7 225	120	14 400
16	256	51	2 601	86	7 396	121	14 641
17	289	52	2 704	87	7 569	122	14 884
18	324	53	2 809	88	7 744	123	15 129
19	361	54	2 916	89	7 921	124	15 376
20	400	55	3 025	90	8 100	125	15 625
21	441	56	3 136	91	8 281	126	15 876
22	484	57	3 249	92	8 464	127	16 129
23	529	58	3 364	93	8 649	128	16 384
24	576	59	3 481	94	8 836	129	16 641
25	625	60	3 600	95	9 025	130	16 900
26	676	61	3 721	96	9 216	131	17 161
27	729	62	3 844	97	9 409	132	17 424
28	784	63	3 969	98	9 604	133	17 689
29	841	64	4 096	99	9 801	134	17 956
30	900	65	4 225	100	10 000	135	18 225
31	961	66	4 356	101	10 201	136	18 496
32	1 024	67	4 489	102	10 404	137	18 769
33	1 089	68	4 624	103	10 609	138	19 044
34	1 156	69	4 761	104	10 816	139	19 321
35	1 225	70	4 900	105	11 025	140	19 600
n	n²	n	n²	n	n²	n	n²

n	n²	n	n²	n	n²	n	n²
140	19 600	175	30 625	210	44 100	245	60 025
141	19 881	176	30 976	211	44 521	246	60 516
142	20 164	177	31 329	212	44 944	247	61 009
143	20 449	178	31 684	213	45 369	248	61 504
144	20 736	179	32 041	214	45 796	249	62 001
145	21 025	180	32 400	215	46 225	250	62 500
146	21 316	181	32 761	216	46 656	251	63 001
147	21 609	182	33 124	217	47 089	252	63 504
148	21 904	183	33 489	218	47 524	253	64 009
149	22 201	184	33 856	219	47 961	254	64 516
150	22 500	185	34 225	220	48 400	255	65 025
151	22 801	186	34 596	221	48 841	256	65 536
152	23 104	187	34 969	222	49 284	257	66 049
153	23 409	188	35 344	223	49 729	258	66 564
154	23 716	189	35 721	224	50 176	259	67 081
155	24 025	190	36 100	225	50 625	260	67 600
156	24 336	191	36 481	226	51 076	261	68 121
157	24 649	192	36 864	227	51 529	262	68 644
158	24 964	193	37 249	228	51 984	263	69 169
159	25 281	194	37 636	229	52 441	264	69 696
160	25 600	195	38 025	230	52 900	265	70 225
161	25 921	196	38 416	231	53 361	266	70 756
162	26 244	197	38 809	232	53 824	267	71 289
163	26 569	198	39 204	233	54 289	268	71 824
164	26 896	199	39 601	234	54 756	269	72 361
165	27 225	200	40 000	235	55 225	270	72 900
166	27 556	201	40 401	236	55 696	271	73 441
167	27 889	202	40 804	237	56 169	272	73 984
168	28 224	203	41 209	238	56 644	273	74 529
169	28 561	204	41 616	239	57 121	274	75 076
170	28 900	205	42 025	240	57 600	275	75 625
171	29 241	206	42 436	241	58 081	276	76 176
172	29 584	207	42 849	242	58 564	277	76 729
173	29 929	208	43 264	243	59 049	278	77 284
174	30 276	209	43 681	244	59 536	279	77 841
175	30 625	210	44 100	245	60 025	280	78 400
n	n²	n	n²	n	n²	n	n²

n	n^2	n	n^2	n	n^2	n	n^2
280	78 400	315	99 225	350	122 500	385	148 225
281	78 961	316	99 856	351	123 201	386	148 996
282	79 524	317	100 489	352	123 904	387	149 769
283	80 089	318	101 124	353	124 609	388	150 544
284	80 656	319	101 761	354	125 316	389	151 321
285	81 225	320	102 400	355	126 025	390	152 100
286	81 796	321	103 041	356	126 736	391	152 881
287	82 369	322	103 684	357	127 449	392	153 664
288	82 944	323	104 329	358	128 164	393	154 449
289	83 521	324	104 976	359	128 881	394	155 236
290	84 100	325	105 625	360	129 600	395	156 025
291	84 681	326	106 276	361	130 321	396	156 816
292	85 264	327	106 929	362	131 044	397	157 609
293	85 849	328	107 584	363	131 769	398	158 404
294	86 436	329	108 241	364	132 496	399	159 201
295	87 025	330	108 900	365	133 225	400	160 000
296	87 616	331	109 561	366	133 956	401	160 801
297	88 209	332	110 224	367	134 689	402	161 604
298	88 804	333	110 889	368	135 424	403	162 409
299	89 401	334	111 556	369	136 161	404	163 216
300	90 000	335	112 225	370	136 900	405	164 025
301	90 601	336	112 896	371	137 641	406	164 836
302	91 204	337	113 569	372	138 384	407	165 649
303	91 809	338	114 244	373	139 129	408	166 464
304	92 416	339	114 921	374	139 876	409	167 281
305	93 025	340	115 600	375	140 625	410	168 100
306	93 636	341	116 281	376	141 376	411	168 921
307	94 249	342	116 964	377	142 129	412	169 744
308	94 864	343	117 649	378	142 884	413	170 569
309	95 481	344	118 336	379	143 641	414	171 396
310	96 100	345	119 025	380	144 400	415	172 225
311	96 721	346	119 716	381	145 161	416	173 056
312	97 344	347	120 409	382	145 924	417	173 889
313	97 969	348	121 104	383	146 689	418	174 724
314	98 596	349	121 801	384	147 456	419	175 561
315	99 225	350	122 500	385	148 225	420	176 400
n	n^2	n	n^2	n	n^2	n	n^2

n	n²	n	n²	n	n²	n	n²
420	176 400	455	207 025	490	240 100	525	275 625
421	177 241	456	207 936	491	241 081	526	276 676
422	178 084	457	208 849	492	242 064	527	277 729
423	178 929	458	209 764	493	243 049	528	278 784
424	179 776	459	210 681	494	244 036	529	279 841
425	180 625	460	211 600	495	245 025	530	280 900
426	181 476	461	212 521	496	246 016	531	281 961
427	182 329	462	213 444	497	247 009	532	283 024
428	183 184	463	214 369	498	248 004	533	284 089
429	184 041	464	215 296	499	249 001	534	285 156
430	184 900	465	216 225	500	250 000	535	286 225
431	185 761	466	217 156	501	251 001	536	287 296
432	186 624	467	218 089	502	252 004	537	288 369
433	187 489	468	219 024	503	253 009	538	289 444
434	188 356	469	219 961	504	254 016	539	290 521
435	189 225	470	220 900	505	255 025	540	291 600
436	190 096	471	221 841	506	256 036	541	292 681
437	190 969	472	222 784	507	257 049	542	293 764
438	191 844	473	223 729	508	258 064	543	294 849
439	192 721	474	224 676	509	259 081	544	295 936
440	193 600	475	225 625	510	260 100	545	297 025
441	194 481	476	226 576	511	261 121	546	298 116
442	195 364	477	227 529	512	262 144	547	299 209
443	196 249	478	228 484	513	263 169	548	300 304
444	197 136	479	229 441	514	264 196	549	301 401
445	198 025	480	230 400	515	265 225	550	302 500
446	198 916	481	231 361	516	266 256	551	303 601
447	199 809	482	232 324	517	267 289	552	304 704
448	200 704	483	233 289	518	268 324	553	305 809
449	201 601	484	234 256	519	269 361	554	306 916
450	202 500	485	235 225	520	270 400	555	308 025
451	203 401	486	236 196	521	271 441	556	309 136
452	204 304	487	237 169	522	272 484	557	310 249
453	205 209	488	238 144	523	273 529	558	311 364
454	206 116	489	239 121	524	274 576	559	312 481
455	207 025	490	240 100	525	275 625	560	313 600
n	n²	n	n²	n	n²	n	n²

n	n²	n	n²	n	n²	n	n²
560	313 600	595	354 025	630	396 900	665	442 225
561	314 721	596	355 216	631	398 161	666	443 556
562	315 844	597	356 409	632	399 424	667	444 889
563	316 969	598	357 604	633	400 689	668	446 224
564	318 096	599	358 801	634	401 956	669	447 561
565	319 225	600	360 000	635	403 225	670	448 900
566	320 356	601	361 201	636	404 496	671	450 241
567	321 489	602	362 404	637	405 769	672	451 584
568	322 624	603	363 609	638	407 044	673	452 929
569	323 761	604	364 816	639	408 321	674	454 276
570	324 900	605	366 025	640	409 600	675	455 625
571	326 041	606	367 236	641	410 881	676	456 976
572	327 184	607	368 449	642	412 164	677	458 329
573	328 329	608	369 664	643	413 449	678	459 684
574	329 476	609	370 881	644	414 736	679	461 041
575	330 625	610	372 100	645	416 025	680	462 400
576	331 776	611	373 321	646	417 316	681	463 761
577	332 929	612	374 544	647	418 609	682	465 124
578	334 084	613	375 769	648	419 904	683	466 489
579	335 241	614	376 996	649	421 201	684	467 856
580	336 400	615	378 225	650	422 500	685	469 225
581	337 561	616	379 456	651	423 801	686	470 596
582	338 724	617	380 689	652	425 104	687	471 969
583	339 889	618	381 924	653	426 409	688	473 344
584	341 056	619	383 161	654	427 716	689	474 721
585	342 225	620	384 400	655	429 025	690	476 100
586	343 396	621	385 641	656	430 336	691	477 481
587	344 569	622	386 884	657	431 649	692	478 864
588	345 744	623	388 129	658	432 964	693	480 249
589	346 921	624	389 376	659	434 281	694	481 636
590	348 100	625	390 625	660	435 600	695	483 025
591	349 281	626	391 876	661	436 921	696	484 416
592	350 464	627	393 129	662	438 244	697	485 809
593	351 649	628	394 384	663	439 569	698	487 204
594	352 836	629	395 641	664	440 896	699	488 601
595	354 025	630	396 900	665	442 225	700	490 000
n	n²	n	n²	n	n²	n	n²

n	n²	n	n²	n	n²	n	n²
700	490 000	735	540 225	770	592 900	805	648 025
701	491 401	736	541 696	771	594 441	806	649 636
702	492 804	737	543 169	772	595 984	807	651 249
703	494 209	738	544 644	773	597 529	808	652 864
704	495 616	739	546 121	774	599 076	809	654 481
705	497 025	740	547 600	775	600 625	810	656 100
706	498 436	741	549 081	776	602 176	811	657 721
707	499 849	742	550 564	777	603 729	812	659 344
708	501 264	743	552 049	778	605 284	813	660 969
709	502 681	744	553 536	779	606 841	814	662 596
710	504 100	745	555 025	780	608 400	815	664 225
711	505 521	746	556 516	781	609 961	816	665 856
712	506 944	747	558 009	782	611 524	817	667 489
713	508 369	748	559 504	783	613 089	818	669 124
714	509 796	749	561 001	784	614 656	819	670 761
715	511 225	750	562 500	785	616 225	820	672 400
716	512 656	751	564 001	786	617 796	821	674 041
717	514 089	752	565 504	787	619 369	822	675 684
718	515 524	753	567 009	788	620 944	823	677 329
719	516 961	754	568 516	789	622 521	824	678 976
720	518 400	755	570 025	790	624 100	825	680 625
721	519 841	756	571 536	791	625 681	826	682 276
722	521 284	757	573 049	792	627 264	827	683 929
723	522 729	758	574 564	793	628 849	828	685 584
724	524 176	759	576 081	794	630 436	829	687 241
725	525 625	760	577 600	795	632 025	830	688 900
726	527 076	761	579 121	796	633 616	831	690 561
727	528 529	762	580 644	797	635 209	832	692 224
728	529 984	763	582 169	798	636 804	833	693 889
729	531 441	764	583 696	799	638 401	834	695 556
730	532 900	765	585 225	800	640 000	835	697 225
731	534 361	766	586 756	801	641 601	836	698 896
732	535 824	767	588 289	802	643 204	837	700 569
733	537 289	768	589 824	803	644 809	838	702 244
734	538 756	769	591 361	804	646 416	839	703 921
735	540 225	770	592 900	805	648 025	840	705 600
n	n²	n	n²	n	n²	n	n²

n	n²	n	n²	n	n²	n	n²
840	705 600	875	765 625	910	828 100	945	893 025
841	707 281	876	767 376	911	829 921	946	894 916
842	708 964	877	769 129	912	831 744	947	896 809
843	710 649	878	770 884	913	833 569	948	898 704
844	712 336	879	772 641	914	835 396	949	900 601
845	714 025	880	774 400	915	837 225	950	902 500
846	715 716	881	776 161	916	839 056	951	904 401
847	717 409	882	777 924	917	840 889	952	906 304
848	719 104	883	779 689	918	842 724	953	908 209
849	720 801	884	781 456	919	844 561	954	910 116
850	722 500	885	783 225	920	846 400	955	912 025
851	724 201	886	784 996	921	848 241	956	913 936
852	725 904	887	786 769	922	850 084	957	915 849
853	727 609	888	788 544	923	851 929	958	917 764
854	729 316	889	790 321	924	853 776	959	919 681
855	731 025	890	792 100	925	855 625	960	921 600
856	732 736	891	793 881	926	857 476	961	923 521
857	734 449	892	795 664	927	859 329	962	925 444
858	736 164	893	797 449	928	861 184	963	927 369
859	737 881	894	799 236	929	863 041	964	929 296
860	739 600	895	801 025	930	864 900	965	931 225
861	741 321	896	802 816	931	866 761	966	933 156
862	743 044	897	804 609	932	868 624	967	935 089
863	744 769	898	806 404	933	870 489	968	937 024
864	746 496	899	808 201	934	872 356	969	938 961
865	748 225	900	810 000	935	874 225	970	940 900
866	749 956	901	811 801	936	876 096	971	942 841
867	751 689	902	813 604	937	877 969	972	944 784
868	753 424	903	815 409	938	879 844	973	946 729
869	755 161	904	817 216	939	881 721	974	948 676
870	756 900	905	819 025	940	883 600	975	950 625
871	758 641	906	820 836	941	885 481	976	952 576
872	760 384	907	822 649	942	887 364	977	954 529
873	762 129	908	824 464	943	889 249	978	956 484
874	763 876	909	826 281	944	891 136	979	958 441
875	765 625	910	828 100	945	893 025	980	960 400
n	n²	n	n²	n	n²	n	n²

n	n²	n	n²	n	n²	n	n²
980	960 400	1015	1 030 225	1050	1 102 500	1085	1 177 225
981	962 361	1016	1 032 256	1051	1 104 601	1086	1 179 396
982	964 324	1017	1 034 289	1052	1 106 704	1087	1 181 569
983	966 289	1018	1 036 324	1053	1 108 809	1088	1 183 744
984	968 256	1019	1 038 361	1054	1 110 916	1089	1 185 921
985	970 225	1020	1 040 400	1055	1 113 025	1090	1 188 100
986	972 196	1021	1 042 441	1056	1 115 136	1091	1 190 281
987	974 169	1022	1 044 484	1057	1 117 249	1092	1 192 464
988	976 144	1023	1 046 529	1058	1 119 364	1093	1 194 649
989	978 121	1024	1 048 576	1059	1 121 481	1094	1 196 836
990	980 100	1025	1 050 625	1060	1 123 600	1095	1 199 025
991	982 081	1026	1 052 676	1061	1 125 721	1096	1 201 216
992	984 064	1027	1 054 729	1062	1 127 844	1097	1 203 409
993	986 049	1028	1 056 784	1063	1 129 969	1098	1 205 604
994	988 036	1029	1 058 841	1064	1 132 096	1099	1 207 801
995	990 025	1030	1 060 900	1065	1 134 225	1100	1 210 000
996	992 016	1031	1 062 961	1066	1 136 356	1101	1 212 201
997	994 009	1032	1 065 024	1067	1 138 489	1102	1 214 404
998	996 004	1033	1 067 089	1068	1 140 624	1103	1 216 609
999	998 001	1034	1 069 156	1069	1 142 761	1104	1 218 816
1000	1 000 000	1035	1 071 225	1070	1 144 900	1105	1 221 025
1001	1 002 001	1036	1 073 296	1071	1 147 041	1106	1 223 236
1002	1 004 004	1037	1 075 369	1072	1 149 184	1107	1 225 449
1003	1 006 009	1038	1 077 444	1073	1 151 329	1108	1 227 664
1004	1 008 016	1039	1 079 521	1074	1 153 476	1109	1 229 881
1005	1 010 025	1040	1 081 600	1075	1 155 625	1110	1 232 100
1006	1 012 036	1041	1 083 681	1076	1 157 776	1111	1 234 321
1007	1 014 049	1042	1 085 764	1077	1 159 929	1112	1 236 544
1008	1 016 064	1043	1 087 849	1078	1 162 084	1113	1 238 769
1009	1 018 081	1044	1 089 936	1079	1 164 241	1114	1 240 996
1010	1 020 100	1045	1 092 025	1080	1 166 400	1115	1 243 225
1011	1 022 121	1046	1 094 116	1081	1 168 561	1116	1 245 456
1012	1 024 144	1047	1 096 209	1082	1 170 724	1117	1 247 689
1013	1 026 169	1048	1 098 304	1083	1 172 889	1118	1 249 924
1014	1 028 196	1049	1 100 401	1084	1 175 056	1119	1 252 161
1015	1 030 225	1050	1 102 500	1085	1 177 225	1120	1 254 400
n	n²	n	n²	n	n²	n	n²

19. Kubikzahlen

n	n^3	n	n^3	n	n^3
		35	42 875	70	343 000
1	1	36	46 656	71	357 911
2	8	37	50 653	72	373 248
3	27	38	54 872	73	389 017
4	64	39	59 319	74	405 224
5	125	40	64 000	75	421 875
6	216	41	68 921	76	438 976
7	343	42	74 088	77	456 533
8	512	43	79 507	78	474 552
9	729	44	85 184	79	493 039
10	1 000	45	91 125	80	512 000
11	1 331	46	97 336	81	531 441
12	1 728	47	103 823	82	551 368
13	2 197	48	110 592	83	571 787
14	2 744	49	117 649	84	592 704
15	3 375	50	125 000	85	614 125
16	4 096	51	132 651	86	636 056
17	4 913	52	140 608	87	658 503
18	5 832	53	148 877	88	681 472
19	6 859	54	157 464	89	704 969
20	8 000	55	166 375	90	729 000
21	9 261	56	175 616	91	753 571
22	10 648	57	185 193	92	778 688
23	12 167	58	195 112	93	804 357
24	13 824	59	205 379	94	830 584
25	15 625	60	216 000	95	857 375
26	17 576	61	226 981	96	884 736
27	19 683	62	238 328	97	912 673
28	21 952	63	250 047	98	941 192
29	24 389	64	262 144	99	970 299
30	27 000	65	274 625	100	1 000 000
31	29 791	66	287 496	101	1 030 301
32	32 768	67	300 763	102	1 061 208
33	35 937	68	314 432	103	1 092 727
34	39 304	69	328 509	104	1 124 864
35	42 875	70	343 000	105	1 157 625
n	n^3	n	n^3	n	n^3

n	n^3	n	n^3	n	n^3
105	1 157 625	140	2 744 000	175	5 359 375
106	1 191 016	141	2 803 221	176	5 451 776
107	1 225 043	142	2 863 288	177	5 545 233
108	1 259 712	143	2 924 207	178	5 639 752
109	1 295 029	144	2 985 984	179	5 735 339
110	1 331 000	145	3 048 625	180	5 832 000
111	1 367 631	146	3 112 136	181	5 929 741
112	1 404 928	147	3 176 523	182	6 028 568
113	1 442 897	148	3 241 792	183	6 128 487
114	1 481 544	149	3 307 949	184	6 229 504
115	1 520 875	150	3 375 000	185	6 331 625
116	1 560 896	151	3 442 951	186	6 434 856
117	1 601 613	152	3 511 808	187	6 539 203
118	1 643 032	153	3 581 577	188	6 644 672
119	1 685 159	154	3 652 264	189	6 751 269
120	1 728 000	155	3 723 875	190	6 859 000
121	1 771 561	156	3 796 416	191	6 967 871
122	1 815 848	157	3 869 893	192	7 077 888
123	1 860 867	158	3 944 312	193	7 189 057
124	1 906 624	159	4 019 679	194	7 301 384
125	1 953 125	160	4 096 000	195	7 414 875
126	2 000 376	161	4 173 281	196	7 529 536
127	2 048 383	162	4 251 528	197	7 645 373
128	2 097 152	163	4 330 747	198	7 762 392
129	2 146 689	164	4 410 944	199	7 880 599
130	2 197 000	165	4 492 125	200	8 000 000
131	2 248 091	166	4 574 296	201	8 120 601
132	2 299 968	167	4 657 463	202	8 242 408
133	2 352 637	168	4 741 632	203	8 365 427
134	2 406 104	169	4 826 809	204	8 489 664
135	2 460 375	170	4 913 000	205	8 615 125
136	2 515 456	171	5 000 211	206	8 741 816
137	2 571 353	172	5 088 448	207	8 869 743
138	2 628 072	173	5 177 717	208	8 998 912
139	2 685 619	174	5 268 024	209	9 129 329
140	2 744 000	175	5 359 375	210	9 261 000
n	n^3	n	n^3	n	n^3

n	n^3	n	n^3	n	n^3
210	9 261 000	245	14 706 125	280	21 952 000
211	9 393 931	246	14 886 936	281	22 188 041
212	9 528 128	247	15 069 223	282	22 425 768
213	9 663 597	248	15 252 992	283	22 665 187
214	9 800 344	249	15 438 249	284	22 906 304
215	9 938 375	250	15 625 000	285	23 149 125
216	10 077 696	251	15 813 251	286	23 393 656
217	10 218 313	252	16 003 008	287	23 639 903
218	10 360 232	253	16 194 277	288	23 887 872
219	10 503 459	254	16 387 064	289	24 137 569
220	10 648 000	255	16 581 375	290	24 389 000
221	10 793 861	256	16 777 216	291	24 642 171
222	10 941 048	257	16 974 593	292	24 897 088
223	11 089 567	258	17 173 512	293	25 153 757
224	11 239 424	259	17 373 979	294	25 412 184
225	11 390 625	260	17 576 000	295	25 672 375
226	11 543 176	261	17 779 581	296	25 934 336
227	11 697 083	262	17 984 728	297	26 198 073
228	11 852 352	263	18 191 447	298	26 463 592
229	12 008 989	264	18 399 744	299	26 730 899
230	12 167 000	265	18 609 625	300	27 000 000
231	12 326 391	266	18 821 096	301	27 270 901
232	12 487 168	267	19 034 163	302	27 543 608
233	12 649 337	268	19 248 832	303	27 818 127
234	12 812 904	269	19 465 109	304	28 094 464
235	12 977 875	270	19 683 000	305	28 372 625
236	13 144 256	271	19 902 511	306	28 625 616
237	13 312 053	272	20 123 648	307	28 934 443
238	13 481 272	273	20 346 417	308	29 218 112
239	13 651 919	274	20 570 824	309	29 503 629
240	13 824 000	275	20 796 875	310	29 791 000
241	13 997 521	276	21 024 576	311	30 080 231
242	14 172 488	277	21 253 933	312	30 371 328
243	14 348 907	278	21 484 952	313	30 664 297
244	14 526 784	279	21 717 639	314	30 959 144
245	14 706 125	280	21 952 000	315	31 255 875
n	n^3	n	n^3	n	n^3

n	n³	n	n³	n	n³
315	31 255 875	350	42 875 000	385	57 066 625
316	31 554 496	351	43 243 551	386	57 512 456
317	31 855 013	352	43 614 208	387	57 960 603
318	32 157 432	353	43 986 977	388	58 411 072
319	32 461 759	354	44 361 864	389	58 863 869
320	32 768 000	355	44 738 875	390	59 319 000
321	33 076 161	356	45 118 016	391	59 776 471
322	33 386 248	357	45 499 293	392	60 236 288
323	33 698 267	358	45 882 712	393	60 698 457
324	34 012 224	359	46 268 279	394	61 162 984
325	34 328 125	360	46 656 000	395	61 629 875
326	34 645 976	361	47 045 881	396	62 099 136
327	34 965 783	362	47 437 928	397	62 570 773
328	35 287 552	363	47 832 147	398	63 044 792
329	35 611 289	364	48 228 544	399	63 521 199
330	35 937 000	365	48 627 125	400	64 000 000
331	36 264 691	366	49 027 896	401	64 481 201
332	36 594 368	367	49 430 863	402	64 964 808
333	36 926 037	368	49 836 032	403	65 450 827
334	37 259 704	369	50 243 409	404	65 939 264
335	37 595 375	370	50 653 000	405	66 430 125
336	37 933 056	371	51 064 811	406	66 923 416
337	38 272 753	372	51 478 848	407	67 419 143
338	38 614 472	373	51 895 117	408	67 917 312
339	38 958 219	374	52 313 624	409	68 417 929
340	39 304 000	375	52 734 375	410	68 921 000
341	39 651 821	376	53 157 376	411	69 426 531
342	40 001 688	377	53 582 633	412	69 934 528
343	40 353 607	378	54 010 152	413	70 444 997
344	40 707 584	379	54 439 939	414	70 957 944
345	41 063 625	380	54 872 000	415	71 473 375
346	41 421 736	381	55 306 341	416	71 991 296
347	41 781 923	382	55 742 968	417	72 511 713
348	42 144 192	383	56 181 887	418	73 034 632
349	42 508 549	384	56 623 104	419	73 560 059
350	42 875 000	385	57 066 625	420	74 088 000
n	n³	n	n³	n	n³

n	n³	n	n³	n	n³
420	74 088 000	455	94 196 375	490	117 649 000
421	74 618 461	456	94 818 816	491	118 370 771
422	75 151 448	457	95 443 993	492	119 095 488
423	75 686 967	458	96 071 912	493	119 823 157
424	76 225 024	459	96 702 579	494	120 553 784
425	76 765 625	460	97 336 000	495	121 287 375
426	77 308 776	461	97 972 181	496	122 023 936
427	77 854 483	462	98 611 128	497	122 763 473
428	78 402 752	463	99 252 847	498	123 505 992
429	78 953 589	464	99 897 344	499	124 251 499
430	79 507 000	465	100 544 625	500	125 000 000
431	80 062 991	466	101 194 696	501	125 751 501
432	80 621 568	467	101 847 563	502	126 506 008
433	81 182 737	468	102 503 232	503	127 263 527
434	81 746 504	469	103 161 709	504	128 024 064
435	82 312 875	470	103 823 000	505	128 787 625
436	82 881 856	471	104 487 111	506	129 554 216
437	83 453 453	472	105 154 048	507	130 323 843
438	84 027 672	473	105 823 817	508	131 096 512
439	84 604 519	474	106 496 424	509	131 872 229
440	85 184 000	475	107 171 875	510	132 651 000
441	85 766 121	476	107 850 176	511	133 432 831
442	86 350 888	477	108 531 333	512	134 217 728
443	86 938 307	478	109 215 352	513	135 005 697
444	87 528 384	479	109 902 239	514	135 796 744
445	88 121 125	480	110 592 000	515	136 590 875
446	88 716 536	481	111 284 641	516	137 388 096
447	89 314 623	482	111 980 168	517	138 188 413
448	89 915 392	483	112 678 587	518	138 991 832
449	90 518 849	484	113 379 904	519	139 798 359
450	91 125 000	485	114 084 125	520	140 608 000
451	91 733 851	486	114 791 256	521	141 420 761
452	92 345 408	487	115 501 303	522	142 236 648
453	92 959 677	488	116 214 272	523	143 055 667
454	93 576 664	489	116 930 169	524	143 877 824
455	94 196 375	490	117 649 000	525	144 703 125
n	n³	n	n³	n	n³

n	n^3	n	n^3	n	n^3
525	144 703 125	560	175 616 000	595	210 644 875
526	145 531 576	561	176 558 481	596	211 708 736
527	146 363 183	562	177 504 328	597	212 776 173
528	147 197 952	563	178 453 547	598	213 847 192
529	148 035 889	564	179 406 144	599	214 921 799
530	148 877 000	565	180 362 125	600	216 000 000
531	149 721 291	566	181 321 496	601	217 081 801
532	150 568 768	567	182 284 263	602	218 167 208
533	151 419 437	568	183 250 432	603	219 256 227
534	152 273 304	569	184 220 009	604	220 348 864
535	153 130 375	570	185 193 000	605	221 445 125
536	153 990 656	571	186 169 411	606	222 545 016
537	154 854 153	572	187 149 248	607	223 648 543
538	155 720 872	573	188 132 517	608	224 755 712
539	156 590 819	574	189 119 224	609	225 866 529
540	157 464 000	575	190 109 375	610	226 981 000
541	158 340 421	576	191 102 976	611	228 099 131
542	159 220 088	577	192 100 033	612	229 220 928
543	160 103 007	578	193 100 552	613	230 346 397
544	160 989 184	579	194 104 539	614	231 475 544
545	161 878 625	580	195 112 000	615	232 608 375
546	162 771 336	581	196 122 941	616	233 744 896
547	163 667 323	582	197 137 368	617	234 885 113
548	164 566 592	583	198 155 287	618	236 029 032
549	165 469 149	584	199 176 704	619	237 176 659
550	166 375 000	585	200 201 625	620	238 328 000
551	167 284 151	586	201 230 056	621	239 483 061
552	168 196 608	587	202 262 003	622	240 641 848
553	169 112 377	588	203 297 472	623	241 804 367
554	170 031 464	589	204 336 469	624	242 970 624
555	170 953 875	590	205 379 000	625	244 140 625
556	171 879 616	591	206 425 071	626	245 314 376
557	172 808 693	592	207 474 688	627	246 491 883
558	173 741 112	593	208 527 857	628	247 673 152
559	174 676 879	594	209 584 584	629	248 858 189
560	175 616 000	595	210 644 875	630	250 047 000
n	n^3	n	n^3	n	n^3

n	n^3	n	n^3	n	n^3
630	250 047 000	665	294 079 625	700	343 000 000
631	251 239 591	666	295 408 296	701	344 472 101
632	252 435 968	667	296 740 963	702	345 948 408
633	253 636 137	668	298 077 632	703	347 428 927
634	254 840 104	669	299 418 309	704	348 913 664
635	256 047 875	670	300 763 000	705	350 402 625
636	257 259 456	671	302 111 711	706	351 895 816
637	258 474 853	672	303 464 448	707	353 393 243
638	259 694 072	673	304 821 217	708	354 894 912
639	260 917 119	674	306 182 024	709	356 400 829
640	262 144 000	675	307 546 875	710	357 911 000
641	263 374 721	676	308 915 776	711	359 425 431
642	264 609 288	677	310 288 733	712	360 944 128
643	265 847 707	678	311 665 752	713	362 467 097
644	267 089 984	679	313 046 839	714	363 994 344
645	268 336 125	680	314 432 000	715	365 525 875
646	269 586 136	681	315 821 241	716	367 061 696
647	270 840 023	682	317 214 568	717	368 601 813
648	272 097 792	683	318 611 987	718	370 146 232
649	273 359 449	684	320 013 504	719	371 694 959
650	274 625 000	685	321 419 125	720	373 248 000
651	275 894 451	686	322 828 856	721	374 805 361
652	277 167 808	687	324 242 703	722	376 367 048
653	278 445 077	688	325 660 672	723	377 933 067
654	279 726 264	689	327 082 769	724	379 503 424
655	281 011 375	690	328 509 000	725	381 078 125
656	282 300 416	691	329 939 371	726	382 657 176
657	283 593 393	692	331 373 888	727	384 240 583
658	284 890 312	693	332 812 557	728	385 828 352
659	286 191 179	694	334 255 384	729	387 420 489
660	287 496 000	695	335 702 375	730	389 017 000
661	288 804 781	696	337 153 536	731	390 617 891
662	290 117 528	697	338 608 873	732	392 223 168
663	291 434 247	698	340 068 392	733	393 832 837
664	292 754 944	699	341 532 099	734	395 446 904
665	294 079 625	700	343 000 000	735	397 065 375
n	n^3	n	n^3	n	n^3

n	n^3	n	n^3	n	n^3
735	397 065 375	770	456 533 000	805	521 660 125
736	398 688 256	771	458 314 011	806	523 606 616
737	400 315 553	772	460 099 648	807	525 557 943
738	401 947 272	773	461 889 917	808	527 514 112
739	403 583 419	774	463 684 824	809	529 475 129
740	405 224 000	775	465 484 375	810	531 441 000
741	406 869 021	776	467 288 576	811	533 411 731
742	408 518 488	777	469 097 433	812	535 387 328
743	410 172 407	778	470 910 952	813	537 367 797
744	411 830 784	779	472 729 139	814	539 353 144
745	413 493 625	780	474 552 000	815	541 343 375
746	415 160 936	781	476 379 541	816	543 338 496
747	416 832 723	782	478 211 768	817	545 338 513
748	418 508 992	783	480 048 687	818	547 343 432
749	420 189 749	784	481 890 304	819	549 353 259
750	421 875 000	785	483 736 625	820	551 368 000
751	423 564 751	786	485 587 656	821	553 387 661
752	425 259 008	787	487 443 403	822	555 412 248
753	426 957 777	788	489 303 872	823	557 441 767
754	428 661 064	789	491 169 069	824	559 476 224
755	430 368 875	790	493 039 000	825	561 515 625
756	432 081 216	791	494 913 671	826	563 559 976
757	433 798 093	792	496 793 088	827	565 609 283
758	435 519 512	793	498 677 257	828	567 663 552
759	437 245 479	794	500 566 184	829	569 722 789
760	438 976 000	795	502 459 875	830	571 787 000
761	440 711 081	796	504 358 336	831	573 856 191
762	442 450 728	797	506 261 573	832	575 930 368
763	444 194 947	798	508 169 592	833	578 009 537
764	445 943 744	799	510 082 399	834	580 093 704
765	447 697 125	800	512 000 000	835	582 182 875
766	449 455 096	801	513 922 401	836	584 277 056
767	451 217 663	802	515 849 608	837	586 376 253
768	452 984 832	803	517 781 627	838	588 480 472
769	454 756 609	804	519 718 464	839	590 589 719
770	456 533 000	805	521 660 125	840	592 704 000
n	n^3	n	n^3	n	n^3

n	n^3	n	n^3	n	n^3
840	592 704 000	875	669 921 875	910	753 571 000
841	594 823 321	876	672 221 376	911	756 058 031
842	596 947 688	877	674 526 133	912	758 550 528
843	599 077 107	878	676 836 152	913	761 048 497
844	601 211 584	879	679 151 439	914	763 551 944
845	603 351 125	880	681 472 000	915	766 060 875
846	605 495 736	881	683 797 841	916	768 575 296
847	607 645 423	882	686 128 968	917	771 095 213
848	609 800 192	883	688 465 387	918	773 620 632
849	611 960 049	884	690 807 104	919	776 151 559
850	614 125 000	885	693 154 125	920	778 688 000
851	616 295 051	886	695 506 456	921	781 229 961
852	618 470 208	887	697 864 103	922	783 777 448
853	620 650 477	888	700 227 072	923	786 330 467
854	622 835 864	889	702 595 369	924	788 889 024
855	625 026 375	890	704 969 000	925	791 453 125
856	627 222 016	891	707 347 971	926	794 022 776
857	629 422 793	892	709 732 288	927	796 597 983
858	631 628 712	893	712 121 957	928	799 178 752
859	633 839 779	894	714 516 984	929	801 765 089
860	636 056 000	895	716 917 375	930	804 357 000
861	638 277 381	896	719 323 136	931	806 954 491
862	640 503 928	897	721 734 273	932	809 557 568
863	642 735 647	898	724 150 792	933	812 166 237
864	644 972 544	899	726 572 699	934	814 780 504
865	647 214 625	900	729 000 000	935	817 400 375
866	649 461 896	901	731 432 701	936	820 025 856
867	651 714 363	902	733 870 808	937	822 656 953
868	653 972 032	903	736 314 327	938	825 293 672
869	656 234 909	904	738 763 264	939	827 936 019
870	658 503 000	905	741 217 625	940	830 584 000
871	660 776 311	906	743 677 416	941	833 237 621
872	663 054 848	907	746 142 643	942	835 896 888
873	665 338 617	908	748 613 312	943	838 561 807
874	667 627 624	909	751 089 429	944	841 232 384
875	669 921 875	910	753 571 000	945	843 908 625
n	n^3	n	n^3	n	n^3

n	n^3	n	n^3	n	n^3
945	843 908 625	980	941 192 000	1015	1 045 678 375
946	846 590 536	981	944 076 141	1016	1 048 772 096
947	849 278 123	982	946 966 168	1017	1 051 871 913
948	851 971 392	983	949 862 087	1018	1 054 977 832
949	854 670 349	984	952 763 904	1019	1 058 089 859
950	857 375 000	985	955 671 625	1020	1 061 208 000
951	860 085 351	986	958 585 256	1021	1 064 332 261
952	862 801 408	987	961 504 803	1022	1 067 462 648
953	865 523 177	988	964 430 272	1023	1 070 599 167
954	868 250 664	989	967 361 669	1024	1 073 741 824
955	870 983 875	990	970 299 000	1025	1 076 890 625
956	873 722 816	991	973 242 271	1026	1 080 045 576
957	876 467 493	992	976 191 488	1027	1 083 206 683
958	879 217 912	993	979 146 657	1028	1 086 373 952
959	881 974 079	994	982 107 784	1029	1 089 547 389
960	884 736 000	995	985 074 875	1030	1 092 727 000
961	887 503 681	996	988 047 936	1031	1 095 912 791
962	890 277 128	997	991 026 973	1032	1 099 104 768
963	893 056 347	998	994 011 992	1033	1 102 302 937
964	895 841 344	999	997 002 999	1034	1 105 507 304
965	898 632 125	1000	1 000 000 000	1035	1 108 717 875
966	901 428 696	1001	1 003 003 001	1036	1 111 934 656
967	904 231 063	1002	1 006 012 008	1037	1 115 157 653
968	907 039 232	1003	1 009 027 027	1038	1 118 386 872
969	909 853 209	1004	1 012 048 064	1039	1 121 622 319
970	912 673 000	1005	1 015 075 125	1040	1 124 864 000
971	915 498 611	1006	1 018 108 216	1041	1 128 111 921
972	918 330 048	1007	1 021 147 343	1042	1 131 366 088
973	921 167 317	1008	1 024 192 512	1043	1 134 626 507
974	924 010 424	1009	1 027 243 729	1044	1 137 893 184
975	926 859 375	1010	1 030 301 000	1045	1 141 166 125
976	929 714 176	1011	1 033 364 331	1046	1 144 445 336
977	932 574 833	1012	1 036 433 728	1047	1 147 730 823
978	935 441 352	1013	1 039 509 197	1048	1 151 022 592
979	938 313 739	1014	1 042 590 744	1049	1 154 320 649
980	941 192 000	1015	1 045 678 375	1050	1 157 625 000
n	n^3	n	n^3	n	n^3

20. Quadrat- und Kubikwurzeln

n	$\sqrt{n}$	$\sqrt[3]{n}$	n	$\sqrt{n}$	$\sqrt[3]{n}$	n	$\sqrt{n}$	$\sqrt[3]{n}$
			35	5,9161	3,2711	70	8,3666	4,1213
1	1,0000	1,0000	36	6,0000	3,3019	71	8,4261	4,1408
2	1,4142	1,2599	37	6,0828	3,3322	72	8,4853	4,1602
3	1,7321	1,4422	38	6,1644	3,3620	73	8,5440	4,1793
4	2,0000	1,5874	39	6,2450	3,3912	74	8,6023	4,1983
5	2,2361	1,7100	40	6,3246	3,4200	75	8,6603	4,2172
6	2,4495	1,8171	41	6,4031	3,4482	76	8,7178	4,2358
7	2,6458	1,9129	42	6,4807	3,4760	77	8,7750	4,2543
8	2,8284	2,0000	43	6,5574	3,5034	78	8,8318	4,2727
9	3,0000	2,0801	44	6,6332	3,5303	79	8,8882	4,2908
10	3,1623	2,1544	45	6,7082	3,5569	80	8,9443	4,3089
11	3,3166	2,2240	46	6,7823	3,5830	81	9,0000	4,3267
12	3,4641	2,2894	47	6,8557	3,6088	82	9,0554	4,3445
13	3,6056	2,3513	48	6,9282	3,6342	83	9,1104	4,3621
14	3,7417	2,4101	49	7,0000	3,6593	84	9,1652	4,3795
15	3,8730	2,4662	50	7,0711	3,6840	85	9,2195	4,3968
16	4,0000	2,5198	51	7,1414	3,7084	86	9,2736	4,4140
17	4,1231	2,5713	52	7,2111	3,7325	87	9,3274	4,4310
18	4,2426	2,6207	53	7,2801	3,7563	88	9,3808	4,4480
19	4,3589	2,6684	54	7,3485	3,7798	89	9,4340	4,4647
20	4,4721	2,7144	55	7,4162	3,8030	90	9,4868	4,4814
21	4,5826	2,7589	56	7,4833	3,8259	91	9,5394	4,4979
22	4,6904	2,8020	57	7,5498	3,8485	92	9,5917	4,5144
23	4,7958	2,8439	58	7,6158	3,8709	93	9,6437	4,5307
24	4,8990	2,8845	59	7,6811	3,8930	94	9,6954	4,5468
25	5,0000	2,9240	60	7,7460	3,9149	95	9,7468	4,5629
26	5,0990	2,9625	61	7,8102	3,9365	96	9,7980	4,5789
27	5,1962	3,0000	62	7,8740	3,9579	97	9,8489	4,5947
28	5,2915	3,0366	63	7,9373	3,9791	98	9,8995	4,6104
29	5,3852	3,0723	64	8,0000	4,0000	99	9,9499	4,6261
30	5,4772	3,1072	65	8,0623	4,0207	100	10,0000	4,6416
31	5,5678	3,1414	66	8,1240	4,0412	101	10,0499	4,6570
32	5,6569	3,1748	67	8,1854	4,0615	102	10,0995	4,6723
33	5,7446	3,2075	68	8,2462	4,0817	103	10,1489	4,6875
34	5,8310	3,2396	69	8,3066	4,1016	104	10,1980	4,7027
35	5,9161	3,2711	70	8,3666	4,1213	105	10,2470	4,7177
n	$\sqrt{n}$	$\sqrt[3]{n}$	n	$\sqrt{n}$	$\sqrt[3]{n}$	n	$\sqrt{n}$	$\sqrt[3]{n}$

n	$\sqrt{n}$	$\sqrt[3]{n}$	n	$\sqrt{n}$	$\sqrt[3]{n}$	n	$\sqrt{n}$	$\sqrt[3]{n}$
105	10,2470	4,7177	140	11,8322	5,1925	175	13,2288	5,5934
106	10,2956	4,7326	141	11,8743	5,2048	176	13,2665	5,6041
107	10,3441	4,7475	142	11,9164	5,2174	177	13,3041	5,6147
108	10,3923	4,7622	143	11,9583	5,2293	178	13,3417	5,6252
109	10,4403	4,7769	144	12,0000	5,2415	179	13,3791	5,6357
110	10,4881	4,7914	145	12,0416	5,2536	180	13,4164	5,6462
111	10,5357	4,8059	146	12,0830	5,2656	181	13,4536	5,6567
112	10,5830	4,8203	147	12,1244	5,2776	182	13,4907	5,6671
113	10,6301	4,8346	148	12,1655	5,2896	183	13,5277	5,6774
114	10,6771	4,8488	149	12,2066	5,3015	184	13,5647	5,6877
115	10,7238	4,8629	150	12,2474	5,3133	185	13,6015	5,6980
116	10,7703	4,8770	151	12,2882	5,3251	186	13,6382	5,7083
117	10,8167	4,8910	152	12,3288	5,3368	187	13,6748	5,7185
118	10,8628	4,9049	153	12,3693	5,3485	188	13,7113	5,7287
119	10,9087	4,9187	154	12,4097	5,3601	189	13,7477	5,7388
120	10,9545	4,9324	155	12,4499	5,3717	190	13,7840	5,7489
121	11,0000	4,9461	156	12,4900	5,3832	191	13,8203	5,7590
122	11,0454	4,9597	157	12,5300	5,3947	192	13,8564	5,7690
123	11,0905	4,9732	158	12,5698	5,4061	193	13,8924	5,7790
124	11,1355	4,9866	159	12,6095	5,4175	194	13,9284	5,7890
125	11,1803	5,0000	160	12,6491	5,4288	195	13,9642	5,7989
126	11,2250	5,0133	161	12,6886	5,4401	196	14,0000	5,8088
127	11,2694	5,0265	162	12,7279	5,4514	197	14,0357	5,8186
128	11,3137	5,0397	163	12,7671	5,4626	198	14,0712	5,8285
129	11,3578	5,0528	164	12,8062	5,4737	199	14,1067	5,8383
130	11,4018	5,0658	165	12,8452	5,4848	200	14,1421	5,8480
131	11,4455	5,0788	166	12,8841	5,4959	201	14,1774	5,8578
132	11,4891	5,0916	167	12,9228	5,5069	202	14,2127	5,8675
133	11,5326	5,1045	168	12,9615	5,5178	203	14,2478	5,8771
134	11,5758	5,1172	169	13,0000	5,5288	204	14,2829	5,8868
135	11,6190	5,1299	170	13,0384	5,5397	205	14,3178	5,8964
136	11,6619	5,1426	171	13,0767	5,5505	206	14,3527	5,9059
137	11,7047	5,1551	172	13,1149	5,5613	207	14,3875	5,9155
138	11,7473	5,1676	173	13,1529	5,5721	208	14,4222	5,9250
139	11,7898	5,1801	174	13,1909	5,5828	209	14,4568	5,9345
140	11,8322	5,1925	175	13,2288	5,5934	210	14,4914	5,9439
n	$\sqrt{n}$	$\sqrt[3]{n}$	n	$\sqrt{n}$	$\sqrt[3]{n}$	n	$\sqrt{n}$	$\sqrt[3]{n}$

n	$\sqrt{n}$	$\sqrt[3]{n}$	n	$\sqrt{n}$	$\sqrt[3]{n}$	n	$\sqrt{n}$	$\sqrt[3]{n}$
210	14,4914	5,9439	245	15,6525	6,2573	280	16,7332	6,5421
211	14,5258	5,9533	246	15,6844	6,2658	281	16,7631	6,5499
212	14,5602	5,9627	247	15,7162	6,2743	282	16,7929	6,5577
213	14,5945	5,9721	248	15,7480	6,2828	283	16,8226	6,5654
214	14,6287	5,9814	249	15,7797	6,2912	284	16,8523	6,5731
215	14,6629	5,9907	250	15,8114	6,2996	285	16,8819	6,5808
216	14,6969	6,0000	251	15,8430	6,3080	286	16,9115	6,5885
217	14,7309	6,0092	252	15,8745	6,3164	287	16,9411	6,5962
218	14,7648	6,0185	253	15,9060	6,3247	288	16,9706	6,6039
219	14,7986	6,0277	254	15,9374	6,3330	289	17,0000	6,6115
220	14,8324	6,0368	255	15,9687	6,3413	290	17,0294	6,6191
221	14,8661	6,0459	256	16,0000	6,3496	291	17,0587	6,6267
222	14,8997	6,0550	257	16,0312	6,3579	292	17,0880	6,6343
223	14,9332	6,0641	258	16,0624	6,3661	293	17,1172	6,6419
224	14,9666	6,0732	259	16,0935	6,3743	294	17,1464	6,6494
225	15,0000	6,0822	260	16,1245	6,3825	295	17,1756	6,6569
226	15,0333	6,0912	261	16,1555	6,3907	296	17,2047	6,6644
227	15,0665	6,1002	262	16,1864	6,3988	297	17,2337	6,6719
228	15,0997	6,1091	263	16,2173	6,4070	298	17,2627	6,6794
229	15,1327	6,1180	264	16,2481	6,4151	299	17,2916	6,6869
230	15,1658	6,1269	265	16,2788	6,4232	300	17,3205	6,6943
231	15,1987	6,1358	266	16,3095	6,4312	301	17,3494	6,7018
232	15,2315	6,1446	267	16,3401	6,4393	302	17,3781	6,7092
233	15,2643	6,1534	268	16,3707	6,4473	303	17,4069	6,7166
234	15,2971	6,1622	269	16,4012	6,4553	304	17,4356	6,7240
235	15,3297	6,1710	270	16,4317	6,4633	305	17,4642	6,7313
236	15,3623	6,1797	271	16,4621	6,4713	306	17,4929	6,7387
237	15,3948	6,1885	272	16,4924	6,4792	307	17,5214	6,7460
238	15,4272	6,1972	273	16,5227	6,4872	308	17,5499	6,7533
239	15,4596	6,2058	274	16,5529	6,4951	309	17,5784	6,7606
240	15,4919	6,2145	275	16,5831	6,5030	310	17,6068	6,7679
241	15,5242	6,2231	276	16,6132	6,5108	311	17,6352	6,7752
242	15,5563	6,2317	277	16,6433	6,5187	312	17,6635	6,7824
243	15,5885	6,2403	278	16,6733	6,5265	313	17,6918	6,7897
244	15,6205	6,2488	279	16,7033	6,5343	314	17,7200	6,7969
245	15,6525	6,2573	280	16,7332	6,5421	315	17,7482	6,8041
n	$\sqrt{n}$	$\sqrt[3]{n}$	n	$\sqrt{n}$	$\sqrt[3]{n}$	n	$\sqrt{n}$	$\sqrt[3]{n}$

n	$\sqrt{n}$	$\sqrt[3]{n}$	n	$\sqrt{n}$	$\sqrt[3]{n}$	n	$\sqrt{n}$	$\sqrt[3]{n}$
315	17,7482	6,8041	350	18,7083	7,0473	385	19,6214	7,2748
316	17,7764	6,8113	351	18,7350	7,0540	386	19,6469	7,2811
317	17,8045	6,8185	352	18,7617	7,0607	387	19,6723	7,2874
318	17,8326	6,8256	353	18,7883	7,0674	388	19,6977	7,2936
319	17,8606	6,8328	354	18,8149	7,0740	389	19,7231	7,2999
320	17,8885	6,8399	355	18,8414	7,0807	390	19,7484	7,3061
321	17,9165	6,8470	356	18,8680	7,0873	391	19,7737	7,3124
322	17,9444	6,8541	357	18,8944	7,0940	392	19,7990	7,3186
323	17,9722	6,8612	358	18,9209	7,1006	393	19,8242	7,3248
324	18,0000	6,8683	359	18,9473	7,1072	394	19,8494	7,3310
325	18,0278	6,8753	360	18,9737	7,1138	395	19,8746	7,3372
326	18,0555	6,8824	361	19,0000	7,1204	396	19,8997	7,3434
327	18,0831	6,8894	362	19,0263	7,1269	397	19,9249	7,3496
328	18,1108	6,8964	363	19,0526	7,1335	398	19,9499	7,3558
329	18,1384	6,9034	364	19,0788	7,1400	399	19,9750	7,3619
330	18,1659	6,9104	365	19,1050	7,1466	400	20,0000	7,3681
331	18,1934	6,9174	366	19,1311	7,1531	401	20,0250	7,3742
332	18,2209	6,9244	367	19,1572	7,1596	402	20,0499	7,3803
333	18,2483	6,9313	368	19,1833	7,1661	403	20,0749	7,3864
334	18,2757	6,9382	369	19,2094	7,1726	404	20,0998	7,3925
335	18,3030	6,9451	370	19,2354	7,1791	405	20,1246	7,3986
336	18,3303	6,9521	371	19,2614	7,1855	406	20,1494	7,4047
337	18,3576	6,9589	372	19,2873	7,1920	407	20,1742	7,4108
338	18,3848	6,9658	373	19,3132	7,1984	408	20,1990	7,4169
339	18,4120	6,9727	374	19,3391	7,2048	409	20,2237	7,4229
340	18,4391	6,9795	375	19,3649	7,2112	410	20,2485	7,4290
341	18,4662	6,9864	376	19,3907	7,2177	411	20,2731	7,4350
342	18,4932	6,9932	377	19,4165	7,2240	412	20,2978	7,4410
343	18,5203	7,0000	378	19,4422	7,2304	413	20,3224	7,4470
344	18,5472	7,0068	379	19,4679	7,2368	414	20,3470	7,4530
345	18,5742	7,0136	380	19,4936	7,2432	415	20,3715	7,4590
346	18,6011	7,0203	381	19,5192	7,2495	416	20,3961	7,4650
347	18,6279	7,0271	382	19,5448	7,2558	417	20,4206	7,4710
348	18,6548	7,0338	383	19,5704	7,2622	418	20,4450	7,4770
349	18,6815	7,0406	384	19,5959	7,2685	419	20,4695	7,4829
350	18,7083	7,0473	385	19,6214	7,2748	420	20,4939	7,4889
n	$\sqrt{n}$	$\sqrt[3]{n}$	n	$\sqrt{n}$	$\sqrt[3]{n}$	n	$\sqrt{n}$	$\sqrt[3]{n}$

n	$\sqrt{n}$	$\sqrt[3]{n}$	n	$\sqrt{n}$	$\sqrt[3]{n}$	n	$\sqrt{n}$	$\sqrt[3]{n}$
420	20,4939	7,4889	455	21,3307	7,6914	490	22,1359	7,8837
421	20,5183	7,4948	456	21,3542	7,6970	491	22,1585	7,8891
422	20,5426	7,5007	457	21,3776	7,7026	492	22,1811	7,8944
423	20,5670	7,5067	458	21,4009	7,7082	493	22,2036	7,8998
424	20,5913	7,5126	459	21,4243	7,7138	494	22,2261	7,9051
425	20,6155	7,5185	460	21,4476	7,7194	495	22,2486	7,9105
426	20,6398	7,5244	461	21,4709	7,7250	496	22,2711	7,9158
427	20,6640	7,5302	462	21,4942	7,7306	497	22,2935	7,9211
428	20,6882	7,5361	463	21,5174	7,7362	498	22,3159	7,9264
429	20,7123	7,5420	464	21,5407	7,7418	499	22,3383	7,9317
430	20,7364	7,5478	465	21,5639	7,7473	500	22,3607	7,9370
431	20,7605	7,5537	466	21,5870	7,7529	501	22,3830	7,9423
432	20,7846	7,5595	467	21,6102	7,7584	502	22,4054	7,9476
433	20,8087	7,5654	468	21,6333	7,7639	503	22,4277	7,9528
434	20,8327	7,5712	469	21,6564	7,7695	504	22,4499	7,9581
435	20,8567	7,5770	470	21,6795	7,7750	505	22,4722	7,9634
436	20,8806	7,5828	471	21,7025	7,7805	506	22,4944	7,9686
437	20,9045	7,5886	472	21,7256	7,7860	507	22,5167	7,9739
438	20,9284	7,5944	473	21,7486	7,7915	508	22,5389	7,9791
439	20,9523	7,6001	474	21,7715	7,7970	509	22,5610	7,9843
440	20,9762	7,6059	475	21,7945	7,8025	510	22,5832	7,9896
441	21,0000	7,6117	476	21,8174	7,8079	511	22,6053	7,9948
442	21,0238	7,6174	477	21,8403	7,8134	512	22,6274	8,0000
443	21,0476	7,6232	478	21,8632	7,8188	513	22,6495	8,0052
444	21,0713	7,6289	479	21,8861	7,8243	514	22,6716	8,0104
445	21,0950	7,6346	480	21,9089	7,8297	515	22,6936	8,0156
446	21,1187	7,6403	481	21,9317	7,8352	516	22,7156	8,0208
447	21,1424	7,6460	482	21,9545	7,8406	517	22,7376	8,0260
448	21,1660	7,6517	483	21,9773	7,8460	518	22,7596	8,0311
449	21,1896	7,6574	484	22,0000	7,8514	519	22,7816	8,0363
450	21,2132	7,6631	485	22,0227	7,8568	520	22,8035	8,0415
451	21,2368	7,6688	486	22,0454	7,8622	521	22,8254	8,0466
452	21,2603	7,6744	487	22,0681	7,8676	522	22,8473	8,0517
453	21,2838	7,6801	488	22,0907	7,8730	523	22,8692	8,0569
454	21,3073	7,6857	489	22,1133	7,8784	524	22,8910	8,0620
455	21,3307	7,6914	490	22,1359	7,8837	525	22,9129	8,0671
n	$\sqrt{n}$	$\sqrt[3]{n}$	n	$\sqrt{n}$	$\sqrt[3]{n}$	n	$\sqrt{n}$	$\sqrt[3]{n}$

n	$\sqrt{n}$	$\sqrt[3]{n}$	n	$\sqrt{n}$	$\sqrt[3]{n}$	n	$\sqrt{n}$	$\sqrt[3]{n}$
525	22,9129	8,0671	560	23,6643	8,2426	595	24,3926	8,4108
526	22,9347	8,0723	561	23,6854	8,2475	596	24,4131	8,4155
527	22,9565	8,0774	562	23,7065	8,2524	597	24,4336	8,4202
528	22,9783	8,0825	563	23,7276	8,2573	598	24,4540	8,4249
529	23,0000	8,0876	564	23,7487	8,2621	599	24,4745	8,4296
530	23,0217	8,0927	565	23,7697	8,2670	600	24,4949	8,4343
531	23,0434	8,0978	566	23,7908	8,2719	601	24,5153	8,4390
532	23,0651	8,1028	567	23,8118	8,2768	602	24,5357	8,4437
533	23,0868	8,1079	568	23,8328	8,2816	603	24,5561	8,4484
534	23,1084	8,1130	569	23,8537	8,2865	604	24,5764	8,4530
535	23,1301	8,1180	570	23,8747	8,2913	605	24,5967	8,4577
536	23,1517	8,1231	571	23,8956	8,2962	606	24,6171	8,4623
537	23,1733	8,1281	572	23,9165	8,3010	607	24,6374	8,4670
538	23,1948	8,1332	573	23,9374	8,3059	608	24,6577	8,4716
539	23,2164	8,1382	574	23,9583	8,3107	609	24,6779	8,4763
540	23,2379	8,1433	575	23,9792	8,3155	610	24,6982	8,4809
541	23,2594	8,1483	576	24,0000	8,3203	611	24,7184	8,4856
542	23,2809	8,1533	577	24,0208	8,3251	612	24,7386	8,4902
543	23,3024	8,1583	578	24,0416	8,3300	613	24,7588	8,4948
544	23,3238	8,1633	579	24,0624	8,3348	614	24,7790	8,4994
545	23,3452	8,1683	580	24,0832	8,3396	615	24,7992	8,5040
546	23,3666	8,1733	581	24,1039	8,3443	616	24,8193	8,5086
547	23,3880	8,1783	582	24,1247	8,3491	617	24,8395	8,5132
548	23,4094	8,1833	583	24,1454	8,3539	618	24,8596	8,5178
549	23,4307	8,1882	584	24,1661	8,3587	619	24,8797	8,5224
550	23,4521	8,1932	585	24,1868	8,3634	620	24,8998	8,5270
551	23,4734	8,1982	586	24,2074	8,3682	621	24,9199	8,5316
552	23,4947	8,2031	587	24,2281	8,3730	622	24,9399	8,5362
553	23,5160	8,2081	588	24,2487	8,3777	623	24,9600	8,5408
554	23,5372	8,2130	589	24,2693	8,3825	624	24,9800	8,5453
555	23,5584	8,2180	590	24,2899	8,3872	625	25,0000	8,5499
556	23,5797	8,2229	591	24,3105	8,3919	626	25,0200	8,5544
557	23,6008	8,2278	592	24,3311	8,3967	627	25,0400	8,5590
558	23,6220	8,2327	593	24,3516	8,4014	628	25,0599	8,5635
559	23,6432	8,2377	594	24,3721	8,4061	629	25,0799	8,5681
560	23,6643	8,2426	595	24,3926	8,4108	630	25,0998	8,5726
n	$\sqrt{n}$	$\sqrt[3]{n}$	n	$\sqrt{n}$	$\sqrt[3]{n}$	n	$\sqrt{n}$	$\sqrt[3]{n}$

n	$\sqrt{n}$	$\sqrt[3]{n}$	n	$\sqrt{n}$	$\sqrt[3]{n}$	n	$\sqrt{n}$	$\sqrt[3]{n}$
630	25,0998	8,5726	665	25,7876	8,7285	700	26,4575	8,8790
631	25,1197	8,5772	666	25,8070	8,7329	701	26,4764	8,8833
632	25,1396	8,5817	667	25,8263	8,7373	702	26,4953	8,8875
633	25,1595	8,5862	668	25,8457	8,7416	703	26,5141	8,8917
634	25,1794	8,5907	669	25,8650	8,7460	704	26,5330	8,8959
635	25,1992	8,5952	670	25,8844	8,7503	705	26,5518	8,9001
636	25,2190	8,5997	671	25,9037	8,7547	706	26,5707	8,9043
637	25,2389	8,6043	672	25,9230	8,7590	707	26,5895	8,9085
638	25,2587	8,6088	673	25,9422	8,7634	708	26,6083	8,9127
639	25,2784	8,6132	674	25,9615	8,7677	709	26,6271	8,9169
640	25,2982	8,6177	675	25,9808	8,7721	710	26,6458	8,9211
641	25,3180	8,6222	676	26,0000	8,7764	711	26,6646	8,9253
642	25,3377	8,6267	677	26,0192	8,7807	712	26,6833	8,9295
643	25,3574	8,6312	678	26,0384	8,7850	713	26,7021	8,9337
644	25,3772	8,6357	679	26,0576	8,7893	714	26,7208	8,9378
645	25,3969	8,6401	680	26,0768	8,7937	715	26,7395	8,9420
646	25,4165	8,6446	681	26,0960	8,7980	716	26,7582	8,9462
647	25,4362	8,6490	682	26,1151	8,8023	717	26,7769	8,9503
648	25,4558	8,6535	683	26,1343	8,8066	718	26,7955	8,9545
649	25,4755	8,6579	684	26,1534	8,8109	719	26,8142	8,9587
650	25,4951	8,6624	685	26,1725	8,8152	720	26,8328	8,9628
651	25,5147	8,6668	686	26,1916	8,8194	721	26,8514	8,9670
652	25,5343	8,6713	687	26,2107	8,8237	722	26,8701	8,9711
653	25,5539	8,6757	688	26,2298	8,8280	723	26,8887	8,9752
654	25,5734	8,6801	689	26,2488	8,8323	724	26,9072	8,9794
655	25,5930	8,6845	690	26,2679	8,8366	725	26,9258	8,9835
656	25,6125	8,6890	691	26,2869	8,8408	726	26,9444	8,9876
657	25,6320	8,6934	692	26,3059	8,8451	727	26,9629	8,9918
658	25,6515	8,6978	693	26,3249	8,8493	728	26,9815	8,9959
659	25,6710	8,7022	694	26,3439	8,8536	729	27,0000	9,0000
660	25,6905	8,7066	695	26,3629	8,8578	730	27,0185	9,0041
661	25,7099	8,7110	696	26,3818	8,8621	731	27,0370	9,0082
662	25,7294	8,7154	697	26,4008	8,8663	732	27,0555	9,0123
663	25,7488	8,7198	698	26,4197	8,8706	733	27,0740	9,0164
664	25,7682	8,7241	699	26,4386	8,8748	734	27,0924	9,0205
665	25,7876	8,7285	700	26,4575	8,8790	735	27,1109	9,0246
n	$\sqrt{n}$	$\sqrt[3]{n}$	n	$\sqrt{n}$	$\sqrt[3]{n}$	n	$\sqrt{n}$	$\sqrt[3]{n}$

n	$\sqrt{n}$	$\sqrt[3]{n}$	n	$\sqrt{n}$	$\sqrt[3]{n}$	n	$\sqrt{n}$	$\sqrt[3]{n}$
735	27,1109	9,0246	770	27,7489	9,1657	805	28,3725	9,3025
736	27,1293	9,0287	771	27,7669	9,1696	806	28,3901	9,3063
737	27,1477	9,0328	772	27,7849	9,1736	807	28,4077	9,3102
738	27,1662	9,0369	773	27,8029	9,1775	808	28,4253	9,3140
739	27,1846	9,0410	774	27,8209	9,1815	809	28,4429	9,3179
740	27,2029	9,0450	775	27,8388	9,1855	810	28,4605	9,3217
741	27,2213	9,0491	776	27,8568	9,1894	811	28,4781	9,3255
742	27,2397	9,0532	777	27,8747	9,1933	812	28,4956	9,3294
743	27,2580	9,0572	778	27,8927	9,1973	813	28,5132	9,3332
744	27,2764	9,0613	779	27,9106	9,2012	814	28,5307	9,3370
745	27,2947	9,0654	780	27,9285	9,2052	815	28,5482	9,3408
746	27,3130	9,0694	781	27,9464	9,2091	816	28,5657	9,3447
747	27,3313	9,0735	782	27,9643	9,2130	817	28,5832	9,3485
748	27,3496	9,0775	783	27,9821	9,2170	818	28,6007	9,3523
749	27,3679	9,0816	784	28,0000	9,2209	819	28,6182	9,3561
750	27,3861	9,0856	785	28,0179	9,2248	820	28,6356	9,3599
751	27,4044	9,0896	786	28,0357	9,2287	821	28,6531	9,3637
752	27,4226	9,0937	787	28,0535	9,2326	822	28,6705	9,3675
753	27,4408	9,0977	788	28,0713	9,2365	823	28,6880	9,3713
754	27,4591	9,1017	789	28,0891	9,2404	824	28,7054	9,3751
755	27,4773	9,1057	790	28,1069	9,2443	825	28,7228	9,3789
756	27,4955	9,1098	791	28,1247	9,2482	826	28,7402	9,3827
757	27,5136	9,1138	792	28,1425	9,2521	827	28,7576	9,3865
758	27,5318	9,1178	793	28,1603	9,2560	828	28,7750	9,3902
759	27,5500	9,1218	794	28,1780	9,2599	829	28,7924	9,3940
760	27,5681	9,1258	795	28,1957	9,2638	830	28,8097	9,3978
761	27,5862	9,1298	796	28,2135	9,2677	831	28,8271	9,4016
762	27,6043	9,1338	797	28,2312	9,2716	832	28,8444	9,4053
763	27,6225	9,1378	798	28,2489	9,2754	833	28,8617	9,4091
764	27,6405	9,1418	799	28,2666	9,2793	834	28,8791	9,4129
765	27,6586	9,1458	800	28,2843	9,2832	835	28,8964	9,4166
766	27,6767	9,1498	801	28,3019	9,2870	836	28,9137	9,4204
767	27,6948	9,1537	802	28,3196	9,2909	837	28,9310	9,4241
768	27,7128	9,1577	803	28,3373	9,2948	838	28,9482	9,4279
769	27,7308	9,1617	804	28,3549	9,2986	839	28,9655	9,4316
770	27,7489	9,1657	805	28,3725	9,3025	840	28,9828	9,4354
n	$\sqrt{n}$	$\sqrt[3]{n}$	n	$\sqrt{n}$	$\sqrt[3]{n}$	n	$\sqrt{n}$	$\sqrt[3]{n}$

n	$\sqrt{n}$	$\sqrt[3]{n}$	n	$\sqrt{n}$	$\sqrt[3]{n}$	n	$\sqrt{n}$	$\sqrt[3]{n}$
840	28,9828	9,4354	875	29,5804	9,5647	910	30,1662	9,6905
841	29,0000	9,4391	876	29,5973	9,5683	911	30,1828	9,6941
842	29,0172	9,4429	877	29,6142	9,5719	912	30,1993	9,6976
843	29,0345	9,4466	878	29,6311	9,5756	913	30,2159	9,7012
844	29,0517	9,4503	879	29,6479	9,5792	914	30,2324	9,7047
845	29,0689	9,4541	880	29,6648	9,5828	915	30,2490	9,7082
846	29,0861	9,4578	881	29,6816	9,5865	916	30,2655	9,7118
847	29,1033	9,4615	882	29,6985	9,5901	917	30,2820	9,7153
848	29,1204	9,4652	883	29,7153	9,5937	918	30,2985	9,7188
849	29,1376	9,4690	884	29,7321	9,5973	919	30,3150	9,7224
850	29,1548	9,4727	885	29,7489	9,6010	920	30,3315	9,7259
851	29,1719	9,4764	886	29,7658	9,6046	921	30,3480	9,7294
852	29,1890	9,4801	887	29,7825	9,6082	922	30,3645	9,7329
853	29,2062	9,4838	888	29,7993	9,6118	923	30,3809	9,7364
854	29,2233	9,4875	889	29,8161	9,6154	924	30,3974	9,7400
855	29,2404	9,4912	890	29,8329	9,6190	925	30,4138	9,7435
856	29,2575	9,4949	891	29,8496	9,6226	926	30,4302	9,7470
857	29,2746	9,4986	892	29,8664	9,6262	927	30,4467	9,7505
858	29,2916	9,5023	893	29,8831	9,6298	928	30,4631	9,7540
859	29,3087	9,5060	894	29,8998	9,6334	929	30,4795	9,7575
860	29,3258	9,5097	895	29,9166	9,6370	930	30,4959	9,7610
861	29,3428	9,5134	896	29,9333	9,6406	931	30,5123	9,7645
862	29,3598	9,5171	897	29,9500	9,6442	932	30,5287	9,7680
863	29,3769	9,5207	898	29,9666	9,6477	933	30,5450	9,7715
864	29,3939	9,5244	899	29,9833	9,6513	934	30,5614	9,7750
865	29,4109	9,5281	900	30,0000	9,6549	935	30,5778	9,7785
866	29,4279	9,5317	901	30,0167	9,6585	936	30,5941	9,7819
867	29,4449	9,5354	902	30,0333	9,6620	937	30,6105	9,7854
868	29,4618	9,5391	903	30,0500	9,6656	938	30,6268	9,7889
869	29,4788	9,5427	904	30,0666	9,6692	939	30,6431	9,7924
870	29,4958	9,5464	905	30,0832	9,6727	940	30,6594	9,7959
871	29,5127	9,5501	906	30,0998	9,6763	941	30,6757	9,7993
872	29,5296	9,5537	907	30,1164	9,6799	942	30,6920	9,8028
873	29,5466	9,5574	908	30,1330	9,6834	943	30,7083	9,8063
874	29,5635	9,5610	909	30,1496	9,6870	944	30,7246	9,8097
875	29,5804	9,5647	910	30,1662	9,6905	945	30,7409	9,8132
n	$\sqrt{n}$	$\sqrt[3]{n}$	n	$\sqrt{n}$	$\sqrt[3]{n}$	n	$\sqrt{n}$	$\sqrt[3]{n}$

n	$\sqrt{n}$	$\sqrt[3]{n}$	n	$\sqrt{n}$	$\sqrt[3]{n}$	n	$\sqrt{n}$	$\sqrt[3]{n}$
945	30,7409	9,8132	980	31,3050	9,9329	1015	31,8591	10,0498
946	30,7571	9,8167	981	31,3209	9,9363	1016	31,8748	10,0531
947	30,7734	9,8201	982	31,3369	9,9396	1017	31,8904	10,0563
948	30,7896	9,8236	983	31,3528	9,9430	1018	31,9061	10,0596
949	30,8058	9,8270	984	31,3688	9,9464	1019	31,9218	10,0629
950	30,8221	9,8305	985	31,3847	9,9497	1020	31,9374	10,0662
951	30,8383	9,8339	986	31,4006	9,9531	1021	31,9531	10,0695
952	30,8545	9,8374	987	31,4166	9,9565	1022	31,9687	10,0728
953	30,8707	9,8408	988	31,4325	9,9598	1023	31,9844	10,0761
954	30,8869	9,8443	989	31,4484	9,9632	1024	32,0000	10,0794
955	30,9031	9,8477	990	31,4643	9,9666	1025	32,0156	10,0826
956	30,9192	9,8511	991	31,4802	9,9699	1026	32,0312	10,0859
957	30,9354	9,8546	992	31,4960	9,9733	1027	32,0468	10,0892
958	30,9516	9,8580	993	31,5119	9,9766	1028	32,0624	10,0925
959	30,9677	9,8614	994	31,5278	9,9800	1029	32,0780	10,0957
960	30,9839	9,8648	995	31,5436	9,9833	1030	32,0936	10,0990
961	31,0000	9,8683	996	31,5595	9,9866	1031	32,1092	10,1023
962	31,0161	9,8717	997	31,5753	9,9900	1032	32,1248	10,1055
963	31,0322	9,8751	998	31,5911	9,9933	1033	32,1403	10,1088
964	31,0483	9,8785	999	31,6070	9,9967	1034	32,1559	10,1121
965	31,0644	9,8819	1000	31,6228	10,0000	1035	32,1714	10,1153
966	31,0805	9,8854	1001	31,6386	10,0033	1036	32,1870	10,1186
967	31,0966	9,8888	1002	31,6544	10,0067	1037	32,2025	10,1218
968	31,1127	9,8922	1003	31,6702	10,0100	1038	32,2180	10,1251
969	31,1288	9,8956	1004	31,6860	10,0133	1039	32,2335	10,1283
970	31,1448	9,8990	1005	31,7017	10,0166	1040	32,2490	10,1316
971	31,1609	9,9024	1006	31,7175	10,0200	1041	32,2645	10,1348
972	31,1769	9,9058	1007	31,7333	10,0233	1042	32,2800	10,1381
973	31,1929	9,9092	1008	31,7490	10,0266	1043	32,2955	10,1413
974	31,2090	9,9126	1009	31,7648	10,0299	1044	32,3110	10,1446
975	31,2250	9,9160	1010	31,7805	10,0332	1045	32,3265	10,1478
976	31,2410	9,9194	1011	31,7962	10,0365	1046	32,3419	10,1510
977	31,2570	9,9227	1012	31,8119	10,0398	1047	32,3574	10,1543
978	31,2730	9,9261	1013	31,8277	10,0431	1048	32,3728	10,1575
979	31,2890	9,9295	1014	31,8434	10,0465	1049	32,3883	10,1607
980	31,3050	9,9329	1015	31,8591	10,0498	1050	32,4037	10,1640
n	$\sqrt{n}$	$\sqrt[3]{n}$	n	$\sqrt{n}$	$\sqrt[3]{n}$	n	$\sqrt{n}$	$\sqrt[3]{n}$

V. Geographie und Astronomie

21. Die Erde — 181

22. Geographische Koordinaten — 182

23. Die Sonne — 184

24. Der Mond — 184

25. Die Zeit und das Licht — 185

VI. Physik

26. Zusammenhang zwischen Steigung und Neigung — 186

27. Geschwindigkeiten — 187

28. Spezifische Gewichte — 188

29. Besondere Maße — 189

VII. Anhang

30. Zur Geschichte der Logarithmentafel — 190

31. Ebene und sphärische Dreiecksaufgaben — 191

V. Geographie und Astronomie

21. Die Erde

(Seit 1924 international auf Grund der Messungen von *Hayford* anerkannt)

1. Halbe große Achse (Äquator) .... a = 6 378,388 km
2. Halbe kleine Achse (Polarhalbmesser) .... b = 6 356,909 km
3. Abplattung .... $(a-b) : a = 1 : 297$ = 0,003367
4. Exzentrizität .... $e = \sqrt{\dfrac{a^2 - b^2}{a^2}}$ = 0,081992
5. Umfang des Äquators .... $2\pi a$ = 40 076,594 km
6. Meridianquadrant .... Q = 10 002,293 km
7. Umfang eines Meridians .... $4Q$ = 40 009,172 km
8. Radius dieses Kreises .... R = 6 376,65 km
9. Bogenlänge eines Äquatorgrades .... $\dfrac{\pi a}{180}$ = 111,324 km
10. Länge der geogr. Meile = $\dfrac{1}{15}$ Äquatorgrad .... 7,4216 km
11. Mittlere Länge eines Meridiangrades .... $\dfrac{Q}{90}$ = 111,137 km
12. Eine Seemeile = eine mittlere Meridianminute ... 1 sm = 1,852 km
13. Oberfläche der Erde (Ellipsoid) .... O = $5,101 \cdot 10^8$ km²
14. Radius der Kugel von dieser Oberfläche .... R_1 = 6 371,23 km
15. Volumen der Erde (Ellipsoid) .... V = $1,083 \cdot 10^{12}$ km³
16. Radius der Kugel von diesem Volumen .... R_2 = 6 371,22 km
17. Mittlere Dichte............................... 5,5 g cm⁻³
18. Masse der Erde .... $5,99 \cdot 10^{24}$ kg
19. Länge der Erdbahn .... $939 \cdot 10^6$ km
20. Mittlere Schiefe der Ekliptik .... 23° 27′
21. Geschwindigkeit der Erde um die Sonne .... $30 \cdot 10^3$ m/sec

22. Geographische Koordinaten

Ort	Nördliche Breite °	Nördliche Breite ′	Östliche Länge °	Östliche Länge ′
Aachen	50	48	6	6
Algier	36	48	3	6
Amsterdam	52	23	4	53
Antwerpen	51	12	4	30
Athen	38	6	23	48
Augsburg	48	24	10	54
Bagdad	33	18	44	24
Bahia	13	00	–38	31
Bamberg	49	53	10	53
Barcelona	41	24	2	12
Basel	47	6	7	36
Bathurst	13	27	–16	35
Belgrad	44	48	20	30
Bergen	60	24	5	18
Berlin-Tempelhof	52	30	13	24
Bermuda	32	21	–64	52
Bern	46	57	7	26
Bombay	19	6	72	48
Bonn	50	44	7	6
Boston	42	24	–71	2
Braunschweig	52	18	10	30
Bremen	53	5	8	49
Breslau	51	7	17	2
Bromberg	53	6	18	3
Brünn	49	10	16	35
Brüssel	50	55	4	23
Budapest	47	30	19	4
Buenos Aires	–34	16	–58	22
Bukarest	44	29	26	5
Calais	51	2	1	54
Chemnitz	50	50	12	55
Cherbourg	49	35	– 1	37
Chicago	41	54	–87	36
Czernowitz	48	18	26	2
Danzig	54	24	18	40
Daressalam	– 6	50	39	10
Darmstadt	49	54	8	40
Delgada	37	44	–25	38
Dessau	51	48	12	18
Dorpat	58	23	26	43
Dortmund	51	30	7	35
Dover	51	6	1	20
Dresden	51	6	13	47
Düsseldorf	51	14	6	47
Erfurt	51	00	11	1
Essen-Mülheim	51	24	6	54
Fernando Noronha	– 3	53	–32	18
Ferro	27	45	–17	40
Flensburg	54	48	9	23
Florenz	43	48	11	19
Frankfurt a. M.	50	7	8	42
Friedrichshafen	47	40	9	30
Genf	46	12	6	9
Genua	44	25	8	55
Gibraltar	36	6	– 5	25
Göttingen	51	32	9	57
Gran Canaria	28	1	– 7	5
Graz	47	5	15	27
Greenwich	51	29	0	00
Guam	13	13	144	40
Hamburg	53	33	9	58
Hannover	52	22	9	44
Heidelberg	49	24	8	43
Helgoland	54	12	7	55
Hongkong	22	16	114	8
Honolulu	21	19	–157	51
Horta	39	1	–28	40
Innsbruck	47	18	11	24
Istanbul	41	2	28	58
Jena	50	56	11	35
Johannesburg	–26	12	28	6
Kairo	30	6	31	18
Kamerun	5	55	10	58
Kapstadt	–33	56	18	59
Kassel	51	18	9	30
Kiel	54	20	10	9
Köln	50	56	6	58
Königsberg	54	43	20	30
Kopenhagen	55	41	12	35
Kowno	54	54	23	54
Krakau	50	5	20	1
Lakehurst	40	5	–75	10
Las Palmas	28	00	–15	24
Leipzig	51	20	12	23

Ort	Nördliche Breite °	Nördliche Breite ′	Östliche Länge °	Östliche Länge ′
Lemberg	49	48	24	00
Leningrad	59	53	30	18
Lissabon	38	44	– 9	10
Lodz	51	42	19	24
London-Croydon	51	24	–00	6
Ludwh. s. Mannh.				
Lübeck	53	52	10	41
Lüderitzbucht	–26	38	15	18
Lund	55	42	13	11
Madeira-Funchal	32	48	–17	00
Madrid	40	25	– 3	41
Mailand	45	28	9	11
Malta	35	55	14	29
Manila	14	35	121	2
Mannh.-Ludwh.	49	29	8	28
Marburg	50	49	8	46
Marseille	43	24	5	12
Memel	55	40	21	12
Midway-Inseln	28	5	–177	12
Moskau	55	45	37	34
Mülheim s. Essen				
München	48	9	11	37
Münster	51	54	7	40
Natal	– 5	46	–35	13
Neapel	40	52	14	15
Neuchâtel	46	59	6	57
New York	40	44	–73	59
Nürnberg	49	30	11	5
Odessa	46	30	30	40
Oslo	59	55	10	42
Ostende	51	12	2	55
Padua	45	24	11	52
Palermo	38	7	13	21
Paris-Le Bourget	48	54	2	24
Perth	–31	48	115	50
Philadelphia	40	00	–75	12
Plymouth	50	18	– 4	10
Port Washington	40	50	–73	47
Posen	52	24	16	48
Potsdam	52	23	13	4
Prag	50	5	14	25
Preßburg	48	10	17	12
Quebeck	46	46	–71	10
Reval	59	22	24	47
Riga	57	1	24	6
Rio de Janeiro	–22	54	–43	10
Rom	41	54	12	29
Rotterdam	51	53	4	30
Saarbrücken	49	15	6	59
Saloniki	40	36	23	00
Salzburg	47	48	13	00
Santiago	–33	26	–70	40
Schwerin	53	38	11	25
Shanghai	31	18	121	29
Sidney	46	40	–61	42
Sofia	42	48	23	18
Southampton	50	54	– 1	24
Speyer	49	19	8	26
St. Francisco	37	48	–122	26
Stockholm	59	21	18	4
Straßburg	48	35	7	46
Stuttgart	48	42	9	00
Swakopmund	–22	39	14	33
Sydney	–33	54	151	12
Sylt	54	53	8	22
Thorn	53	00	18	54
Togo	6	14	1	28
Tokio	35	39	139	45
Triest	45	39	13	46
Tsingtau	36	0	120	18
Tunis	36	48	10	11
Upsala	59	51	17	38
Valparaiso	–33	00	–71	36
Venedig	45	26	12	21
Vlissingen	51	30	18	36
Wake-Inseln	19	21	166	33
Warschau	52	12	21	00
Washington	38	54	–77	00
Wien	48	14	16	20
Wilhelmshaven	53	32	8	9
Windhuk	–22	39	17	5
Yokohama	35	24	139	40
Zürich	47	23	8	33

23. Die Sonne

1. Halbmesser .... $R_s =$ 695 300 km
2. Halbmesser (Erdradius = 1) 109,06
3. Volumen (Erdvolumen = 1) 1 300 000
4. Mittlere Entfernung: Sonne—Erde
   (Astronomische Einheit, AE) .... AE = 149 504 200 km
5. Mittlere Äquatorial-Horizontal-Parallaxe .... $P =$ 8,8″
6. Scheinbarer Halbmesser a) größter .... $R_g =$ 16′18″
                     b) kleinster .... $R_k =$ 15′46″
7. Masse (Erdmasse = 1) 333 000
8. Dichte (Erddichte = 1) 0,26
       (Wasser = 1) 1,42
9. Rotationsdauer (am Sonnenäquator am kleinsten) .... 25→27 Tage (d)

24. Der Mond

1. Radius .... 1740 km
2. Volumen .... $\frac{1}{50}$ der Erde
3. Oberfläche .... 0,0758 der Erde
4. Masse = $\frac{1}{81}$ der Erde .... 0,0123 der Erde
5. Dichte .... 0,604 der Erde
6. Mittlere Entfernung von der Erde .... 384 000 km
7. Synodische Umlaufzeit (von Vollmond zu Vollmond) ... 29ᵈ 12ʰ 44ᵐ 2,8ˢ
8. Siderische Umlaufzeit (von Standstern zu Standstern) 27ᵈ 7ʰ 43ᵐ 12ˢ
9. Geschwindigkeit um die Erde .... 1023 m/sec

25. Die Zeit und das Licht

a) Mittlere Ortszeit = Mittlere Greenwich-Zeit + $\lambda \cdot 4$ Min.
Mittlere Ortszeit = Sonnenzeit (wahre Ortszeit + Zeitgleichung).
Mitteleuropäische Zeit (MEZ) = Mittlere Greenwich-Zeit + 1^h.
Sternzeit = Stundenwinkel des Frühlingspunktes.
Sternzeit = Rektaszension + Stundenwinkel.
Sterntag = $23^h\ 56^m\ 4^s = 24^h - 3^m\ 56^s$.
1 Mittl. Tag = 1 Sterntag + $3^m\ 57^s = 24^h\ 3^m\ 57^s$.
Schiefe der Ekliptik $\varepsilon = 23{,}45° = 23°27'$.

b) **Uhrzeiten bezogen auf 12 Uhr in Deutschland**

Deutschland

1. **Mitteleuropäische Zeit (MEZ): 12 Uhr.**
Belgien, Dänemark, Deutschland, Frankreich, Holland, Italien, Jugoslawien, Luxemburg, Malta, Monaco, Norwegen, Österreich, Polen, Sardinien, Schweden, Schweiz, Spanien, Tschechoslowakei, Tunis, Ungarn.

2. **Westeuropäische Zeit (WEZ): 11 Uhr.**
(Mittlere Greenwich-Zeit)
Algier, Großbritannien, Irland, Portugal, Tanger, Togo.

3. **Osteuropäische Zeit: 13 Uhr.**
Ägypten, Bulgarien, Cypern, Finnland, Griechenland, Israel, Jordanien, Libanon, Lybien, Rumänien, Türkei.

c) Lichtgeschwindigkeit .... 299 780 km/sec ≈ $3 \cdot 10^5$ km/sec
1 Lichtjahr .... $9{,}46 \cdot 10^{12}$ km = 63 275 AE
Lichtzeit Sonne — Erde .... $8^m\ 19^s$

VI. Physik

26. Zusammenhang zwischen Steigung und Neigung

a) Gegeben ist die Steigung in Prozenten, gesucht ist der zugehörige Neigungswinkel α und umgekehrt.

%	α °	α ′	%	α °	α ′	%	α °	α ′	%	α °	α ′	%	α °	α ′
1	0	34,38	11	6	16,63	21	11	51,6	31	17	13,17	41	22	17,62
2	1	8,75	12	6	50,57	22	12	24,45	32	17	44,68	42	22	46,95
3	1	43,1	13	7	24,42	23	12	57,17	33	18	15,77	43	23	16,07
4	2	17,43	14	7	58,18	24	13	29,75	34	18	46,68	44	23	44,97
5	2	51,75	15	8	32,85	25	14	2,17	35	19	17,4	45	24	13,67
6	3	26,02	16	9	5,42	26	14	34,45	36	19	47,77	46	24	42,15
7	4	0,25	17	9	39,88	27	15	6,57	37	20	18,27	47	25	10,42
8	4	34,43	18	10	12,23	28	15	38,53	38	20	48,38	48	25	38,47
9	5	8,57	19	10	45,48	29	16	10,33	39	21	18,35	49	26	6,28
10	5	42,67	20	11	18,6	30	16	42,95	40	21	48,08	50	26	33,9

b) Gegeben ist der Neigungswinkel α, gesucht ist die Steigung als Quotient $1 : n$ und in Prozenten, auch umgekehrt.

Grad und Min.	0′		10′		20′		...	50′	
	n	%	n	%	n	%		n	%
0	0	0	343,6	0,291	171,8	0,582	...	68,73	1,455
1	57,27	1,746	49,12	2,036	42,96	2,328	...	31,24	3,201
2	28,64	3,492	26,43	3,783	24,54	4,075	...	20,11	4,949
3	19,08	5,241	18,07	5,533	17,17	5,824	...	14,93	6,700
4	14,30	6,993	13,73	7,285	13,20	7,578	...	11,83	8,456
5	11,43	8,749	11,06	9,042	10,71	9,335	...	9,789	10,216
6	9,515	10,510	9,255	10,805	9,010	11,099	...	8,345	11,983
7	8,145	12,278	7,952	12,574	7,771	12,869	...	7,268	13,758
8	7,115	14,054	6,968	14,351	6,827	14,648	...	6,435	15,540
9	6,314	15,838	6,197	16,137	6,085	16,435	...	5,764	17,323
10	5,671	17,633	5,576	17,933	5,485	18,233	...	5,226	19,136

Beispiele:

a) Geg. die Steigung $1 : 18$.

Es ist $\tan \alpha = \dfrac{1}{18} = 0{,}056$.

$\alpha = 3°10′$; $p = 5{,}5\%$.

b) Geg. die Steigung $\alpha = 1°20′$.

Es ergibt sich $1 : n = 1 : 43$.

$p = 2{,}3\%$.

c) Geg. $p = 4\%$.

$\alpha = 2°18′$.

$1 : n = 1 : 25$.

27. Geschwindigkeiten

I.

Automobil	372 km/h	Personenzug	65 km/h
Brieftaube	137 km/h	Postdampfer	10 bis 15 kn
Flugzeug	900 km/h	Radfahrer	15 m/sec
Fußgänger a) Lauf	10,1 m/sec	Schnelldampfer	28 kn (52 km/h)
b) Gang ...	1,6 m/sec (6,1 km/h)	Schnellzug	150 km/h
Motorrad	225 km/h	Straßenbahn	50 km/h

II.

Windstärken (nach Beaufort)

Bezeichnung	Windstärke	Geschwindigkeit km/h	Geschwindigkeit m/sec	Mittlerer Druck kp/m²
Windstille	0	0...1	0,0...0,5	0,07
Leichter Zug	1	2...6	0,6...1,7	0,14
Leichte Brise	2	7...12	1,8...3,3	0,63
Schwache Brise	3	13...18	3,4...5,2	1,6
Mäßige Brise	4	19...26	5,3...7,4	3,6
Frische Brise	5	27...35	7,5...9,8	8,1
Starker Wind	6	36...44	9,9...12,4	12
Steifer Wind	7	45...54	12,5...15,2	20
Stürmischer Wind	8	55...65	15,3...18,2	29
Sturm	9	66...77	18,3...21,5	40
Schwerer Sturm	10	78...90	21,6...25,1	53
Orkanartiger Sturm	11	91...104	25,2...29	73
Orkan	12	>104	>29	>84

28. Spezifische Gewichte

A. Feste Körper

Aluminium	2,7	Kork	0,2
Antimon	6,67	Kupfer	8,93
Arsen (grau)	5,72	Mangan	7,3
Caesium	1,87	Messing	8,6
Calcium	1,55	Molybdän	10,2
Blei	11,34	Neusilber	8,5
Eisen	7,86	Nickel	8,8
Gips	2,32	Osmium	22,48
Glas, gewöhnl.	2,4 bis 2,8	Platin	21,4
Flintglas	3,15 bis 3,9	Schwefel (rhombisch)	2,07
Graphit	2,3	Selen (grau)	4,8
Gold	19,3	Silber	10,5
Holz		Silizium	2,34
Ahorn, Birke, Buche	0,7	Tantal	16,6
Fichte, Kiefer	0,6	Thorium	11,0
Eiche	0,9	Uran	18,7
Buchsbaum	1,1	Wismut	9,8
Ebenholz	1,2	Wolfram	19,1
Iridium	22,4	Zink	7,14
Kalium	0,86	Zinn	7,28

B. Flüssige Körper

Äther	0,713	Olivenöl	0,91
Alkohol	0,7894	Petroleum	0,8
Benzin	0,7	Quecksilber	13,56
Benzol	0,879	Salpetersäure	1,53
Brom	3,14	Salzsäure	1,2
Bromkali	2,41	Seewasser	1,03
Glycerin	1,2604	Terpentinöl	0,87
Jodkali	3,05	Toluol	0,8659
Milch	1,028	Wasser	1,00

C. Gasförmige Körper
(Litergewicht in g bei 0 °C und 760 mm)

Argon	1,784	Luft	1,293
Bromdampf	6,11	Sauerstoff	1,429
Chlor	3,214	Stickstoff	1,251
Helium	0,179	Wasserdampf	0,597
Kohlendioxyd	1,977	Wasserstoff	0,0899
Leuchtgas	0,611	Xenon	3,52

29. Besondere Maße

A. Längenmaße

a) in Deutschland

1 preuß. Zoll	2,62 cm
1 preuß. Fuß	0,3139 m
1 preuß. Elle	0,6669 m
1 geogr. Meile	7420 m (= 4')
1 deutsche Meile	7500 m
1 Seemeile (sm)	1852 m
1 km	0,540 sm

b) in England und Amerika

1 Zoll	2,54 cm
1 cm	0,3937 Zoll
1 Fuß	0,3048 m
1 m	3,2808 Fuß
1 yard (engl. Elle) = 3 Fuß	= 0,9144 m
1 m	1,0936 yd
1 engl. Meile	1609 m
1 km	0,6215 engl. Meilen

B. Andere Maße

1 Registertonne (RgT)	2,8316 m³
1 m³	0,3531 RgT
1 PS	75 mkg/sec

1 Horsepower (HP) engl.	1,0139 PS
1 PS	0,9863 HP

C. Diamant, Gold, Silber

Nur der Diamant wird heute in Karat gemessen. 1 Karat (k) = 200 mg; 1 g = 5 k.
Orientperlen 1 k = 4 grain[1]) = $\frac{1}{5}$ g; 20 grain = 1 g.
Das Verhältnis zwischen Feingold und Zusatzmetall (Silber, Kupfer) wird in 1000 Teilen angegeben; Feingold $^{1000}/_{1000}$[2]).
In der Praxis läßt man den Namen 1000 weg und bezeichnet die im Handel üblichen Legierungen als:
333, 585, 750, 833 (Zahngold); 900 (Münzgold) und versteht darunter als Goldgehalt der Legierung $^{333}/_{1000}$; $^{585}/_{1000}$; $^{750}/_{1000}$; $^{833}/_{1000}$; $^{900}/_{1000}$.
Die gebräuchlichen Silberlegierungen[3]) sind $^{800}/_{1000}$, $^{835}/_{1000}$ (Schmuck, Geräte, Bestecke); $^{900}/_{1000}$ (Münzsilber); $^{925}/_{1000}$ (Standardsilber).

---
[1]) grain = das Korn; 1 grain = 0,065 g.
[2]) Wird nicht mehr in Karat gemessen; 24 Karat = 1000 Tausendteile Gold in der Legierung (Feingold).
[3]) Die Legierung wird nicht mehr in Lot gemessen; 16 Lot = 1000 Tausendteile Silber.

VII. Anhang

30. Zur Geschichte der Logarithmentafel

Der Grundgedanke für die logarithmischen Gesetze wurde von dem Mathematiker *Michael Stifel* (1486/1567) zuerst dadurch ausgesprochen, daß er das Multiplizieren und Dividieren geometrischer Reihen auf ein einfaches Addieren und Subtrahieren der Hochzahlen zurückführte.

Die Ansätze zum logarithmischen Rechnen gehen unabhängig voneinander sowohl von dem Gutsbesitzer *John Neper* (1550/1617) aus Schottland und von dem Schweizer *Jost Bürgi* (1552/1632) aus. *Bürgi* stand in Kassel als Uhr- und Instrumentenmacher beim Astronomen *Rothmann* in kurhessischen Diensten, später ging er nach Prag, wo er mit *Johann Kepler* (1571/1630) in enge Fühlung kam.

Neper veröffentlichte bereits 1614 seine „wunderbare Logarithmentafel", doch wissen wir einwandfrei durch *Kepler*, daß *Bürgi* „viele Jahre vor der Veröffentlichung *Nepers* zur Aufstellung seiner logarithmischen Tabellen geschritten war".

Es galt, die Logarithmentafel praktisch zu gestalten. Den bedeutendsten Schritt nach dieser Richtung vollzog *Henry Briggs* (1561/1630), indem er die Zahl 10 als Basis des Logarithmensystems (dekadische Logarithmen) wählte und einen großen Teil der Logarithmen der Zahlen zwischen 1 und 100000 berechnete. Die erste Tafel kam 1633 im Verlag *Adrian Vlacq* in Holland heraus, sie enthielt die 10-stelligen Logarithmen der Zahlen von 1 bis 100000 und außerdem Logarithmen der trigonometrischen Funktionen. In der Folgezeit galt es, die Tafeln auf die Richtigkeit zu prüfen; erst seit Ende des 19. Jahrhunderts arbeitet man mit fehlerfreien Logarithmen. Heute rechnet man in den Schulen vorwiegend mit 4-stelligen Logarithmen.

Für Überschlagsrechnungen genügen noch weniger Stellen. Für derartige Rechnungen ist eine besondere Art von Logarithmentafel, der Rechenstab, sehr geeignet. Er wurde von dem englischen Pfarrer *William Oughtred* (1574/1660) erfunden. In neuester Zeit hat er sich zu einem wertvollen Rechenwerkzeug für Technik, Wirtschaft und Industrie entwickelt.

Felix Klein äußert sich in seiner Elementarmathematik vom höheren Standpunkt, S. 158, zu den Verdiensten von *Neper* und *Bürgi* wie folgt:

1. *Wir haben da zunächst aus dem 16. Jahrhundert einen deutschen Mathematiker, den Schwaben Michael Stifel, zu nennen, der 1544 in Nürnberg seine Arithmetica integra erscheinen ließ.*

   Sie finden dort zum ersten Male das Rechnen mit Potenzen von beliebigen rationalen Exponenten und besonders auch die Multiplikationsregel betont: sie enthält lediglich *die ganzen Zahlen von — 3 bis 6 als Exponenten neben die zugehörigen Potenzen $^1/_8$ bis 64 von 2 gestellt. Stifel scheint eine Vorstellung von der Bedeutung der hiermit beginnenden Entwicklung gehabt zu haben; er bemerkt nämlich, daß man über diese merkwürdigen Zahlenbeziehungen ein ganzes eigenes Buch schreiben könne.*

2. *Um aber die Logarithmen im praktischen Rechnen wirklich zur Geltung zu bringen, dazu fehlte Stifel noch ein wichtiges Hilfsmittel: die Dezimalbrüche, und erst, als man diese besaß — nach 1600 — war die Möglichkeit zur Ausbildung wirklicher Logarithmentafeln gegeben. Die erste Tafel rührt von dem Schotten John Napier (oder Neper) her, der 1550—1617 lebte(sie erschien 1614 zu Edinburgh unter dem Titel „Mirifici logarithmorum canonis descriptio", und welche Begeisterung sie erregte, sehen Sie aus den umfangreichen, ihr vorgedruckten Versen, in denen verschiedene Autoren die Vortrefflichkeit der Logarithmen besingen.*

3. *Unabhängig von Neper hatte der Schweizer Jobst Bürgi (1552 bis 1632) eine Tafel berechnet, die er aber erst 1620 zu Prag unter dem Titel „Arithmetische und geometrische Progreßtabuln" erscheinen ließ. Wir Göttinger müssen an Bürgi ein besonderes landsmännisches Interesse nehmen, da er lange in Cassel gelebt hat.*

31. Ebene und sphärische Dreiecksaufgaben

Tafel rechtwinkliger Dreiecke

a	b	c	F	α			β		
80	39	89	1560	64°	0′	39″	25°	59′	21″
112	15	113	840	82	22	19	7	37	41
72	65	97	2340	47	55	30	42	4	30
144	17	145	1224	83	16	2	6	43	59
60	91	109	2730	33	23	55	56	36	5
180	19	181	1710	83	58	28	6	1	32
44	117	125	2574	20	36	35	69	23	25
132	85	157	5610	57	13	15	32	46	45
176	57	185	5016	72	3	17	17	56	43
24	143	145	1716	9	31	38	80	28	22
120	119	169	7140	45	14	23	44	45	37
104	153	185	7956	34	12	20	55	47	40

Tafel spitz- und stumpfwinkliger Dreiecke

	1	2	3	4	5	6
a	145	101	401	37	109	205
b	25	29	41	13	61	85
c	150	120	408	40	102	200
α	73° 44'	43° 36'	77° 19'	67° 23'	79° 37'	81° 12'
β	9° 32'	11° 25'	5° 43'	18° 55'	33° 24'	24° 11'
γ	96° 44'	124° 59'	96° 57'	93° 42'	66° 59'	74° 36'
h_a	24,83	23,76	40,70	12,97	56,15	81,95
h_b	144,00	82,76	398,05	36,92	100,33	197,65
h_c	24	20	40	12	60	84
p	143	99	399	35	91	187
q	7	21	9	5	11	13
F	1800	1200	8160	240	3060	8400
r	75,52	73,23	205,51	20,04	55,41	103,72

Tafel rechtwinkliger sphärischer Dreiecke

	a	b	c	α	β
1	4° 3'	44° 17'	44° 26'	5° 47'	85° 52'
2	5 43	55 19	55 30	6 56	86 4
3	69 12	44 24	75 18	75 7	46 20
4	83 6	20 23	83 32	87 35	20 31
5	65 2	30 48	68 44	76 35	33 20
6	32 38	49 5	56 32	40 17	64 57

Tafel beliebiger sphärischer Dreiecke

	1	2	3	4	5	6
a	25° 13'	124° 13'	82° 34'	82° 11'	55° 36'	89° 59'
b	37 14	54 18	27 16	64 19	77 12	88 59
c	58 32	97 12	89 12	31 32	63 10	87 58
α	18 38	127 22	75 11	119 42	57 42	90 2
β	26 59	51 18	26 32	52 12	92 37	88 59
γ	140 15	72 27	102 52	27 17	66 4	87 58

Örtliche Konstanten von ....

Geographische Breite	
Östliche Länge von Greenwich	
Ortszeit gegen MEZ	
Höhe über dem Meer	
Fallbeschleunigung	
Magnetismus 19............ Deklination Inklination Intensität	
Mittlerer Barometerstand	
Mittlere Jahrestemperatur	
Fallbeschleunigung	

Verwandlung der Minuten in Dezimalteile des Grades*

Min.	0	1	2	3	4	5	6	7	8	9
0	0,0000	0167	0333	0500	0667	0833	1000	1167	1333	1500
1	1667	1833	2000	2167	2333	2500	2667	2833	3000	3167
2	3333	3500	3667	3833	4000	4167	4333	4500	4667	4833
3	5000	5167	5333	5500	5667	5833	6000	6167	6333	6500
4	6667	6833	7000	7167	7333	7500	7667	7833	8000	8167
5	8333	8500	8667	8833	9000	9167	9333	9500	9667	9833

Sekunden in Dezimalteile des Grades

Sek.	0	1	2	3	4	5	6	7	8	9
0	0,0000	0003	0006	0008	0011	0014	0017	0019	0022	0025
1	0028	0031	0033	0036	0039	0042	0044	0047	0050	0053
2	0056	0058	0061	0064	0067	0069	0072	0075	0078	0081
3	0083	0086	0089	0092	0094	0097	0100	0103	0106	0108
4	0111	0114	0117	0119	0122	0125	0128	0131	0133	0136
5	0139	0142	0144	0147	0150	0153	0156	0158	0161	0164

Dezimalteile des Grades in Minuten und Sekunden

Grad	1	2	3	4	5	6	7	8	9
0,	6'	12'	18'	24'	30'	36'	42'	48'	54'
0,0	36"	1'12"	1'48"	2'24"	3'	3'36"	4'12"	4'48"	5'24"
0,00	3,6"	7,2"	10,8"	14,4"	18"	21,6"	25,2"	28,8"	32,4"
0,000	0,4"	0,7"	1,1"	1,4"	1,8"	2,2"	2,5"	2,9"	3,2"

*) Siehe auch Seite 140 (mit Beispielen).

MIX
Papier aus verantwortungsvollen Quellen
Paper from responsible sources
FSC® C105338

If you have any concerns about our products,
you can contact us on
ProductSafety@springernature.com

In case Publisher is established outside the EU,
the EU authorized representative is:
**Springer Nature Customer Service Center GmbH
Europaplatz 3, 69115 Heidelberg, Germany**

Printed by Libri Plureos GmbH
in Hamburg, Germany